조선시대의 산학총서

차근방몽구
(借根方蒙求)

지수 이상혁(志叟 李尚爀) 지음
호문룡·이재실·허 민 옮김

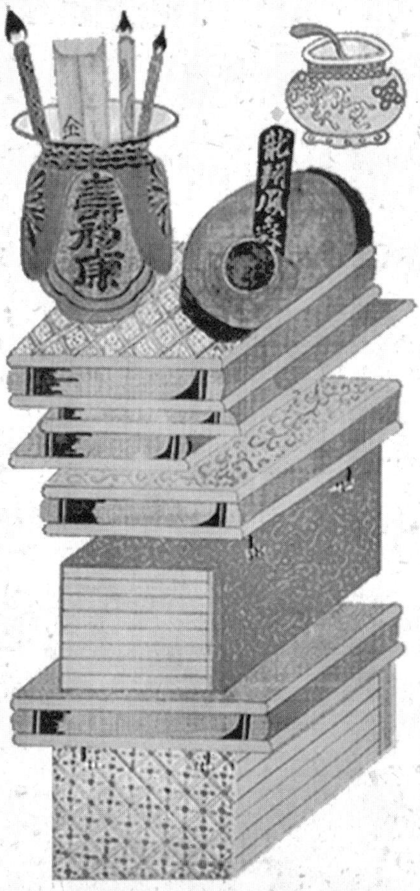

教友社

조선 시대의 산학서를 내면서

한국수학사학회에서는 한국학술진흥재단이 지원한 2002년도 기초학문육성지원사업(인문사회분야 국학고전연구)의 일환으로 연구 과제 《조선 시대의 산학서 번역》을 수행했다. 이의 목적은 다음과 같다.

(1) **한국 수학사 연구의 기초 마련** 우리의 전통 수학을 체계적으로 번역하고 현대적인 관점에서 해석한 결과물을 제시함으로써, 이에 대한 연구를 자극하는 촉진제와 연구의 기초를 마련한다.

(2) **고전에 대한 접근 용이성 및 자료 보급** 고전 문헌을 현대어로 번역함으로써, 많은 사람들에게 우리의 전통 수학을 접할 수 있는 기회를 제공한다.

이를 위해 다음과 같은 10종의 산학서를 선택하여 번역했다.

『默思集算法』 천・지・인 3권
『九數略』 건・곤 2권
『九一集』 천・지・인 3권
『算學入門』(『이수신편』21・22권) 2권
『算學本源』(『이수신편』23권) 1권
『算術管見』 1권
『借根方蒙求』 건・곤 1권
『翼算』 상・하편 2권
『測量圖解』 1권
『劉氏句股述要圖解』 1권

한국수학사학회 회장

역자 개관

차근방(借根方)은 서양의 산술로서 본명 Algebra를 번역한 말이다. 지수(志叟) 술(述)『차근방몽구』(借根方蒙求, 철종 5년, 1854년)는 4차 이하의 방정식으로 표현되는 응용 문제의 해설서이다. 건(乾)과 곤(坤) 두 권으로 나누어 썼으며, 건권은 지수 스스로 쓴 서문과 산(算)과 선(線) 2부(部)로, 곤권은 면(面)과 체(體) 2부로 이루어진 산학서(算學書)이다. 서문에서 그 취지를 밝히고, 산부(算部)는 차근방비례(借根方比例), 가법(加法), 감법(減法), 승법(乘法), 제법(除法)의 5조(條)로, 선류(線類)는 78개의 문제와 해로, 면류(面類)는 35개의 문제와 해로, 체류(體類)는 17개의 문제와 해로 이루어져 있다.

선류에서는 당시 생활상의 제재(題材)를 택하여 78개의 문제를 다루었다. 각 문제에 주어진 조건에 포함된 내용에 따르면 다음과 같다.

합이 일정한 23문제,
등차수열에 관한 4문제,
비례식에 관한 12문제,
등호의 양변이 미지수의 일차식이 되는 22문제,
미지수를 nx(n은 자연수)로 두는 것이 편리한 17문제.

문제를 풀기 위하여 미지수를 정하고 방정식을 세우면 다음과 같다.

일원일차방정식에 해당하는 28문제,
이원일차연립방정식에 해당하는 39문제,
삼원일차연립방정식에 해당하는 10문제,
사원일차연립방정식에 해당하는 1문제.

각 문제의 풀이 과정을 살펴보면, 미지수가 2개 이상일 때 연립방정식을 세우지 않았고, 또 먼저 구한 것을 식에 대입하여 다른 것을 구해도 되는 경우도 새로 방정식을 세워서 구하였다. 예를 들면 【선 19】의 풀이에서 명주 1필(疋) 값을 x라 하면 얇은 비단 1필 값은 $2x$이므로, 명주 120필 값은 $120x$이고 얇은 비단 80필 값은 $160x$이다. $280x=336$냥에서 $x=1$냥 2전이다. 이때, 얇은 비단 1필 값은 $2x$이므로 x의 값을 대입하면 구해진다. 그런데 풀이는 다음과 같이 얇은 비단 1필 값을 y라 두고 새로 방정식을 세워서 구하였다.

또 얇은 비단 1필 값을 y라 하자. 명주 1필 값은 $\frac{1}{2}y$이므로 얇은 비단 80필 값은 $80y$이고, 명주 120필 값은 $60y$이다. $140y=336$냥에서 $y=2$냥 4전.

又借一根爲羅每疋價 半根爲絹每疋價
八十根爲羅八十疋價 六十根爲絹一百二十疋價
一百四十根與三百三十六相等 一根必與二兩四錢相等

등식을 세우는 과정에서 공배수를 활용하였다.【선 64】의 풀이에서 쌀의 수량을 x라 하면, 베 20필과 바꾸면 알맞는 쌀은 $x+1$섬이고 베 16필과 바꾸면 알맞은 쌀은 $x+2$말이다. 여기서 20필과 16필의 공배수인 베 320필과 바꾸게 되는 쌀의 수량을 각각 구해서 같다고 놓았다.

$16x+16$섬$=20x+4$섬.

一十六根多一十六石與二十根多四石相等

미지수를 놓을 때, 문제의 주어진 조건에 분수가 있으면 공통 분모를 활용하였다. 【선 50】의 풀이에서 본래 나이에 $\frac{2}{3}$를 더하고 $\frac{1}{4}$을 빼야 하므로, 공통 분모인 12를 택하여,

본래 나이를 $12x$라 하자.

$\frac{2}{3}$를 더하면 $12x + 12x \times \frac{2}{3} = 20x$이고

$\frac{1}{4}$을 빼면 $20x - 12x \times \frac{1}{4} = 17x$이므로,

$17x = 136$살이다.

法借十二根爲本歲數 二十根爲加三分之二數

十七根爲減四分之一數 十七根與一百三十六歲相等

문제는 다양한 제재를 택하였으며, 문제를 풀기 위하여 미지수를 택하면 그 미지수에 관한 일차방정식을 만드는 과정에 대한 설명이 풀이 내용이다.

면류에서는 도형 문제 33개와 비도형 문제 2개를 다루었다.
도형 문제는 다음과 같다.

서로 다른 정사각형에 관한 6문제,
사다리꼴에 관한 1문제,
직각삼각형에 직사각형을 내접시키는 2문제,
직각삼각형에 관한 22문제,
삼각형의 수선에 관한 1문제,
원에 세 정사각형을 내접시키는 1문제.

직각삼각형에 관한 24문제에서 세 변의 비는 다음과 같다.

$3:4:5$, $5:12:13$, $7:24:25$, $8:15:17$, $28:45:53$.

문제를 풀기 위하여 미지수를 정하고 방정식을 세우면 다음과 같다.

방정식을 정리했을 때 일차방정식이 되는 것이 12문제,
이차방정식이 되는 것이 23문제.

이차방정식은 다음과 같다.

$x^2=a^2$ 꼴이 3문제,
$x^2+ax+b=0$ 꼴이 20문제,
양근과 음근이 각각 한 개인 것이 11문제,
두 근 모두 양인 것이 12문제.

방정식이 서로 다른 두 해를 가질 때, 문제 뜻에 맞는 하나만 설명 없이 구하거나, 두 해가 모두 문제 뜻에 맞는 경우도 아무 설명 없이 하나만 구하였다. 예를 들면 【면 28】의 풀이에서 구의 길이를 x라 하면 다음과 같은 이차방정식을 얻는다.

$43x-x^2=280$자

이를 풀면 다음과 같다.

$x=8$자 또는 35자

그런데 이를 다음과 같이 아무 설명 없이 구는 8자라 하였다.

종화평방을 풀어 8자를 얻는다. 곧, 구이다.

以縱和平方開之得八尺卽勾

또, 【면 2】의 풀이에서 나무 그루 수를 x라 하면 다음과 같은 이차방정식을 얻는다.

$174-x^2=4,760$

이를 풀면 다음과 같다.

$x=34$ 또는 140

$x=34$일 때 한 그루의 값은 140문이고, $x=140$일 때 한 그루의 값은 34문이 된다. 그런데 다음과 같이 나무 그루 수 34와 한 그루의 값 140문만 구하였다.

종화평방을 풀어 34를 얻는다. 곧, 나무 그루 수이다. 34를 174

에서 뺀 나머지는 140이다. 곧, 한 그루의 값이다.
以縱和平方開之得三十四卽樹數 以三十四減一百七十四餘爲一百四十卽每株價

문제는 주로 정사각형과 직각삼각형의 변의 길이를 구하고 있지만 매우 다양하며, 주어진 문제에서 미지수를 정하면 그 미지수에 관한 일차 또는 이차방정식을 만드는 과정에 대한 상세한 설명이 풀이 내용이다.

체류에서는 도형 문제 16개와 비도형 문제 1개를 다루었다. 도형 문제는 다음과 같다.

정육면체에 관한 1문제,
직육면체에 관한 5문제,
서로 다른 두 직육면체에 관한 3문제,
정육면체와 정사각형에 관한 1문제,
정사각뿔에 관한 1문제,
직각삼각형에 관한 3문제,
서로 다른 두 정삼각형에 관한 1문제,
부채꼴에 관한 1문제.

직각삼각형에 관한 문제는 모두 세 변의 길이가 3, 4, 5인 것이다.
문제를 풀기 위하여 미지수를 정하고 방정식을 세우면 다음과 같다.

방정식을 정리했을 때 이차방정식이 되는 것이 4문제,
삼차방정식이 되는 것이 11문제,
사차방정식이 되는 것이 2문제.

전체적으로, 문제를 풀기 위하여 미지수를 정하고 방정식을 세울 때, 모든 방정식은 등호의 양변에 0이 아닌 항을 두었다. 예를 들면 【면2】의 풀이에서 나무 수를 x라 할 때 나무 전체의 값을 다음과 같이 나타내었다.

$174x-x^2=4,760$문.

一百七十四根少一平方與四千七百六十文相等

또, 【체 2】의 풀이에서 직육면체의 고의 길이를 x라 할 때 부피는 다음과 같이 나타내었다.

$x^3+120x^2=19,008$치.

一立方多一百二十平方與一萬九千零八寸相等

각 문제의 풀이에서, 방정식을 세우는 과정은 상세하게 설명하였으나, 방정식이 이차 이상인 경우는 **방정식을 푸는 방법**을 거의 설명하지 않고 답만 기록하였다. 저자 주(註)의 내용으로 보아 **고법**(古法) 또는 **증승개방법**(增乘開方法)으로 답을 구한 것으로 추정된다.

양(量)을 표현할 때는 다음과 같이 나무 전체의 그루 수와 한 그루의 값을 더하고, 넓이와 길이를 모두 자(尺)로 표현하고, 물의 양을 자로 말하고, 넓이와 부피가 서로 같다고 하고, 말 한 필의 값과 소의 마리 수가 같다고 한 것 등으로 보아 양을 나타내는 수만 생각하고 측정 단위는 생각하지 않았다.

樹之共數與每株之價相加得一百七十四,
方環面積四千尺闊二十尺,
容水四千零九十六尺,
正方面積與正方體積相等,
馬每匹之價與牛數等

한편, 길이, 넓이, 부피를 모두 장(丈), 자(尺), 치(寸), 푼(分), 리(釐), 호(毫)로 표현했지만, 장, 자, 치, 푼, 리, 호 사이의 환산은 길이, 넓이, 부피에 따라 각각 다르다.

이차 이상의 방정식으로 표현되는 문제는 대부분 유리수 범위에서 해가 존재하나, 해의 근사값을 구해야 하는 것이 3문제 있다. 근사값의 처리는 다음과 같이 하였다.

【면 35】의 풀이에서 원의 반지름 제곱을 x라 하면 다음과 같은 일차 방정식을 얻는다.

$576x = 137{,}700$자

이를 풀면 다음과 같다.

$x = 239$자 6치 25푼

제곱근을 구하면 다음과 같다.

15.46164609…자

이를 다음과 같이 표현하여 호(毫) 미만에 남은 것이 있음을 보였다.

반지름 15자 4치 6푼 1리 6호를 얻고 나머지가 있다.

得半徑十五尺四寸六分一氂六毫有餘

【체 17】의 풀이에서 제1수를 x라 할 때, 다음과 같은 사차방정식을 얻는다.

(2자 5200해)x+(2억 8000만)x^3−(4경 2000조)x^2−x^4=3양 4535자 7180해

이를 풀어 다음 근사값을 택하였다.

$x \fallingdotseq 13{,}707.78$

이를 다음과 같이 표현하였다.

一萬三千七百零七小餘七八

호선(弧線)은 $x \times 2 \times 1000$만 = 2741억 5560만의 제곱근으로 다음 근사값을 택하였다.

$\sqrt{274,155,600,000} \fallingdotseq 523{,}598.77$

이를 다음과 같이 표현하였다.

五十二萬三千五百九十八小餘七七

저자 지수 이상혁(李尙爀)은 경오(庚午, 1810년)생으로 임진(壬辰, 1832년) 8월에 입격(入格)하고, 계사(癸巳, 1833년)에 관리가 되었다. 성명과 가계(家系), 외가(外家) 및 처가(妻家)의 신분에 대하여는 『주학입격안』* 권 2의 1832년 8월 합격자 명단에 다음과 같은 기록이 있다.

初名尙爀

李尙赫

志叟庚午生

別提

雲科正

陜川人

父計士秉喆 祖計士腕求 曾祖籌別提鼎祥 外祖醫科正卞重觀本密陽

○妻父韓應誠本淸州 後妻父譯前啣韓範五本新平

이상혁의 저서 가운데 현재까지 알려진 산학서는 『차근방몽구』 외에 다음과 같은 책이 있다.

『산술관견』(算術管見, 철종 6년, 1855년),

『익산』(翼算, 고종 5년, 1868년)

그리고 천문학서로는 다음이 있다.

『규일고』(揆日考, 철종 원년, 1850년)

---

* 편자미상의 『주학입격안』(籌學入格案, 鐵活字本, 二卷二冊, 奎章閣所藏)은 1488년부터 1888년까지의 합격자에 관한 기록임.

차　례

차근방몽구 건

(借根方蒙求 乾)

서(序)

차근방(借根方)은 서양의 산술로서 본명 아이열팔달(阿爾熱八達[1], algebra[2]))을 번역한 말이다. 동쪽에서 온 법은 중국이 만든 천원일법(天元一法)뿐이니 무릇 천원일은 중국의 법이다. 당형천[3]), 고약계[4]) 같은 큰선비도 그 방법을 알 수 없었다. 차근방법과 계산을 얻어 알고서 측원[5]), 익고[6]), 수시력[7])초(草) 등의 책이 통하지 않음이 없어 해석이 들어 맞으니 이 어찌 집안에서 이루지 못한 것을 밖에서 구한 것이라 할

---

1) 매각성(梅瑴成)은 그의 저서 『적수유진』(赤水遺珍, 1761)의 서문에서 '後供奉內廷蒙聖祖仁皇帝 授以借根方法 且諭曰 西洋人名此書爲阿爾熱八達 譯言東來法也'라 하여 강희제(康熙帝, 1654~1722)의 명에 따라 차근방법이 받아들여졌고 또 그는 서양 사람들이 말하는 이 책을 아이열팔달(algebra)이라 부르라 하고, 이는 동쪽에서 온 법이라는 뜻이라 하였다.

2) Shen Kangshen, John N. Crossley, Anthony W.-C. Lun의 공저 *The Nine Chapters on the Mathematical Art*(Oxford Univ. Press, 1999, p. 387)에는 'algebra'가 다음과 같이 설명되어 있다.

   In the Arab world, al-Khwarizmi's work on equations gave the world the term "algebra". His book was called *Al-jabr w'al muqabala*. *Al-jabr* means "restoring" and *al muqabala* means "simplifica- tion". The former term refers to moving a term from one side of an equation to the other-and changing subtraction into addition in the process. The second term, *al muqabala*, refers to cancelling equal terms from the two sides of an equation.

3) 당순지(唐順之, 호는 형천(荊川), 자는 응덕(應德), 1507~1560)이며 『구고등육론』(句股等六論)의 저서가 있다.

4) 고응상(顧應祥, 호는 약계도인(箬溪道人), 1483~1565)이며 『측원해경분류석술』(測圓海鏡分類釋術, 1550), 『호시산술』(弧矢算術, 1552), 『구고산술』(句股算術, 1533), 『측원산술』(測圓算術, 1533) 등의 저서가 있다.

5) '측원'은 이야(李冶, 호는 경제, 1178~1265)의 저서 『측원해경』(1248)을 말하며, 이상혁의 저서 『익산』(翼算, 1868) 상편에 '測圓海鏡 李敬齋冶以圓圖內外十五勾股形, 錯綜變幻 設一百七十問'이라 하여 원도(원성도식)의 내외에 15개의 직각삼각형의 여러 가지 변화를 이용하여 170개의 문제를 설정하고 있다고 하였다.

6) '익고'는 이야의 저서 『익고연단』(1259)을 말하며, 『익산』 상편에 '益古演段 李敬齋取當時某人書 移補條段細繙圖式 盖此二書 卽天元術之始也'라 하여 당시 저자를 알 수 없는 책을 구하여 조단세번도식을 보충하여 지었는데, '측원'과 '익고'는 천원술의 시작이라 하였다.

7) 『수시력』(1281)은 곽수경(1213~1316)의 저서이며, 『익산』 상편에 '郭邢臺守敬 授時麻 黃道赤道相求之法 以天元一法 演沈括析會術開三乘方 求弧矢'라 하여 황도적도를 계산하는 법에서 천원일법을 쓰고 또 심괄(1031~1095, 수학자, 천문학자)의 사차방정식의 풀이법을 분석하여 호시를 구하였다고 하였다.

수 있지 않겠는가? 우리 동국(東國)은 위철지학[8]이 심히 서틀러서 이와 같은 방법을 아는 곳은 오직 율역연원[9] 한 책뿐이다. 이에 우리들이 생각할 수 없는 한 두 개를 얻어 당고[10]가 알지 못한 것을 알았으니 어찌 크게 다행한 일이 아니겠는가? 원컨대 이 방법이 오랫동안 전해 내려가고 필요한 곳에 널리 퍼지고 이 책을 배우는 자가 서로 실습하여 터득하게 하고자 하여 원편(原編)을 모두 실었다. 각 부의 책이 매우 커서 집집마다 서가에 갈무리하기 어렵고 또 원서(原書)를 너무 상세히 검토하며 보는 자는 도리어 지리(支離)할 염려가 있으므로, 지금 원래의 방법에 따라 산(算), 선(線), 면(面), 체(體)의 여러 부로, 약간의 조목은 따로 한 부로 한다. 또 구두(句讀)를 간략하게 하였으니 처음 배우는 이가 편람(便覽)을 쉽게 알게 하려고 동호인 여러분께 말할 뿐이다. 갑인년(甲寅年)[11] 음력 4월에 지수(志叟)가 스스로 머리말을 쓰다.

借根方泰西算術也 本名阿爾熱八達譯云 東來法則中國之立天元一法耳 夫天元一中國之法也 以唐荊川顧箬溪之巨儒尚不能知其術 焉暨得借根方法以算測圓益古授時厤艸等書無不通釋吻合 此豈非失諸朝而求諸野者乎 我東於軎綴之學甚疎 其能知有是術者惟賴律厤淵源一書 以我輩不能數一二得 知唐顧所不知豈不大幸也哉 苟欲使是術傳久垂永要在布廣 是書俾學者轉相肄習而原編備載 各部劵帙甚大有難家庋户弆 又原書過於詳核覽者反有支離之慮 故今以本法算線面體諸部若干條另爲一部 且畧其句讀令初學便覽而易知以公同好云爾 歲在閼逢攝提格仲呂之月 志叟自序

---

8) '위철지학(軎綴之學)'은 과학, 수학 등의 학문인 듯 함.

9) Josep Needham과 Wang Ling의 공저 *Science and Civilisation in China*, Vol. 3(Cambridge Univ. Press, 1959)에 『율역연원』(律厤淵源)은 『역상고성』(曆象考成, 두 천문학자 Cassini와 Flamsteed의 저작을 기초로 한 역법에 쓰이는 과학과 천문학의 해설서 1713(1723)), 『수리정온』(數理精蘊, 수학의 기초 원리를 모은 책, 1723)과 『율여정의』(律呂正義, 음악의 기초 원리를 모은 책, 1723)을 포함한 책으로 청(淸)나라의 매각성과 하국종(何國宗)이 1723년에 편집하고 인쇄는 1730년 이전에 끝남직하지 않았다고 하였다.

10) '당고(唐顧)'는 당형천과 고약계를 말함.

11) 갑인년(甲寅年)은 1854년임.

차근방비례(借根方比例)

차근방은 근수·방수를 빌어서 실수를 구하는 방법이다. 대개 근은 방의 변수, 곧 소위 말하는 선이기 때문에 근을 제곱하여 평방을 얻고, 세제곱하여 입방을 얻고, 근을 누차 곱하여 곧 누차다승방을 얻는다. 그러므로 선류를 묻는다면 항상 근수로 표현한다. 면류를 묻는다면 항상 평방, 장방으로 표현한다. 체류를 묻는다면 항상 입방 또는 누차다승방으로 표현한다. 때문에 근수·방수는 그와 같은 진수를 가지고 구해야 한다.

借根方者假借根數[1)]方數[2)]以求實數[3)]之法也 蓋因根者方之邊數卽所謂線 以根自乘得平方 以根自乘再乘得立方 以根累次乘卽得累次多乘方 故以線類[4)]爲問者則借根數以比之 以面類[5)]爲問者則借平方長方[6)]以比之 以體類[7)]爲問者則借立方或累次多乘方[8)]以比之 務令根方之數與眞數[9)]相當適等而所求之數以出

---

1) '근수(根數)'는 '미지수 x의 수'를 말함.
2) '방수(方數)'는 '평방, 장방, 입방, 누차다승방 등의 수'를 말함.
3) '실수(實數)'는 '실제의 숫자(計數)'를 말함.
4) '선류(線類)'는 '일차식' 또는 '길이'를 말함.
5) '면류(面類)'는 '이차식' 또는 '넓이'를 말함.
6) '장방(長方)'은 이차항 'xy' 등을 말함.
7) '체류(體類)'는 '삼차식' 또는 '부피'를 말함.
8) '누차다승방(累次多乘方)'은 여기서는 삼차항 'x^2y' 또는 'xyz' 등을 말함.
9) 저자가 『익산』(翼算)에서는 '借根方術之眞數卽太也'라 하여 차근방술의 '진수(眞數)'는 바로 '태(太)'라 하였으나, '진수(眞數)'는 수를 표현할 때 유효숫자를 말하기도 함.

가법(加法)

양수와 양수를 더하면 여전히 양수이다. 〔주: 두 양수를 더하면 양수는 더 커진다.〕
음수와 음수를 더하면 여전히 음수이다. 〔주: 두 음수를 더하면 음수는 더 커진다.〕
양수와 음수를 더하거나, 음수와 양수를 더하면 반대로 작아져서 양수가 크면 얻은 수는 역시 양수이다. 〔주: 양수로 음수를 보충해 준다고 해도 양수는 오히려 남은 것이 있다.〕
음수가 크면 얻은 수도 역시 음수이다. 〔주: 양수로 음수를 보충해 준다고 해도 음수는 여전히 부족하다.〕

多與多加得數仍爲多〔註: 兩多數相加則多數[1]仍大也〕
少與少加得數仍爲少〔註: 兩少數[2]相加則少數仍大也[3]〕
多與少加少與多加則反相減而多數大則得數亦爲多〔註: 以其所多補其所少而其所多者尙有餘也〕
少數大則得數亦爲少〔註: 以其所多補其所少而其所少者仍不足也〕

1) '다수(多數)'는 '양수'를 말함.
2) '소수(少數)'는 '음수'를 말함.
3) '소수잉대야(少數仍大也)'는 '음수는 더 커진다'라고 하였으나, 이는 음수로서 그 절대값이 더 커진다는 의미인 듯하다.

감법(減法)

양수에서 양수를 뺀 것은 원래 수가 빼는 수보다 크면 뺀 나머지는 여전히 양수이고 〔주: 두 양수 중 큰 수에서 작은 수를 빼므로 그 나머지는 여전히 양수이다.〕
빼는 수가 원래의 수보다 크면 반대로 빼고, 뺀 나머지는 곧 음수로 바꾼다. 〔주: 두 양수 중 작은 수에서 큰 수를 빼므로, 빼는 수인 양수에서 원래의 수만큼 빼면 양수인데, 빼는 수가 더 크기 때문에 더 많이 빼준다. 곧, 결과는 음수이다.〕
음수에서 음수를 뺀 것은 원래의 수가 빼는 수보다 크면 뺀 나머지는 음수이다. 〔주: 두 음수 중 큰 수에서 작은 수를 빼므로 그 나머지는 여전히 음수이다.〕
빼는 수가 원래의 수보다 크면 반대로 빼고, 뺀 나머지는 곧 양수로 바꾼다. 〔주: 두 음수 중 작은 수에서 큰 수를 뺄 때, 우선 빼는 수에서 원래의 수만큼 빼면 음수인데, 빼는 수가 더 크기 때문에 더 많이 빼 준다. 곧, 결과는 양수이다.〕
양수에서 음수를 빼거나 음수에서 양수를 빼는 것은, 반대로 더하면 뺀 나머지이며 원래의 수가 양수이면 뺀 나머지도 여전히 양수이고 〔주: 원래의 수가 양수이고 빼는 수가 음수이면 남은 것은 양수이므로 음수를 양수에 더해 주면 여전히 양수이다.〕
원래의 수가 음수이면 뺀 나머지는 여전히 음수이다. 〔주: 원래의 수가 음수이고 빼는 수가 양수이면 남은 것은 음수이므로 양수를 음수에 더해 주면 여전히 음수이다.〕

多與多減者原數大於減數則減餘仍爲多〔註: 兩多數之大數内減小數故其所餘仍爲多也〕
減數大於原數則反減而減餘卽變爲少〔註: 兩多數之小數内減大數故減數之所多内減盡與原數所多之相等數仍多減去所大之幾何而其多減去之數卽爲少數也〕
少與少減者原數大於減數[1]則減餘仍爲少〔註: 兩少數之大數内減小數故其

1) '원수대어감수(原數大於感數)'는 '원래 수는 빼는 수보다 크다'라고 했으나 감법에

所餘仍爲少也〕

減數大於原數則反減而減餘卽變爲多〔註: 兩少數之小數內減大數故減數之所少內減盡與原數所少之相等數仍多減去所大之幾何而其多減去之數卽益於原數而爲多數也〕

多與少減少與多減者反相加爲減餘而原數多則減餘仍爲多〔註: 原數旣多而減數又少則是所餘益多故以少數加於多數而仍爲多數〕

原數少則減餘仍爲少〔註: 原數旣少而減數又多則是所餘益少故以多數加於少數而仍爲少數〕

서는 두 음수 중 절대값이 큰 수를 크다라 하고, 절대값이 작은 수를 작다라고 하였다.

승법(乘法)

자리에 따라 곱하는 것은 일반적인 방법과 같고 곱하여 나온 수를 쓰는 것은 류를 따른다. 〔주: 만일 곱하여 나온 수가 근이면 근 자 아래에 쓴다. 곱하여 나온 수가 평방이면 평방 자 아래에 쓴다.〕

그 결과 양과 음의 부호를 정하는 방법은 양수에 양수를 곱하여 나온 수는 여전히 양이다. 〔주: 양수에 양수를 곱하면 역시 양수이다.〕

양수와 음수를 곱하거나 음수와 양수를 곱하여 나온 수는 모두 음이다. 〔주: 만약 첫 자리하고 곱하는 것이 양수와 양수를 곱하고, 그 다음 자리가 음수이고 이것과 첫 자리를 곱하는 것은 음수와 양수를 곱하는 것이다. 또는 첫 자리하고 그 다음 자리가 음수인 수를 서로 곱하는 것은 양수와 음수를 곱하는 것이다. 이 모든 것은 음수는 더 작아지고 얻은 수는 역시 음수이다.〕

음수와 음수의 곱은 곱하여 나온 수가 반대로 양수로 변한다. 〔주: 만약 그 다음 자리가 음수이고 그 다음 자리 역시 음수라면 그들을 곱한 것은 음수와 음수를 곱한 것이다. 첫째 자리하고 곱하는 것은 양수에서 그 다음 자리의 음수와 첫째 자리의 양수를 곱한 두 수를 뺀다. 그러면 반드시 그 다음 자리 음수하고 곱한 만큼 더 많이 뺀다. 그래서 그 다음 자리 음수하고 곱한 만큼 더해 주어야 한다. 그 다음 모든 수를 합한다. 그러므로 음수와 음수의 곱은 곱해서 나온 수가 반대로 양수로 변한다.〕

按位相乘與常法同其書乘出之數以類相從〔註: 如乘出之數爲根則俱書於根之下乘出之數爲平方則書於平方之下〕

其定多少之號則多與多乘者乘出之數仍爲多〔註: 以多乘多則多者益多也〕

多與少乘少與多乘者乘出之數俱爲少〔註: 如首一位相乘係多與多乘而次位爲少者與首位乘是爲少與多乘或首位與次位爲少者乘是爲多與少乘皆少者益少而得數仍爲少也〕

少與少乘者其乘出之數反變爲多〔註: 如次一位爲少者與次一位爲少者相乘是爲少與少乘蓋首位相乘爲多數内減去次一位少數與首一位多數相乘之二數則必多減去次位少數相乘數須更加次位少數相乘數然後乃合實數故少與少乘者乘出之數反變爲多也〕

제법(除法)

자리에 따라 수를 배열할 때 반드시 진수 단위로 배열하여야 한다. 법[1] 끝이 진수로 표현이 안 될 때 반드시 0으로 그 자리를 보존해야 한다. 〔주: 법 끝이 근이면 0 하나를 보충하여 진수 자리를 보존하고, 법 끝이 평방이면 0 두 개를 보충하여 진수 자리를 보존하고, 법 끝이 입방이면 0 세 개를 보충하여 진수 자리를 보존한다.〕
몫의 첫 자리를 진수의 위에 적는다. 〔주: 만약 진수의 자리가 0이면 0 자리의 위에 적는다.〕
진수와 대응하는 실[2]의 적합한 자리는 곧 몫의 첫 자리의 수이다. 〔주: 만약 진수와 대응하는 실이 근 자리에 적합하면, 곧 이미 확정된 몫의 첫 자리는 근이다. 만약 대응하는 실이 평방 자리에 적합하면, 곧 이미 확정된 몫의 첫 자리는 평방이다. 만약 대응하는 실이 입방 자리에 적합하면, 곧 이미 확정된 몫의 첫 자리는 입방이다. 그 이상은 모두 이를 본뜬다.〕
귀제체감법칙은 일반적인 방법과 같다. 그러므로 근수, 방수, 진수는 제각기 기재해야 되고 혼돈되면 안 된다. 만약 나누지 못하는 수이면 반드시 기재법에 따라 분모를 몇 방, 몇 근, 몇 수로 분자를 몇 방, 몇 근, 몇 수로 기재한다. 〔주: 분수와 분수를 곱할 때 분모를 서로 곱한 것을 분모로 하고 분자를 서로 곱한 것을 분자로 한다.〕
만약 서로 비교할 때 통분해서 분모를 같게 한 다음 비교한다. 〔주: 분수와 다른 수를 비교할 때 통분해서 분수의 분모를 다른 수에 곱한 다음 분자들을 비교한다.〕[3]

按位列數必以眞數爲單位法尾未至眞數者須補○以存其位〔註: 如法尾爲根則補一○以存眞數位法尾爲平方則補二○以存眞數位法尾爲立方則補三○以存眞數位〕
將得數首位紀於眞數之上〔註: 如眞數之位爲○者則紀於○位之上〕

1) '법(法)'은 '나눗수'를 말하며, 일차방정식 $ax+b=0$에서는 a를 말함.
2) '실(實)'은 '나뉨수'를 말하며, 방정식에서는 상수항을 말함.
3) 제법은 번역하였으나, 그 의미가 분명하지 않다.

眞數所對實中之位卽得數首位之數〔註: 如眞數對實中根位卽定得數首位爲根如對實中平方位卽定得數首位爲平方如對實中立方位卽定得數首位爲立方餘俱倣此〕

其歸除遞減[4]皆與常法同然根方眞數各自爲紀不可相混故每多不受除者則必以法寄爲分母命以幾方幾根幾數之幾方幾根幾數〔註: 以命分之數[5]乘命分之數則以分母相乘仍爲分母以分子相乘仍爲分子〕

至於彼此相較之時幷以分母通之比以相等〔註: 以命分之數與他等數相較也幷以分母通之則命分之數以分子爲全數而去其分母只他等數從分母爲幾倍〕

4) '귀제체감(歸除遞減)'은 주산에서 두 자리 이상의 나눗셈에서 등수에 따라 차례대로 빼 감을 말함.

5) '명분지수(命分之數)'는 '분수'를 말함.

선류(線類[1])

【선 1】[2] 길이가 1장인 대나무 장대가 하나 있는데, 크고 작은 두 몫으로 나누고자 한다. 큰 몫을 작은 몫보다 4자 크게 하려면, 큰 몫과 작은 몫은 각각 얼마인가?
設如有一竹竿長一丈[3]欲分爲大小兩分 大分比小分多四尺問大小分各幾何

풀이
1근을 작은 몫이라고 하자. 1근에 4자를 더한 것은 큰 몫이다. 〔주: 큰 몫은 작은 몫보다 4자 길므로 1근에 4자를 더한 것은 큰 몫이다.〕
2근에 4자를 더한 것은 1장과 서로 같다. 〔주: 두 수를 더한 것은 큰 몫과 작은 몫의 수이므로 1장과 서로 같다.〕
2근과 6자는 서로 같다. 〔주: 2근에 이미 4자는 더했으므로 결국 더한 4자를 빼버리면 2근을 얻으며 서로 같은 두 수의 한 변이다. 이미 뺀 것은 한 변에서 또 뺀 다음 두 수는 반드시 서로 같다. 그러므로 1장에서 4자를 빼서 6자를 얻는다.〕
1근과 3자는 반드시 서로 같다. 앞에서 1근은 작은 몫이라 하였으므로 3자는 작은 몫이다.

또 1근을 큰 몫이라고 하자.[4] 1근에서 4자를 뺀 것은 작은 몫이다. 2근에서 4자를 뺀 것과 1장은 서로 같다. 2근과 1장 4자는 서로 같다. 〔주: 2근에서 4자를 빼고 4자를 더한 것은 모자람을 보태어 2근이다. 꼭 1장에다 또 4자를 더하면 1장 더하기 4자이다.〕
1근과 7자는 반드시 서로 같다. 앞에서 이미 1근을 큰 몫이라 하였으므로 7자는 큰 몫이다.

---

1) '선류(線類)'는 일차방정식을 말함.
2) 원문에는 문제에 번호가 없으나, 편의상 류(類)별로 번호를 붙인다.
3) 1장(一丈)=10자(尺).
4) 큰 몫은 1장에서 이미 구한 작은 몫 3자를 빼면 7자이다. 그러나 새로 큰 몫을 미지수로 놓고 다시 식을 세워 구하였다. 이후의 문제를 대부분 이렇게 풀었다.

法借一根爲小分 一根多四尺爲大分〔註: 大分比小分多四尺故一根多四尺爲大分〕
二根多四尺與一丈相等〔註: 兩數相併卽爲大小分之數故與一丈相等〕
二根與六尺相等〔註: 二根旣多四尺故乃減去所多四尺得二根而兩數相等之一邊旣減則又於一邊亦減去然後兩數必相等故於一丈内亦減去四尺得六尺〕
一根必與三尺相等前旣借一根爲小分故三尺卽小分

又借一根爲大分 一根少四尺爲小分 二根少四尺與一丈相等 二根與一丈四尺相等〔註: 二根少四尺内加四尺則補足二根整數一丈上亦加四尺則得一丈多四尺〕
一根必與七尺相等前旣借一根爲大分故七尺卽大分

주해

작은 몫의 길이를 x라고 하자. 큰 몫은 $x+4$자이다.
큰 몫과 작은 몫의 합은 $2x+4$자$=1$장이므로, $2x=6$자, $x=3$자이다.
그러므로 작은 몫은 3자이다.

또 큰 몫을 y라 하자. 작은 몫은 $y-4$자이다.
큰 몫과 작은 몫의 합은 $2y-4$자$=1$장이므로, $2y=1$장 4자, $y=7$자이다.
그러므로 큰 몫은 7자이다.

【선 2】 공적을 평정할 20사람이 있는데, 끝째의 상이 은 100냥이라고 한다. 그 위로 등수에 따라 차례로 30냥씩 더해 간다면, 일등의 상은 은으로 얼마인가?
設如有敍功之二十人其末一人賞銀一百兩[5]以上遆加[6]三十兩問第一人賞銀幾何

풀이

1근을 일등이 상으로 받는 은의 무게라고 하자. 1근에서 570냥을 빼면 끝째가 상으로 받는 은의 무게이다. 〔주: 등수에 따라 차례로 더해간 합

5) '냥(兩)'은 무게의 단위로 3.75g이며 16냥=1근(斤)이다. 엽전의 단위로도 쓴다.
6) '체가(遆加=遞加)'는 등수에 따라 차례대로 더해 감을 뜻함. 현대 수학의 용어로 '공차'임.

계는 둘째 사람부터 시작하여 등수를 따라 차례로 빼간 바로 20사람이므로 19에 30냥을 곱한다.]
1근에서 570냥을 뺀 것과 100냥은 서로 같다. 1근과 670냥은 서로 같다. [주: 양변에 각각 570냥을 더한다.]
곧, 일등이 상으로 받는 은의 무게이다.

法借一根爲第一人賞銀數 一根少五百七十兩爲第末人賞銀數 [註: 凡遞加遞減必自第二人爲始今二十人故以一十九乘三十兩]
一根少五百七十兩與一百兩相等 一根與六百七十兩相等 [註: 兩邊各加五百七十兩]
卽第一人賞銀數

주해

일등이 상으로 받는 은의 무게를 x라고 하자. 꼴찌가 받는 은의 무게가 $x-19\times 30$냥이므로, $x-570$냥$=100$냥에서 $x=670$냥이다.

【선 3】 납이 350근 있는데, 차례차례로 매번 무게를 더해서 4개의 구를 만들고자 한다. 다만 첫 번째 구의 무게가 50근이라면, 각 구의 무게는 얼마인가?
設如有鉛三百五十斤7)欲作四球挨次遞加重數8)但知第一球重得五十斤問每球重數若干

풀이

1근을 각 구에 차례로 더해 간 무게라고 하자. 6근은 차례로 더해 간 차이가 난 무게이다. [주: 첫 번째 구부터 네 번째 구까지 차례로 1근씩 더한 것을 합하면 6근을 얻는다.]
6근에 200근(斤)을 더한 것과 350근(斤)은 서로 같다. [주: 4구에 첫 번째 구 50근(斤)을 곱하면 200근(斤)을 얻는다. 이에 각 구는 균일하게 50근(斤)을 얻으며 이밖에 차례차례로 매번 다른 수를 더한 것

---

7) '근(斤)'은 납의 무게를 나타내는 단위로, 1근은 16냥(兩)임.
8) '중수(重數)'는 '무게의 단위로 헤아려 숫자로 나타낸 수' 곧 무게를 말함.

이 있다. 그러므로 차례로 더해 간 차이가 난 6근과 200근(斤)을 더한 것과 총수는 반드시 서로 같다.〕
6근과 150근(斤)은 서로 같다. 〔주: 양변에서 각각 200근(斤)을 빼서 150근(斤)을 얻는다.〕
1근과 25근(斤)은 반드시 서로 같다. 곧, 각 구에 차례로 더해 간 수이다. 〔주: 첫 번째 구 50근(斤)에 25근(斤)을 더하여 얻은 75근(斤)은 둘째 구의 무게이다. 또 25근(斤)을 더하여 얻은 100근(斤)은 셋째 구의 무게이다. 또 25근(斤)은 더하여 얻은 125근(斤)은 넷째 구의 무게이다.〕

法借一根爲每球遞加之數 六根爲遞加之差數〔註: 以第一球至第四球遞加一根計之則得六根〕
六根多二百斤與三百五十斤相等〔註: 以四球乘第一球五十斤得二百斤此每球均得五十斤而此外有遞加之數挨次不等故六根遞加之差與二百斤相併必與總數相等〕
六根與一百五十斤相等〔註: 兩邊各減二百斤得一百五十斤〕
一根必與二十五斤相等卽每球遞加之數〔註: 第一球五十斤加二十五斤得七十五斤爲第二球又加二十五斤得一百斤爲第三球又加二十五斤得一百二十五斤爲第四球之重數〕

주해

각 구에 차례로 더해 가는 무게를 x라고 하자.
네 구의 무게는 각각 50근, 50근$+x$, 50근$+2x$, 50근$+3x$이므로,
이들의 합은 $6x+200$근$=350$근이다. $6x=150$근에서 $x=25$근이다.
따라서 첫째 구의 무게는 50근, 둘째 구의 무게는 75근, 셋째 구의 무게는 100근, 넷째 구의 무게는 125근이다.

【선 4】 은이 996정 있는데, 여덟 사람에게 나누어준다고 하자. 꼴찌부터 일등까지 등수에 따라 차례로 매번 17정씩 더 준다면, 일등과 꼴찌 두 사람은 각각 얼마를 받는가?
設如有銀九百九十六錠[9]分給八人自末名以上依次遞加一十七錠問首末兩人各得幾何

풀이

1근을 일등이 받을 은의 무게라고 하자. 8근에서 476정을 뺀 것과 996정은 서로 같다. 〔주: 여덟 사람에 1근을 곱하여 8근을 얻는다. 일등부터 팔등까지 등수에 따라 차례로 차이 난 수를 더한 것은 28이고 이에 17정을 곱하여 476정을 얻는다.〕

8근과 1,472정은 서로 같다. 〔주: 양변에 각각 476정을 더하여 1,476정을 얻는다.〕

1근과 184정은 반드시 서로 같다. 곧, 일등이 받을 은의 무게이다.

또 1근을 팔등이 받을 은의 무게라고 하자. 8근에 476정을 더한 것과 996정은 서로 같다. 8근과 520정은 서로 같다. 〔주: 양변에서 각각 476정을 빼서 520정을 얻는다.〕

1근과 65정은 반드시 서로 같다. 곧, 팔등이 받을 은의 무게이다.

法借一根爲第一人所得銀數 八根少四百七十六錠與九百九十六錠相等〔註: 以八人乘一根得八根自第一人至第八人遞加差數爲二十八以一十七錠相乘得四百七十六錠〕

八根與一千四百七十二錠相等〔註: 兩邊各加四百七十六錠得一千四百七十二錠〕

一根必與一百八十四錠相等卽第一人所得銀數

又借一根爲第八人所得銀數 八根多四百七十六錠與九百九十六錠相等 八根與五百二十錠相等〔註: 兩邊各減四百七十六錠得五百二十錠〕

一根必與六十五錠相等卽第八人所得銀數

주해

일등이 받을 은의 무게를 x라고 하자. 여덟 사람이 받을 은의 무게는 각각 x, $x-17$정, $x-2\times17$정, $x-3\times17$정, $x-4\times17$정, $x-5\times17$정, $x-6\times17$정, $x-7\times17$정이므로, 그 합은 $8x-(1+2+3+4+5+6+7)\times17$정, 즉 $8x-28\times17$정이다.

따라서 $8x-476$정$=996$정이므로, $8x=1472$정에서 $x=184$정이다.

곧, 일등이 받을 은의 무게이다.

또 팔등이 받을 은의 무게를 y라고 하자.

$8y+476$정$=996$정이므로, $8y=520$정에서 $y=65$정이다.

9) '정(錠)'은 덩어리를 이루는 물건을 헤아리는 데 쓰임.

곧, 팔등이 받을 은의 무게이다.

【선 5】 한 사람이 은을 빌려서 3번의 상거래를 하는데, 매번 이익으로 얻는 은이 원래의 은과 같다고 한다. 매번 빌려준 사람에게 200냥을 갚을 때, 3번 거래한 후 원래의 은과 이익으로 얻은 은은 갚고 다 없어졌다면, 원래의 은은 얼마인가?
設如一人借銀爲商三次每次得利銀比本銀加一倍每次還人二百兩三次之後本利還盡問原本銀若干

풀이

1근을 원래 은의 무게라고 하자. 2근에서 200냥을 뺀 것은 첫 번째 원래의 은과 이익으로 얻은 은에서 200냥을 빌려준 사람에게 갚고 남은 무게이다. 〔주: 매번 얻은 이익은 원래의 은과 같으며 매번 200냥을 갚는다. 그러므로 2근에서 200냥을 뺀 것은 곧 첫 번째 남은 은의 무게이다.〕
4근에서 600냥을 뺀 것은 두 번째 원래의 은과 이익으로 얻은 은에서 200냥을 빌려준 사람에게 갚고 난 무게이다. 〔주: 두 번째는 첫 번째에 1배를 더한 것과 서로 같으며 또 빌려준 사람에게 200냥을 갚는다. 그러므로 4근에서 600냥을 뺀 것은 곧 두 번째 남은 은의 무게이다.〕
8근에서 1,400냥을 뺀 것은 세 번째 원래의 은과 이익으로 얻은 은에서 200냥을 빌려준 사람에게 갚고 남은 은의 무게이다. 〔주: 세 번째는 두 번째에 1배를 더한 것과 서로 같으며 또 빌려준 사람에게 200냥을 갚는다. 그러므로 8근에서 1,400냥을 뺀 것은 곧 원래의 은과 이익으로 얻은 은은 갚고 다 없어진 무게이다.〕
8근과 1,400냥은 서로 같다. 1근과 175냥은 반드시 서로 같다. 곧, 원래의 은의 무게이다.

法借一根爲原本銀數 二根少二百兩爲第一次本利銀內還人二百兩之數〔註: 每次得利比本銀加一倍而每次還人二百兩故爲二根少二百兩卽第一次餘銀數〕
四根少六百兩爲第二次本利銀內還人二百兩之數〔註: 第二次比第一次加一倍而又還人二百兩故爲四根少六百兩卽第二次餘銀數〕

八根少一千四百兩爲第三次本利銀內還人二百兩之數〔註: 第三次比第二次加一倍而又還人二百兩故爲八根少一千四百兩卽本利還盡之數〕
八根與一千四百兩相等 一根必與一百七十五兩相等卽原本銀數

주해

원래 은의 무게를 x라고 하자. 첫 번째, 두 번째, 세 번째 거래가 끝난 후 남은 은의 무게는 다음과 같다.

첫 번째 : $x+x-200$냥$=2x-200$냥,
두 번째 : $(2x-200$냥$)+(2x-200$냥$)-200$냥$=4x-600$냥,
세 번째 : $(4x-600$냥$)+(4x-600$냥$)-200$냥$=8x-1{,}400$냥

그런데 빌려준 사람에게 다 갚고 없어졌으므로 $8x-1{,}400$냥$=0$이고, $8x=1{,}400$냥에서 $x=175$냥이다.

【선 6】 세 등급의 사람에게 나누어줄 은이 3,160냥이 있는데, 제1등 사람은 20명, 제2등 사람은 24명, 제3등 사람은 30명이라고 한다. 제2등은 1등의 은에서 자신의 1배를 뺀 것과 서로 같고, 제3등은 2등의 은에서 자신의 1배를 뺀 것과 서로 같다면, 각 등급의 각 사람에게 나누어줄 은은 얼마인가?
設如有銀三千一百六十兩分與三等人第一等人二十名第二等人二十四名第三等人三十名第二等比一等之銀減一倍第三等比二等之銀減一倍問各等每人分銀幾何

풀이

1근을 제3등의 각 사람에게 나누어줄 은의 무게라고 하자. 30근은 제3등의 모든 사람에게 나누어줄 은 전체의 무게이다. 〔주: 제 3등 30명에 1근을 곱한다.〕
2근은 제2등의 각 사람에게 나누어줄 은의 무게이다. 〔주: 제3등은 2등의 은에서 자신의 1배를 뺀 것이므로 제2등의 각 사람에게 나누어줄 은의 무게는 2근이다.〕
48근은 제2등의 모든 사람에게 나누어줄 은 전체의 무게이다. 〔주: 제2등 24명에 2근을 곱한다.〕

4근은 제1등의 각 사람에게 나누어줄 은의 무게이다. 〔주: 제2등은 1등의 은에서 자신의 1배를 뺀 것이므로, 제1등의 각 사람에게 나누어줄 은의 무게는 4근이다.〕
80근은 제1등의 모든 사람에게 나누어줄 은 전체의 무게이다. 〔주: 제1등 20명에 4근을 곱한다.〕
158근과 3,160냥은 서로 같다. 〔주: 세 등급의 모든 사람에게 나누어줄 은의 무게를 더하여 얻은 158근과 은 전체의 무게는 서로 같다.〕
1근과 20냥은 반드시 서로 같다. 곧, 제3등의 각 사람에게 나누어줄 은의 무게이다. 〔주: 제3등의 각 사람이 얻는 은 20냥에 1배를 더하여 얻은 40냥은 2등의 각 사람이 얻는 은의 무게이다. 또 1배를 더하여 얻은 80냥은 1등의 각 사람이 얻는 은의 무게이다. 각 등의 사람 수에 각 등의 각 사람이 얻는 은의 무게를 곱한 것은 곧 각 등의 모든 사람이 얻는 은 전체의 무게이다.〕

法借一根爲第三等每人分銀數 三十根爲第三等共人共銀數〔註: 以第三等三十名乘一根〕
二根爲第二等每人分銀數〔註: 第三等比二等之銀減一倍故第二等每人分銀爲二根〕
四十八根爲第二等共人共銀數〔註: 以第二等二十四名乘二根〕
四根爲第一等每人分銀數〔註: 第二等比一等之銀減一倍故第一等每人分銀爲四根〕
八十根爲第一等共人共銀數〔註: 以第一等二十名乘四根〕
一百五十八根與三千一百六十兩相等〔註: 三等共人共銀數相併得一百五十八根與總銀數相等〕
一根必與二十兩相等卽第三等每人分銀數〔註: 第三等每人分銀所得二十兩加一倍得四十兩爲二等每人所得銀數又加一倍得八十兩爲一等每人所得銀數以各等人數乘各等每人所得銀數卽各等共人所得共銀數〕

주해

제3등의 각 사람에게 나누어줄 은의 무게를 x라고 하자.
제3등에 해당하는 사람 30명에게 나누어줄 은의 무게는 $30x$이다.
제3등의 각 사람에게 나누어줄 은의 무게는 제2등의 각 사람에게 나누어줄 은의 무게에서 제3등의 각 사람에게 나누어줄 은의 무게를 뺀 것이므로, 제2등의 각 사람에게 나누어줄 은의 무게는 $2x$이다.
제2등에 해당하는 사람 24명에게 나누어줄 은의 무게는 $48x$이다.
제2등의 각 사람에게 나누어줄 은의 무게는 제1등의 각 사람에게 나누어줄 은의 무게에서 제2등의 각 사람에게 나누어줄 은의 무게를 뺀 것이므로, 제1등의 각 사람에게 나누어줄 은의 무게는 제2등의 각 사람에게 나누어줄 은의 무게의 2배인 $2(2x)=4x$이다.
제1등에 해당하는 사람 20명에게 나누어줄 은의 무게는 $80x$이다.
제 1, 2, 3등에 해당하는 사람 모두에게 나누어줄 은의 무게를 더하면 $30x+48x+80x=3,160$냥이므로, $158x=3,160$냥에서 $x=20$냥이다.
곧 제3등 각 사람에게 나누어줄 은의 무게이다.
제2등 각 사람에게 나누어줄 은의 무게는 20냥+20냥=40냥이고,
제1등 각 사람에게 나누어줄 은의 무게는 40냥+40냥=80냥이다.

【선 7】 한 사람이 세 번 거래를 하는데, 첫 번째 거래에서 얻은 이익은 원래 은의 2배이고, 두 번째 거래에서 얻은 이익은 첫 번째 거래의 원래 은과 이익으로 얻은 은을 더한 것의 4배이며, 세 번째 거래에서 얻은 이익은 두 번째 거래의 원래 은과 이익으로 얻은 은을 더한 것의 3배라고 한다. 얻은 이익을 모두 더한 것을 원래의 은에 더하여 900냥을 얻는다면, 원래의 은은 얼마인가?
設如一人爲商三次初次獲利比原銀多二倍二次獲利比初次本利共銀多四倍三次獲利比二次本利共銀又多三倍共計獲利倂原銀得九百兩問原銀幾何

풀이
1근을 첫 번째 거래의 원래 은의 무게라고 하자. 2근은 첫 번째 거래에서 이익으로 얻은 은의 무게이다. [주: 첫 번째 얻은 이익은 원금 은의 2배이므로 얻은 이익 은은 2근이다.]
12근은 두 번째 거래에서 이익으로 얻은 은의 무게이다. [주: 두 번째 얻은 이익은 첫 번째 원래의 은과 이익으로 얻은 은을 더한 은의 4배이므로, 첫 번째 원래의 은과 이익을 더한 은 3근에 4배를 해서 12근을 얻는다.]
45근은 세 번째 거래에서 원래의 은과 이익으로 얻은 은을 더한10) 무

게이다. 〔주: 세 번째 얻은 이익은 두 번째 원래의 은과 이익으로 얻은 은을 더한 은의 3배이므로, 두 번째 원래의 은과 이익을 더한 15근에 3배해서 얻은 45근이다.〕
60근과 900냥은 서로 같다. 〔주: 얻은 이익을 모두 더한 것을 원래의 은에 더하면 900냥을 얻으므로, 네 수를 서로 더하여 얻은 60근과 900냥은 서로 같다.〕
1근과 15냥은 반드시 서로 같다. 곧 원래 은의 무게이다.

法借一根爲初商原銀數 二根爲初次利銀數〔註: 初次獲利比原銀多二倍故獲利銀爲二根〕
一十二根爲二次利銀數〔註: 二次獲利比初次本利共銀多四倍故初次本利共銀三根加四培得一十二根〕
四十五根爲三次本利共銀數11)〔註: 三次獲利比二次本利共銀多三倍故二次本利共銀一十五根加三倍得四十五根〕
六十根與九百兩相等〔註: 共計獲利併原銀得九百兩故四數相併得六十根與九百兩相等〕
一根必與一十五兩相等卽原銀數

주해

첫 번째 거래에서 원래 은의 무게를 x라고 하자.
첫 번째 거래에서 이익으로 얻은 은의 무게는 $2x$이다.
두 번째 거래에서 원래의 은의 무게는 $x+2x=3x$이므로, 두 번째 거래에서 이익으로 얻은 은의 무게는 $3x\times 4=12x$이다.
세 번째 거래에서 원래의 은의 무게는 $3x+12x=15x$이므로, 세 번째 거래에서 이익으로 얻은 은의 무게는 $15x\times 3=45x$이다.
원래의 은의 무게 x에 이익으로 얻은 은의 무게 $2x$, $12x$, $45x$를 모두 더한 것이 900냥이므로 $x+2x+12x+45x=900$냥이다.
$60x=900$냥에서 $x=15$냥이다. 이는 원래 은의 무게이다.

【선 8】 여덟 사람에게 나누어줄 은이 있는데, 전체의 무게는 말하지

---

10) 11)에 의하여 '원금과 이익을 더한'은 '이익'으로 바로 잡아야 한다.
11) '本利共銀數'는 '利銀數'의 오기임.

않았다고 한다. 다만 일등, 이등, 삼등 세 사람 몫의 합은 45냥이고 칠등과 팔등 두 사람 몫의 합이 85냥임은 알고 있고, 등수에 따라 차례대로 더해 가는 무게가 모두 서로 같다면, 각 사람은 얼마씩 얻는가?
設如八人分銀不言總數但知第一第二第三三人共得四十五兩第七第八二人共得八十五兩其遞加之數俱相等問各人應得若干

풀이

1근을 각 사람에게 등수에 따라 차례대로 더하는 무게라고 하자. 42냥 5전에서 반근을 뺀 것은 칠등이 얻는 은의 무게이다. 〔주: 칠등과 팔등 두 사람 몫의 합 85냥을 2사람으로 나누어 얻은 42냥 5전은 칠등과 팔등의 합의 절반인 중간 무게, 곧 칠등 몫의 은의 무게에 차례대로 더하는 무게의 절반을 더한 것이다. 차례대로 더하는 무게를 이미 1근이라고 하였으므로, 42냥 5전에서 반근을 뺀 것은 칠등 몫의 은의 무게이다.〕
42냥 5전에서 5근 반을 뺀 것과 15냥은 서로 같다. 〔주: 일등, 이등, 삼등 세 사람 몫의 합 45냥을 3인으로 나누어 얻은 15냥은 이등 몫의 은의 무게이다. 칠등부터 차례로 이등까지 더해 가면, 42냥 5전에서 1근 반을 뺀 것은 육등 몫의 은의 무게이고, 42냥 5전에서 2근 반을 뺀 것은 오등 몫의 은의 무게이고, 42냥 5전에서 3근 반을 뺀 것은 사등 몫의 은의 무게이고, 42냥 5전에서 4근 반을 뺀 것은 삼등 몫의 은의 무게이고, 42냥 5전에서 5근 반을 뺀 것은 이등 몫의 은의 무게이므로, 42냥 5전에서 5근 반을 뺀 것은 15냥과 서로 같다.〕
27냥 5전과 5근 반은 서로 같다. 〔주: 양변에서 각각 15냥을 빼면 27냥 5전이다.〕
1근과 5냥은 반드시 서로 같다. 곧 각 사람에게 차례대로 더하는 무게이다. 〔주: 차례대로 더하는 무게는 이미 얻었으므로, 이등의 15냥에서 5냥을 빼서 얻은 10냥은 일등 몫의 은의 무게이고, 5냥을 더해서 얻은 20냥은 삼등 몫의 은의 무게이다. 다시 5냥을 더하여 얻은 25냥은 사등 몫의 은의 무게이다. 다시 5냥을 더하여 얻은 30냥은 오등 몫의 은의 무게이다. 다시 5냥을 더하여 얻은 35냥은 육등 몫의 은의 무게이다. 다시 5냥을 더하여 얻은 칠등 몫의 은의 무게이다. 다시 5냥을 더하여 얻은 45냥은 팔등 몫의 은의 무게이다.〕

法借一根爲每人遞加之數 四十二兩五錢[12]少半根爲第七人分銀數〔註: 第七第八二人共得八十五兩以二人除之得四十二兩五錢爲第七第八相和折半之中間數卽第七人之分銀數内多有遞加折半之數遞加之數旣借一根故四十二兩五錢少半根卽爲第七人之分銀數〕

四十二兩五錢少五根半與一十五兩相等〔註: 第一第二第三三人共得四十五兩以三人除之得一十五兩爲第二人分銀所得數而自第七人遞加至第二人則四十二兩五錢少一根半爲第六人分銀數四十二兩五錢少二根半爲第五人分銀數四十二兩五錢少三根半爲第四人分銀數四十二兩五錢少四根半爲第三人分銀數四十二兩五錢少五根半爲第二人分銀數故四十二兩五錢少五根半與一十五兩相等〕

二十七兩五錢與五根半相等〔註: 兩邊各減一十五兩得二十七兩五錢〕

一根必與五兩相等卽每人遞加之數〔註: 旣得遞加之數則第二人一十五兩減五兩得一十兩爲第一人分銀數加五兩得二十兩爲第三人分銀數再加五兩得二十五兩爲第四人分銀數再加五兩得三十兩爲第五人分銀數再加五兩得三十五兩爲第六人分銀數再加五兩得四十兩爲第七人分銀數再加五兩得四十五兩爲第八人分銀數〕

주해

각 사람에게 차례대로 더하는 무게를 x라고 하자.

(칠등 몫)$+x=$(팔등 몫)이고, (칠등 몫)+(팔등 몫)$=85$냥이므로,

칠등 몫은 $\frac{1}{2}(85\text{냥}-x)=42.5\text{냥}-\frac{1}{2}x$이다.

(일등 몫)=(이등 몫)$-x$, (삼등 몫)=(이등 몫)$+x$이고

일등, 이등, 삼등 세 사람 몫의 합은 45냥이므로

{(이등 몫)$-x$}+(이등 몫)+{(이등 몫)$+x$}$=45$냥이다.

따라서 이등 몫은 15냥이다.

(칠등 몫)$-5x=$(이등 몫)이므로

$(42.5\text{냥}-\frac{1}{2}x)-5x=15$냥에서 $27.5\text{냥}=5\frac{1}{2}x$이고 $x=5$냥이다.

일등 몫: 15냥$-$5냥$=$10냥,

삼등 몫: 15냥$+$5냥$=$20냥, …

차례로 5냥씩 더해 가면 구해진다.

---

12) '전(錢)'은 무게의 단위일 때 한돈 중(1냥의 십분의 일)이며, 화폐일 때 원의 백분의 일임.

따라서 일등부터 팔등까지의 몫은 차례로 10냥, 15냥, 20냥, 25냥, 30냥, 35냥, 40냥, 45냥이다.

【선 9】 모시를 가지고 무명을 바꾸는데, 다만 모시 3장 값은 은 2냥이고 무명 7장 값은 은 7냥 5전임을 알고 있다고 하자. 지금 모시 45장을 무명으로 바꾸면 얼마인가?
設如以夏布換棉布但知夏布三丈價銀二兩棉布七丈價銀七兩五錢今有夏布四十五丈問換棉布若干

풀이

1근을 무명의 수량이라고 하자. 7근 반은 무명 값의 7배이다. 〔주: 마땅히 무명 7장으로 무명 1근을 나누고 그 7장 값인 은 7냥 5전을 곱하여 얻은 무명 값은 나누지 않고 곱하기만 해서 얻은 7근 반이므로 7배이다.〕
90냥은 모시 값의 3배이다. 〔주: 마땅히 모시 3장으로 모시 45장을 나누고 그 3장 값인 은 2냥을 곱하여 얻은 모시 값은 나누지 않고 곱하기만 해서 얻은 90냥이므로 3배이다.〕
22근 반과 630냥은 서로 같다. 〔주: 무명 7장과 모시 3장이 서로 같지 않으므로 서로 곱해서 그 몫을 서로 같게 한다. 모시 3장에 무명 값 7근 반을 곱하여 22근 반을 얻는다. 무명 7장에 모시 값 90냥을 곱하여 630냥을 얻는다.〕
1근과 28은 반드시 서로 같다. 앞에서 이미 1근을 무명 장수라 하였으므로 28은 곧 무명 장수이다.

法借一根爲棉布數 七根半爲棉布價之七倍〔註: 當以棉布七丈除棉布一根以價銀七兩五錢乘得其價而不受除只乘得七根半故爲七倍〕
九十兩爲夏布價之三倍〔註: 當以夏布三丈除夏布四十五丈以價銀二兩乘得其價而不除只乘得九十兩故爲三倍〕
二十二根半與六百三十兩相等〔註: 棉布七丈與夏布三丈不同故互乘以齊其分以夏布三丈乘棉布價七根半得二十二根半以棉布七丈乘夏布價九十兩得六百三十兩〕

一根必與二十八相等 前旣借一根爲棉布丈數故二十八卽棉布丈數

주해

무명의 수량을 x라고 하자. $x\div7$장$\times7.5$냥은 무명 전체 값이고
$x\div7$장$\times7.5$냥$\times7=7.5x$는 무명 전체 값의 7배이다.
45장$\div$3장$\times$2냥은 모시 전체 값이고
45장$\div$3장$\times$2냥$\times3=90$냥은 모시 전체 값의 3배이다.
무명 전체 값의 21배[13]($=7$배$\times3$)와 모시 전체 값의 21배($=3$배$\times7$)는 서로 같아야 하므로 $7.5x\times3=90$냥$\times7$이다.
따라서 $22.5x=630$냥에서 $x=28$장이다.

【선 10】 참깨를 가지고 찹쌀을 바꾸는데, 다만 참깨 3섬과 녹두 5섬을 바꾸고, 녹두 4섬과 찹쌀 3섬을 바꿈을 알고 있다고 하자. 지금 참깨 54섬을 찹쌀로 바꾸면 얼마인가?
設如以芝麻換黃米[14]但知芝麻三石[15]換菉豆五石菉豆四石換黃米三石今有芝麻五十四石問換黃米若干

풀이

1근을 찹쌀의 수량이라 하자. 4근은 바꿀 녹두 수량의 3배이다. 〔주: 녹두 4섬과 찹쌀 1근을 곱하면 4근을 얻는다. 마땅히 찹쌀 3섬으로 나눌 것을 나누지 않았으므로 3배이다.〕

$\frac{8}{10}$근은 참깨 수량이다. 〔주: 마땅히 참깨 3섬에 녹두 4근을 곱하는데, 4근이 곧 녹두 3배의 수량이므로 다시 곱할 필요가 없이 녹두 5섬으로만 나누어 $\frac{8}{10}$근을 얻는다.〕

$\frac{8}{10}$근과 54섬은 서로 같다. 1근과 67섬 5말은 반드시 서로 같다. 곧, 찹쌀의 수량이다.

13) 모시 3장과 무명 7장의 '3과 7'의 최소공배수 '21'을 택하였다.
14) '황미(黃米)'는 '찹쌀'이나, 중국에서는 '기장쌀'을 말함.
15) '石(석, 섬)'은 부피의 단위를 표시할 때는 1섬(石)=10말(斗)이고 무게의 단위를 표시할 때는 1석(石)=120근(斤)임.

法借一根爲黃米數 四根爲換菉豆數之三倍〔註: 菉豆四石乘黃米一根得四根當以黃米三石除之而不受除故爲三倍〕
十分根之八[16]爲芝麻數〔註: 當以芝麻三石乘菉豆四根而四根卽菉豆三倍之數故不必更乘只以菉豆五石除之得十分根之八〕
十分根之八與五十四石相等 一根必與六十七石五斗相等卽黃米數

주해

참쌀 수량을 x라고 하자. (녹두) : (참쌀)=4 : 3이므로 (녹두) : x=4 : 3에서 $4x$는 바꿀 수 있는 녹두 수량의 3배이다.

(참깨) : (녹두)=3 : 5이므로 (참깨) : $\frac{4x}{3}$=3 : 5에서 $4x$=(참깨)×5이다.

$\frac{4}{5}x$는 참깨 수량이므로, $\frac{8}{10}x$=54섬이고 x=67섬 5말이다.

【선 11】 700명을 양병하는 데 매년 일정한 군자금으로 은 12,600냥이 든다고 한다. 새로 보충한 오병이 300명 이미 있는데, 응당 7개월을 부려야 하는 군자금은 은으로 얼마인가?
設如養兵七百名每年額餉一萬二千六百兩內有新著伍兵[17]三百名已應役七個月問該餉銀若干

풀이

1근을 새로 보충한 오병의 군자금인 은의 무게라고 하자. 12근은 새로 보충한 오병이 12개월 응당 받아야 하는 무게의 7배이다. 〔주: 12개월을 1근에 곱하면 12근을 얻으며 또 마땅히 7개월로 나눌 것을 나누지 않았으므로 7배이다.〕
1,200근은 21만 병사의 12개월 응당 받아야 하는 무게이다. 〔주: 양병 700명을 새로 보충한 오병 300명에 곱하면 21만 병사를 얻은즉 제1위가 서로 같지 않으므로 서로 곱해서 그 몫(其分)을 서로 같게 한다. 양병 700명을 새로 보충한 오병의 응당 12개월 받아야 하는 무게의 7배인 12근에 곱하면 8,400근을 얻는다. 즉 21만 병사가 12개월

16) '십분근지팔(十分根之八)'은 '$\frac{8}{10}$근'을 말함.
17) '오병(伍兵)'은 5명을 1조로 하는 군대 편성상의 단위임.

응당 받아야 하는 무게의 7배이므로 7로 나누어 얻은 1,200근은 21만 병사가 12개월 응당 받아야 하는 무게이다.]
378만냥은 또 21만 병사가 12개월 응당 받아야 하는 무게이다. [주: 새로 보충한 오병 300명을 양병 700명의 12개월 군자금 12,600냥에 곱하여 얻은 378만냥은 21만 병사 12개월 응당 받아야 하는 무게이다.]
1,200근과 378만냥은 서로 같다. 1근과 3,150냥은 반드시 서로 같다. 곧, 새로 보충한 오병의 7개월 군자금으로 필요한 은의 무게이다.

法借一根爲新著伍兵餉銀數 一十二根爲新著伍兵一十二個月應得數之七倍
〔註: 以一十二個月乘一根得一十二根又當以七個月除而不除故爲七倍〕
一千二百根爲二十一萬兵一十二個月應得之數〔註: 以養兵七百名乘新著伍兵三百名得二十一萬兵則首位不同故互乘以齊其分以養兵七百名乘新著伍兵一十二個月應得數之七倍一十二根得八千四百根卽二十一萬兵一十二個月應得數之七倍故七歸之得一千二百根爲二十一萬兵一十二個月應得數〕
三百七十八萬兩又爲二十一萬兵一十二個月應得之數〔註: 以新著伍兵三百名乘養兵七百名一十二個月額餉一萬二千六百兩得三百七十八萬兩爲二十一萬兵一十二個月應得數〕
一千二百根與三百七十八萬兩相等 一根必與三千一百五十兩相等卽新著伍兵七個月餉銀數

주해

새로 보충한 오병 300명의 7개월 군자금으로 필요한 은의 무게를 x라고 하자.
$12x$는 새로 보충한 오병 300명이 12개월 응당 받아야 하는 군자금의 7배이다.
700명$\times 12x=8{,}400x$는 21만 병사가 12개월 응당 받아야 하는 군자금의 7배이다.
$8{,}400x\div 7=1{,}200x$는 21만 병사가 12개월 응당 받아야 하는 군자금이고,
300명$\times$12,600냥$=$3,780,000냥도 21만 병사가 12개월 응당 받아야 하는 군자금이므로 $1{,}200x=3{,}780{,}000$냥이다.
따라서 $x=3{,}150$냥이다.

【선 12】 이전부터 콩 3말과 기장 2말을 바꾸고, 또 기장 4말과 메기장 3말을 바꾸고, 또 메기장 5말과 벼 4말을 바꾸고, 또 벼 6말과 보

리 5말을 바꾼다고 한다. 지금 보리가 7말 있는데, 콩 얼마와 바꾸는가?

設如原有菽三斗換黍二斗又黍四斗換稷三斗又稷五斗換稻四斗又稻六斗換麥五斗今有麥七斗問換菽幾何

풀이

1근을 바꿀 콩의 수량이라고 하자. 2근은 바꿀 기장 수량의 3배이다.〔주: 바꿀 기장 2말을 바꿀 콩 1근에 곱하여 2근을 얻는다. 마땅히 콩 3말로 나눌 것을 나누지 않았으므로 3배이다.〕

$\frac{1}{2}$근은 바꿀 메기장의 수량이다.〔주: 마땅히 바꿀 메기장 3말을 바꿀 기장 2근에 곱한 것은 2근이 원래의 이 바꿀 기장 3배의 수량이므로 다시 곱할 필요가 없이 기장 4말로만 나누어 $\frac{1}{2}$근을 얻는다.〕

$\frac{4}{10}$근은 바꿀 벼의 수량이다.〔주: 바꿀 벼 4말을 바꿀 메기장 $\frac{1}{2}$근에 곱하여 2근을 얻는다. 또 메기장 5말로 나누어 $\frac{4}{10}$근을 얻는다.〕

2근은 바꿀 보리 수량의 6배이다.〔주: 바꿀 보리 5말을 바꿀 벼 $\frac{4}{10}$근에 곱하여 2근을 얻는다. 또 마땅히 벼 6말로 나눌 것을 나누지 않았으므로 6배이다.〕

2근과 42말은 서로 같다.〔주: 지금 보리 7말을 또 6배한 연후와 보리 2근이 서로 같으므로 보리 7말에 6배를 가하여 얻은 42말과 2근은 서로 같다.〕

1근과 2섬 1말은 반드시 서로 같다. 곧, 바꿀 콩의 수량이다.

法借一根爲換菽數 二根爲換黍數之三倍〔註: 以換黍二斗乘換菽一根得二根當以菽三斗除之而不除故爲三倍〕

半根爲換稷數〔註: 當以換稷三斗乘換黍二根而二根原是換黍三倍之數故不必更乘只以黍四斗除之得半根〕

十分根之四爲換稻數〔註: 以換稻四斗乘換稷半根得二根又以稷五斗除之得十分根之四〕

二根爲換麥數之六倍〔註: 以換麥五斗乘換稻十分根之四得二根又當以稻六

斗除之而不除故爲六倍〕
二根與四十二斗相等〔註: 今有麥七斗亦爲六倍然後與麥二根相等故麥七斗加六倍得四十二斗與二根相等〕
一根必與二石一斗相等卽換菽數

주해

바꿀 콩 수량을 x라고 하자. (바꿀 콩) : (바꿀 기장)=3 : 2이므로, x : (바꿀 기장)=3 : 2에서 $2x$는 바꿀 기장 수량의 3배이다.

(바꿀 기장) : (바꿀 메기장)=4 : 3이므로, $\frac{2}{3}x$: (바꿀 메기장)=4 : 3에서 $\frac{1}{2}x$는 바꿀 메기장 수량이다.

(바꿀 메기장) : (바꿀 벼)=5 : 4이므로, $\frac{1}{2}x$: (바꿀 벼)=5 : 4에서 $\frac{4}{10}x$는 바꿀 벼의 수량이다.

(바꿀 벼) : (바꿀 보리)=6 : 5이므로, $\frac{4}{10}x$: (바꿀 보리)=6 : 5에서 $2x$는 바꿀 보리 수량의 6배이다.

곧, $2x$=7말×6=42말이므로, x=21말=2섬 1말이다.

【선 13】 이전부터 밀 12,000섬을 수레 12량으로 각 수레에 3섬씩 싣고 하루에 80리를 갈 때 40일 걸려 다 나른다고 한다. 지금 밀 30,000섬을 수레 16량으로 각 수레에 4섬씩 싣고 하루에 60리를 간다면, 다 나르는 데 걸리는 일수는 얼마인가?
設如原有麥子一萬二千石車一十二輛[18]每車載三石日行八十里四十日運完今有麥三萬石車一十六輛每車載四石日行六十里問運完日數幾何

풀이

1근을 밀을 다 나르는 데 거리는 일수라고 하자. $\frac{75}{100}$근은 하루 80리를 갈 때 다 나르는 데 걸리는 일수이다. 〔주: 하루 60리를 갈 때 다 나르는 데 걸리는 일수가 1근이므로, 60리를 곱한 것을 80리로 나누어

---

18) ‘량(輛)’은 수레(車)를 세는 단위임.

얻은 $\frac{75}{100}$근은 하루 80리를 갈 때 나르는 데 걸리는 일수이다.]

1근은 각 수레에 3섬을 싣고 다 나르는 데 걸리는 일수이다. [주: 각 수레에 4섬을 실으면 다 나르는 데 걸리는 일수는 $\frac{75}{100}$근이므로, 4섬을 곱한 것을 3섬으로 나누어 얻은 1근은 각 수레에 3섬을 싣고 다 나르는 데 걸리는 일수이다.]

16근은 12량으로 다 나르는 데 걸리는 일수의 12배이다. [주: 16량으로 다 나르는 데 걸리는 일수는 1근이므로, 16량을 곱해서 16근을 얻는다. 마땅히 12량으로 나눌 것을 나누지 않았으므로 12배이다.]

$6\frac{4}{10}$근은 12,000섬을 다 나르는 데 걸리는 일수의 12배이다. [주: 30,000섬을 다 나르는 데 걸리는 일수의 12배는 16근이므로, 12,000섬을 곱한 것을 30,000섬으로 나누어 얻은 $6\frac{4}{10}$근은 12,000섬을 나르는 데 걸리는 일수의 12배이다.]

480일은 또 12,000섬을 다 나르는 데 걸리는 일수의 12배이다. [주: 이전부터 12,000섬을 다 나르는 데 걸리는 일수 40일에 12를 곱한 것은 12배이다.]

$6\frac{4}{10}$근과 480일은 서로 같다. 1근과 75일은 반드시 서로 같다. 곧, 밀을 다 나르는 데 걸리는 일수이다.

法借一根爲今有麥運完日數 百分根之七十五爲日行八十里運完日數〔註: 日行六十里則運完日數爲一根故以六十里乘之以八十里除之得百分根之七十五爲日行八十里之運完日數〕

一根爲每車載三石運完日數〔註: 每車載四石則運完日數爲百分根之七十五故以四石乘之以三石除之得一根爲每車載三石運完日數〕

一十六根爲一十二輛運完日數之一十二倍〔註: 一十六輛運完日數爲一根故以一十六輛乘之得一十六根當以一十二輛除之而不除仍爲一十二倍〕

六根又十分根之四爲一萬二千石運完日數之一十二倍〔註: 三萬石運完日數之一十二倍爲一十六根故以一萬二千石乘之以三萬石除之得六根又十分根之四爲一萬二千石運完日數之一十二倍〕

四百八十日又爲一萬二千石運完日數之一十二倍〔註: 原有一萬二千石運完

日數四十日以一十二乘之爲一十二倍]
六根又十分根之四與四百八十日相等 一根必與七十五日相等卽今有麥運完日數

주해

밀 30,000섬을 수레 16량으로 다 나르는 데 걸리는 일수를 x라고 하자.
1일 80리를 간다면 다 나르는 데 걸리는 일수는 $\frac{60}{80}x=\frac{75}{100}x$이다. 이는 각 수레에 4섬 실을 때 다 나르는 데 걸리는 일수이므로, 각 수레에 3섬을 실을 때 다 나르는 데 걸리는 일수는 $\frac{75}{100}x\times4\div3=x$이다.
x는 16량으로 다 나르는 데 걸리는 일수이므로, 12량으로 다 나르는 데 걸리는 일수의 12배는 $16x$이다.
이는 30,000섬을 다 나르는 데 걸리는 일수의 12배이므로, 12,000섬을 다 나르는 데 걸리는 일수의 12배는 $16x\times$12,000섬$\div$30,000섬$=6\frac{4}{10}x$이다.
12,000섬을 다 나르는 데 걸리는 일수는 40일이므로, 40일$\times12=6\frac{4}{10}x$이다.
따라서 $x=75$일이다.

【선 14】 갑, 병, 무 세 사람이 합자해서 무역을 했는데, 모두 은 3,220냥의 이익을 얻었다고 한다. 갑의 자본은 은 3,600냥이고 병의 자본은 은 510냥이며 무는 다만 이익에서 배당 받은 은이 480냥이라면, 그 자본은 은으로 얼마인가?
設如甲丙戊三人合本貿易共得利銀三千二百二十兩甲本銀三千六百兩丙本銀五百一十兩戊但知該分利銀四百八十兩問其本銀若干

풀이

1근을 무의 자본인 은의 무게라고 하자. 1근과 4,110냥의 합은 갑, 병, 무 세 사람의 자본인 은의 무게이다. [주: 갑의 자본인 은과 병의 자본인 은을 더하면 4,110냥이고 무의 자본인 은의 무게는 앞에서 이미 1근이라고 하였으므로, 1근에 4,110냥을 더한 것은 갑, 병, 무 세 사람의 자본인 은의 무게이다.]
480근과 1,972,800냥의 합은 갑, 병, 무 세 사람의 자본인 은에 무가 이익으로 배당 받은 은을 곱한 무게이다. 〔주: 무가 이익으로 배당 받은 은 480냥을 1근과 4,110냥의 합에 곱한다.〕

3,220근은 갑, 병, 무 세 사람의 이익에 무의 자본인 은을 곱한 무게이다. 〔주: 무의 자본인 은 1근을 전체의 이익인 은 3,220냥에 곱한다.〕

480근과 1,972,800냥의 합과 3,220근은 서로 같다. 〔주: 세 사람이 이익으로 얻은 은 전체와 자본인 은은 서로 같지 않으므로, 무가 이익으로 얻은 은을 세 사람 전체 자본인 은에 곱한 것은 무의 자본인 은을 세 사람 전체가 이익으로 얻은 은에 곱한 것이 서로 같은 무게이므로, 480근과 1,972,800냥의 합과 3,220근은 서로 같다.〕

2,740근과 1,972,800냥은 서로 같다. 〔주: 양변에서 각각 480근을 빼면 2,740근이다.〕

1근과 720냥은 반드시 서로 같다. 곧, 무의 자본인 은의 무게이다.

法借一根爲戊本銀數 一根多四千一百一十兩爲甲丙戊三人本銀數〔註: 甲本銀與丙本銀相併得四千一百一十兩而戊本銀數前旣借一根故一根多四千一百一十兩爲甲丙戊三人本銀〕

四百八十根多一百九十七萬二千八百兩爲甲丙戊三人本銀以戊利銀倍之之數〔註: 以戊利銀四百八十兩乘一根多四千一百一十兩〕

三千二百二十根爲甲丙戊三人利銀以戊本銀倍之之數〔註: 以戊本銀一根乘共利銀三千二百二十兩〕

四百八十根多一百九十七萬二千八百兩與三千二百二十根相等〔註: 三人共得利銀與本銀不齊故以戊利銀乘三人共本銀以戊本銀乘三人共利銀以齊其數故四百八十根多一百九十七萬二千八百兩與三千二百二十根相等〕

二千七百四十根與一百九十七萬二千八百兩相等〔註: 兩邊各減四百八十根得二千七百四十根〕

一根必與七百二十兩相等卽戊本銀數

주해

무의 자본인 은의 무게를 x라고 하자. $x+4{,}110$냥은 세 사람 자본 전체의 은의 무게이다.

$(x+4{,}110$냥$)\times 480=480x+1{,}972{,}800$냥은 세 사람 자본 전체의 은의 무게에 무가

이익으로 얻은 은을 곱한 무게이다.
$3{,}220x$는 세 사람이 이익으로 얻은 은 전체에 무의 자본인 은의 무게를 곱한 것이다. 다음이 성립한다.

(세 사람의 이익) : (세 사람의 자본) = (무의 이익) : (무의 자본),
(세 사람의 자본)×(무의 이익) = (세 사람의 이익)×(무의 자본),
$480x + 1{,}972{,}800$냥 $= 3{,}220x$

따라서 $2{,}740x = 1{,}972{,}800$냥에서 $x = 720$냥이다.

【선 15】 갑, 을, 병 세 상인이 합해서 원금으로 은 1,520냥을 출자했는데, 지금 원금과 이익을 합해서 은 1,710냥을 얻었다고 한다. 갑의 원금과 이익을 합한 몫은 은 1,080냥이고, 을의 원금과 이익을 합한 몫은 은 360냥이며, 병의 원금과 이익을 합한 몫은 은 270냥이라면, 세 사람 몫의 원금과 이익은 각각 얼마인가?
設如甲乙丙三商共出本銀一千五百二十兩今得本利共銀一千七百一十兩甲分本利共銀一千零八十兩乙分本利共銀三百六十兩丙分本利共銀二百七十兩問三人所分本利各若干

풀이

1근을 갑의 원금인 은의 무게라고 하자. 1,080냥에서 1근을 뺀 것은 갑이 이익으로 얻은 은의 무게이다. 190근은 갑의 원금인 은의 무게의 190배이다. 〔주: 3인이 이익으로 얻은 은 190냥을 갑의 원금인 은 1근에 곱해서 그 몫을 서로 같게 한다.〕
1,641,600냥에서 1,520근을 뺀 것은 갑이 이익으로 얻은 은 무게의 1,520배이다. 〔주: 3인 합해서 원금으로 낸 은 1,520냥을 갑이 이익으로 얻은 은 1,080냥에서 1근을 뺀 것과 곱해서 그 몫을 서로 같게 한다.〕
1,710근과 1,641,600냥은 서로 같다. 〔주: 양변에 각각 1,520근을 더하면 1,710근을 얻는다.〕
1근과 960냥은 반드시 서로 같다. 곧, 갑의 원금인 은의 무게이다. 〔주: 갑의 원금과 이익의 합 1,080냥에서 960냥을 빼고 남은 120냥은 갑이 이익으로 얻은 은의 무게이다.〕

또 1근을 을의 원금인 은의 무게라고 하자. 360냥에서 1근을 뺀 것은 을이 이익으로 얻은 은의 무게이다. 190근은 을의 원금인 은의 무게의 190배이다. 〔주: 3인이 이익으로 얻은 은 190냥과 을의 원금인 은 1근을 곱한다.〕
547,200냥에서 1,520근을 뺀 것은 을이 이익으로 얻은 은의 무게의 1,520배이다. 〔주: 3인의 원금인 은 1,520냥을 을이 이익으로 얻은 은 360냥에서 1근을 뺀 것에 곱한다.〕
190근과 547,200냥에서 1,520근을 뺀 것은 서로 같다. 1,710근과 547,200냥은 서로 같다. 1근과 320냥은 반드시 서로 같다. 곧, 을의 원금인 은의 무게이다. 〔주: 을의 원금과 이익의 합 360냥에서 320냥을 빼고 남은 40냥은 을이 이익으로 얻은 은의 무게이다.〕

1근을 병의 원금인 은의 무게라고 하자. 270냥에서 1근을 뺀 것은 병이 이익으로 얻은 은의 무게이다. 190근은 병의 원금인 은의 무게의 190배이다. 410,400냥에서 1,520근을 뺀 것은 병이 이익으로 얻은 은 무게의 1,520배이다. 190근과 410,400냥에서 1,520근을 뺀 것은 서로 같다. 1,710근과 410,400냥은 서로 같다. 1근과 240냥은 반드시 서로 같다. 곧, 병의 원금인 은의 무게이다. 〔주: 병의 원금과 이익의 합 270냥에서 240냥을 빼고 남은 30냥은 병이 이익으로 얻은 은이다.〕

法借一根爲甲本銀數　一千零八十兩少一根爲甲利銀數　一百九十根爲甲本銀數之一百九十倍〔註: 以三人共得利銀一百九十兩乘甲本銀一根以齊其分〕
一百六十四萬一千六百兩少一千五百二十根爲甲利銀數之一千五百二十倍〔註: 以三人共出本銀一千五百二十兩乘甲利銀一千零八十兩少一根以齊其分〕
一千七百一十根與一百六十四萬一千六百兩相等〔註: 兩邊各加一千五百二十根得一千七百一十根〕
一根必與九百六十兩相等卽甲本銀數〔註: 甲本利一千零八十兩內減九百六十兩餘一百二十兩爲甲利銀〕

又借一根爲乙本銀數　三百六十兩少一根爲乙利銀數　一百九十根爲乙本銀數之一百九十倍〔註: 以三人共得利銀一百九十兩乘乙本銀一根〕

五十四萬七千二百兩少一千五百二十根爲乙利銀數之一千五百二十倍〔註: 以三人本銀一千五百二十兩乘乙利銀三百六十兩少一根〕
一百九十根與五十四萬七千二百兩少一千五百二十根相等 一千七百一十根與五十四萬七千二百兩相等 一根必與三百二十兩相等卽乙本銀數〔註: 乙本利三百六十兩內減三百二十兩餘四十兩爲乙利銀〕

借一根爲丙本銀數 二百七十兩少一根爲丙利銀數 一百九十根爲丙本銀數之一百九十倍 四十一萬零四百兩少一千五百二十根爲丙利銀數之一千五百二十倍 一百九十根與四十一萬零四百兩少一千五百二十根相等 一千七百一十根與四十一萬零四百兩相等 一根必與二百四十兩相等卽丙本銀數〔註: 丙本利二百七十兩內減二百四十兩餘三十兩爲丙利銀〕

주해

갑의 원금인 은의 무게를 x라고 하자.
3인이 얻은 이익은 1,710냥－1,520냥＝190냥이다.
갑이 이익으로 얻은 은의 무게는 1,080냥－x이고
(이익 전부) : (원금 전부)＝(갑의 이익) : (갑의 원금)이므로
1,520냥×(1,080냥－x)＝190냥×x이다.
1,710x＝1,641,600냥에서 x＝960냥, 곧 갑의 원금인 은의 무게이다.
갑의 이익은 1,080냥－960냥＝120냥이다.

을의 원금인 은의 무게를 y라고 하자. 을이 이익으로 얻은 은은 360냥－y이고
(이익 전부) : (원금 전부)＝(을의 이익) : (을의 원금)이므로
1,520냥×(360냥－y)＝190냥×y이다.
1,710y＝547,200냥에서 y＝320냥이다. 곧 을의 원금인 은의 무게이다.
을의 이익은 360냥－320냥＝40냥이다.

병의 원금인 은의 무게를 z라고 하자. 병이 이익으로 얻은 은은 270냥－z이고,
(이익 전부) : (원금 전부)＝(병의 이익) : (병의 원금)이므로
1,520냥×(270냥－z)＝190냥×z이다.
1,710z＝410,400냥에서 z＝240냥이다. 곧 병의 원금인 은의 무게이다.
병의 이익은 270냥－240냥＝30냥이다.

【선 16】 을, 병, 정 세 사람이 합자하여 장사를 하는데, 을은 원금으로 은 200냥을 이어서 8개월 출자하고 또 출자한 지 2개월 후부터는

은 40냥을 원금에 더해서 출자하며, 병은 원금으로 은 320냥을 이어서 6개월 출자하고 출자한 지 1개월 후부터는 은 80냥을 원금에 더해서 출자하며, 정은 원금으로 은 160냥을 이어서 10개월 출자했다고 한다. 전체 이익으로 은 360냥을 얻었다면, 각 사람에게 배당하는 이익은 각각 은 얼마인가?

設如乙丙丁三人合夥生理乙出本銀二百兩係八個月出本之兩月後又添本銀四十兩丙出本銀三百二十兩係六個月出本之一月後又添本銀八十兩丁出本銀一百六十兩係十個月共得利銀三百六十兩問每人各該利銀幾何

풀이

1근을 을이 이익으로 얻은 은의 무게라고 하자. 360냥에서 1근을 뺀 것은 병과 정 두 사람이 이익으로 얻은 은의 무게이다. 1,840냥은 각각 월수를 따진 을의 원금인 은의 무게이다. 〔주: 을은 원금으로 은 200냥을 이어서 8개월 출자하므로 8개월을 200냥에 곱하여 1,600냥을 얻고, 원금을 출자한 지 2개월 후부터 원금으로 은 40냥을 더해서 출자하므로 6개월을 40냥에 곱하여 240냥을 얻는데, 서로 더하여 얻은 1,840냥이 을의 원금인 은의 무게이다.〕

3,920냥은 각각 월수를 따진 병과 정 두 사람의 원금인 은의 무게이다. 〔주: 병은 원금으로 은 320냥을 이어서 6개월 출자하므로 6개월을 320냥에 곱하여 1,920냥을 얻고, 원금을 출자한 지 1개월 후부터 은 80냥을 원금에 더해서 출자하므로 5개월을 80냥에 곱하여 400냥을 얻는데 서로 더하여 2,320냥을 얻는다. 정은 원금으로 은 160냥을 이어서 10개월 출자하므로 10개월을 160냥에 곱하여 1,600냥을 얻으며 두 수를 서로 더한 3,920냥은 병과 정 두 사람의 원금인 은의 무게이다.〕

3,920근은 을이 이익으로 얻은 은의 3,920배이다. 〔주: 병과 정 두 사람의 원금인 은을 을이 이익으로 얻은 은 1근에 곱하였으므로, 이는 을이 이익으로 얻은 은을 3,920배한 무게이다.〕

662,400냥에서 1,840근을 뺀 것은 병과 정 두 사람이 이익으로 얻은 은의 1,840배이다. 〔주: 을의 원금인 은을 병과 정 두 사람이 이익으로 얻은 은 360냥에서 1근을 뺀 것에 곱하였으므로, 이는 병과 정 두 사람이 이익으로 얻은 은을 1,840배한 무게이다.〕

3,920근과 662,400냥에서 1,840근을 뺀 것은 서로 같다. 5,760근과 662,400냥은 서로 같다. 〔주: 양변에 각각 1,840근을 더하면 5,760근을 얻는다.〕
1근과 115냥은 반드시 서로 같다. 곧, 을이 이익으로 얻은 은의 무게이다.

또 1근을 병이 이익으로 얻은 은의 무게라고 하자. 360냥에서 1근을 뺀 것은 을과 정 두 사람이 이익으로 얻은 은의 무게이다. 2,320냥은 각각 월수를 따진 병의 원금인 은의 무게이다. 3,440냥은 각각 월수를 따진 을과 정 두 사람의 원금인 은의 무게이다. 3,440근은 병이 이익으로 얻은 은의 3,440배이다. 835,200냥에서 2,320근을 빼면 을과 정 두 사람이 이익으로 얻은 은의 2,320배이다. 3,440근과 835,200냥에서 2,320근을 뺀 것은 서로 같다. 5,760근과 835,200냥은 서로 같다. 1근과 145냥은 반드시 서로 같다. 곧, 병이 이익으로 얻은 은의 무게이다.

또 1근을 정이 이익으로 얻은 은의 무게라고 하자. 360냥에서 1근을 뺀 것은 을과 병 두 사람이 이익으로 얻은 은의 무게이다. 1,600냥은 정의 원금에 10개월을 곱해서 얻은 무게이다. 4,160냥은 각각 월수를 따진 을과 병 두 사람의 원금인 은의 무게이다. 4,160근은 정이 이익으로 얻은 은의 4,160배이다. 576,000냥에서 1,600근을 뺀 것은 을과 병 두 사람이 이익으로 얻은 은의 1,600배이다. 4,160근과 576,000냥에서 1,600근을 뺀 것은 서로 같다. 5,760근과 576,000냥은 서로 같다. 1근과 100냥은 반드시 서로 같다. 곧, 정이 이익으로 얻은 은의 무게이다.

法借一根爲乙利銀數 三百六十兩少一根爲丙丁二人利銀數 一千八百四十兩爲乙本銀各計月之數〔註: 乙出本銀二百兩係八個月故以八個月乘二百兩得一千六百兩出本之兩月後又添本銀四十兩故以六個月乘四十兩得二百四十兩相併得一千八百四十兩爲乙本銀數〕
三千九百二十兩爲丙丁二人本銀各計月之數〔註: 丙出本銀三百二十兩係六個月故以六個月乘三百二十兩得一千九百二十兩出本之一月後又添本銀八十兩故以五個月乘八十兩得四百兩相併得二千三百二十兩丁出本銀一百六十兩

係十個月故以十個月乘一百六十兩得一千六百兩二數相併得三千九百二十兩爲丙丁二人本銀數〕

三千九百二十根爲乙利銀之三千九百二十倍〔註: 以丙丁二人本銀乘乙利銀一根故爲乙利銀三千九百二十倍數〕

六十六萬二千四百兩少一千八百四十根爲丙丁二人利銀之一千八百四十倍〔註: 以乙本銀乘丙丁二人利銀三百六十兩少一根故爲丙丁二人利銀一千八百四十倍數〕

三千九百二十根與六十六萬二千四百兩少一千八百四十根相等 五千七百六十根與六十六萬二千四百兩相等〔註: 兩邊各加一千八百四十根得五千七百六十根〕

一根必與一百一十五兩相等卽乙利銀數

又借一根爲丙利銀數 三百六十兩少一根爲乙丁二人利銀數 二千三百二十兩爲丙本銀各計月之數 三千四百四十兩爲乙丁二人本銀各計月之數 三千四百四十根爲丙利銀之三千四百四十倍 八十三萬五千二百兩少二千三百二十根爲乙丁二人利銀之二千三百二十倍 三千四百四十根與八十三萬五千二百兩少二千三百二十根相等 五千七百六十根與八十三萬五千二百兩相等 一根必與一百四十五兩相等卽丙利銀數

又借一根爲丁利銀數 三百六十兩少一根爲乙丙二人利銀數 一千六百兩爲丁本銀十個月之數 四千一百六十兩爲乙丙二人本銀各計月之數 四千一百六十根爲丁利銀四千一百六十倍 五十七萬六千兩少一千六百根爲乙丙二人利銀一千六百倍 四千一百六十根與五十七萬六千兩少一千六百根相等 五千七百六十根與五十七萬六千兩相等 一根必與一百兩相等卽丁利銀數

주해

을이 이익으로 얻은 은의 무게를 x라고 하자.

병과 정 두 사람이 이익으로 얻은 은의 무게는 360냥$-x$이다.

을의 원금인 은의 무게는 (200냥)×(8개월)+(40냥)×(6개월)=1,840냥이고,

병의 원금인 은의 무게는 (320냥)×(6개월)+(80냥)×(5개월)=2,320냥이며,

정의 원금인 은의 무게는 (160냥)×(10개월)=1,600냥이다.

(병과 정의 이익) : (병과 정의 원금)=(을의 이익) : (을의 원금)이므로

(360냥$-x$) : (2,320냥+1,600냥)$=x$: 1,840냥에서

3,920x=662,400냥−1,840x이고, 5,760x=662,400냥이므로 x=115냥이다.

또 병이 이익으로 얻은 은의 무게를 y라고 하자.
을과 정 두 사람이 이익으로 얻은 은의 무게는 360냥$-y$이다.
(을과 정의 이익):(을과 정의 원금)=(병의 이익):(병의 원금)이므로
(360냥$-y$):(1,840냥+1,600냥)$=y$:2,320냥에서
3,440y=835,200냥$-$2,320y이고, 5,720y=835,200냥이므로 y=145냥이다..

또 정이 이익으로 얻은 은의 무게를 z라고 하자.
을과 병 두 사람이 이익으로 얻은 은의 무게는 360냥$-z$이다.
(을과 병의 이익):(을과 병의 원금)=(정의 이익):(정의 원금)이므로
(360냥$-z$):(1,840냥+2,320냥)$=z$:1,600냥에서
4,160z=576,000냥$-$1,600z이고, 5,760z=576,000냥이므로 z=100냥이다.

【선 17】 쌀을 84섬 팔려고 하는데, 쌀 1섬의 값은 1냥 4전 7푼이고 운반비는 1전 3푼이라고 한다. 지금 쌀을 빼서 운반비를 만들어 주고자 한다면, 파는 쌀과 운반비 쌀은 각각 얼마인가?
設如買求八十四石每一石價一兩四錢七分運價一錢三分今欲抽米作運價與之問正米與運價米各幾何

풀이

1근을 파는 쌀의 수량이라고 하자. 84섬에서 1근을 뺀 것은 운반비로 지불할 쌀의 수량이다. 123냥 4전 8푼에서 147근을 뺀 것은 운반비로 지불할 쌀의 값이다. [주: 쌀 1섬의 값 1냥 4전 7푼을 84섬에서 1근을 뺀 운반비로 지불할 쌀의 수량에 곱한다.]
13근은 또 운반비로 지불할 쌀 값이다. [주: 운반비 1전 3푼을 파는 쌀 1근에 곱한다.]
123냥 4전 8푼에서 147근을 뺀 것과 13근은 서로 같다. [주: 양변에 각각 147근을 더한다.]
160근과 123냥 4전 8푼은 서로 같다. 1근과 77섬 1말 7되 5홉은 반드시 서로 같다. 곧, 파는 쌀의 수량이다.

또 1근을 운반비로 지불할 쌀의 수량이라고 하자. 84섬에서 1근을 뺀 것은 파는 쌀의 수량이다. 10냥 9전 2푼에서 13근을 뺀 것은 운반비로 지불할 쌀의 값이다. 147근은 또 운반비로 지불할 쌀의 값이다.

160근과 10냥 9전 2푼은 서로 같다. 1근과 6섬 8말 2되 5홉은 반드시 서로 같다. 곧, 운반비 쌀 수량이다.

法借一根爲正米數 八十四石少一根爲運價米數 一百二十三兩四錢八分少一百四十七根爲運米價〔註: 以每一石價一兩四錢七分乘運價米八十四石少一根〕
一十三根又爲運米價〔註: 以運價一錢三分乘正米一根〕
一百二十三兩四錢八分少一百四十七根與一十三根相等〔註: 兩邊各加一百四十七根〕
一百六十根與一百二十三兩四錢八分相等 一根必與七十七石一斗七升五合相等卽正米數

又借一根爲運價米數 八十四石少一根爲正米數 一十兩九錢二分少一十三根爲運米價 一百四十七根又爲運米價 一百六十根與一十兩九錢二分相等 一根必與六石八斗二升五合相等卽運價米數

주해

파는 쌀 수량을 x라고 하자. 운반비로 줄 쌀의 수량은 84섬$-x$이다.
운반비로 줄 쌀의 값은 147푼×(84섬$-x$)=12,348푼$-147x$이고
(1전 3푼)×$x=13x$도 운반비로 줄 쌀 값이므로
12,348푼$-147x=13x$이다. $160x$=12,348푼에서 x=77.175섬이다.

또 운반비로 줄 쌀의 수량을 y라고 하자. 파는 쌀의 수량은 84섬$-y$이다.
운반비로 줄 쌀의 값은 (84섬$-y$)×(1전 3푼)=(84섬$-y$)×13푼이고
(1냥 4전 7푼)×$y=147y$도 운반비로 줄 쌀의 값이므로
13푼×(84섬$-y$)$=147y$이다. $160y$=1,092푼에서 y=6.825섬이다.

【선 18】 은이 785냥 있는데, 갑, 을, 병, 정 4사람에게 나누어주려고 한다. 을은 갑 은의 $\frac{7}{10}$을 얻고 병은 을 은의 $\frac{3}{14}$을 얻으며 정은 병 은의 $\frac{9}{12}$를 얻는다면, 각자 몫의 은은 얼마인가?

設如有銀七百八十五兩令甲乙丙丁四人分之乙得甲銀十分之七丙得乙銀十四分之三丁得丙銀十二分之九問各分銀幾何

풀이

1,680근을 갑이 얻을 은의 무게라고 하자. 〔주: 세 분모를 곱한 수이다.〕

1,176근은 을이 얻을 은의 무게이다. 〔주: 갑 은의 $\frac{7}{10}$이다.〕

252근은 병이 얻을 은의 무게이다. 〔주: 을 은의 $\frac{3}{14}$이다.〕

189근은 정이 얻은 은의 무게이다. 〔주: 병 은의 $\frac{9}{12}$이다.〕

3,297근과 785냥은 서로 같다. 〔주: 네 수를 서로 더하여 3,297근을 얻는다.〕

1,680근과 400냥은 반드시 서로 같다. 곧 갑이 얻을 은의 무게이다.

또 168근을 을이 얻을 은의 무게라고 하자. 〔주: 을과 병의 두 분모를 곱한 수이다.〕

36근은 병이 얻을 은의 무게이다. 〔주: 을 은의 $\frac{3}{14}$이다.〕

27근은 정이 얻을 은의 무게이다. 〔주: 병 은의 $\frac{9}{12}$이다.〕

240근은 갑이 얻을 은의 무게이다. 〔주: 을은 갑 은의 $\frac{7}{10}$을 얻으므로, 을이 얻을 은의 무게 168근을 7로 나누고 10을 곱하여 갑이 얻을 은의 무게를 얻는다.〕

471근과 785냥은 서로 같다. 168근과 280냥은 반드시 서로 같다. 곧, 을이 얻을 은의 무게이다.

또 12근을 병이 얻을 은의 무게라고 하자. 9근은 정이 얻을 은의 무게이다. 56근은 을이 얻을 은의 무게이다. 80근은 갑이 얻을 은의 무게이다. 157근과 785냥은 서로 같다. 12근과 60냥은 반드시 서로 같다. 곧, 병이 얻을 은의 무게이다.

또 9근을 정이 얻을 은의 무게라고 하자. 12근은 병이 얻을 은의 무게이다. 56근은 을이 얻을 은의 무게이다. 80근은 갑이 얻을 은의 무게이다. 157근과 785냥은 서로 같다. 9근과 45냥은 반드시 서로 같다. 곧, 정이 얻을 은의 무게이다.

法借一千六百八十根爲甲銀數〔註: 三分母連乘之數〕
一千一百七十六根爲乙銀數〔註: 甲銀十分之七〕
二百五十二根爲丙銀數〔註: 乙銀十四分之三〕
一百八十九根爲丁銀數〔註: 丙銀十二分之九〕
三千二百九十七根與七百八十五兩相等〔註: 四數相併得三千二百九十七根〕
一千六百八十根必與四百兩相等卽甲銀數

又借一百六十八根爲乙銀數〔註: 乙丙二分母相乘之數〕
三十六根爲丙銀數〔註: 乙銀十四分之三〕
二十七根爲丁銀數〔註: 丙銀十二分之九〕
二百四十根爲甲銀數〔註: 乙得甲銀十分之七故乙銀數一百六十八根七歸十因得甲銀數〕
四百七十一根與七百八十五兩相等 一百六十八根必與二百八十兩相等卽乙銀數

又借一十二根爲丙銀數 九根爲丁銀數 五十六根爲乙銀數 八十根爲甲銀數
一百五十七根與七百八十五兩相等 一十二根必與六十兩相等卽丙銀數

又借九根爲丁銀數 一十二根爲丙銀數 五十六根爲乙銀數 八十根爲甲銀數
一百五十七根與七百八十五兩相等 九根必與四十五兩相等卽丁銀數

주해

세 분모의 곱이 $10\times14\times12=1{,}680$이므로, 갑이 얻을 은의 무게를 $1{,}680x$라고 하자. 그러면 을이 얻을 은의 무게는 $1{,}680x\times\frac{7}{10}=1{,}176x$이고, 병이 얻을 은의 무게는 $1{,}176x\times\frac{3}{14}=252x$이며, 정이 얻을 은의 무게는 $252x\times\frac{9}{12}=189x$이다.
그러므로 네 사람이 얻을 은의 무게를 더하면 $3{,}297x=785$냥이다.
따라서 갑이 얻을 은의 무게는 $1{,}680x=400$냥이다.

또 을과 병의 분모의 곱이 $14\times12=168$이므로, 을이 얻을 은의 무게를 $168y$라고 하자. 그러면 병이 얻을 은의 무게는 $168y\times\frac{3}{14}=36y$이고, 정이 얻을 은의 무게는 $36y\times\frac{9}{12}=27y$이며, 갑이 얻을 은의 무게는 $168y\times\frac{10}{7}=240y$이다.
그러므로 네 사람이 얻을 은의 무게를 더하면 $471y=785$냥이다.
따라서 을이 얻을 은의 무게는 $168y=280$냥이다.

또 병의 분모는 12이므로 병이 얻을 은의 무게를 $12z$이라고 하자. 그러면 정이 얻을 은의 무게는 $12z\times\frac{9}{12}=9z$이고, 을이 얻을 은의 무게는 $12z\times\frac{14}{3}=56z$이며, 갑이 얻을 은의 무게는 $56z\times\frac{10}{7}=80z$이다.
그러므로 네 사람이 얻을 은의 무게를 더하면 $157z=785$냥이다.
따라서 병이 얻을 은의 무게는 $12z=60$냥이다.

또 정이 얻을 은의 무게를 $9w$라고 하자. 그러면 병이 얻을 은의 무게는 $9w\times\frac{12}{9}=12w$이고, 을이 얻을 은의 무게는 $12w\times\frac{14}{3}=56w$이며, 갑이 얻을 은의 무게는 $56w\times\frac{10}{7}=80w$이다.
그러므로 네 사람이 얻을 은의 무게를 더하면 $157w=785$냥이다.
따라서 정이 얻을 은의 무게는 $9w=45$냥이다.

【선 19】 은 336냥으로 얇은 비단 80필과 명주 120필을 산다고 한다. 얇은 비단 한 필의 값은 명주 한 필의 값에 1배를 더한 것과 서로 같다면, 얇은 비단과 명주 값은 각각 얼마인가?
設如有銀三百三十六兩買羅八十疋[19]絹一百二十疋羅每疋價比絹每疋價加一倍問羅絹價各幾何

풀이

1근을 명주 한 필의 값이라고 하자. 2근은 얇은 비단 한 필의 값이다. 〔주: 얇은 비단 한 필의 값은 명주 한 필의 값에 1배를 더한 것과 서로 같으므로, 2근은 얇은 비단 한 필의 값이다.〕
120근은 명주 120필의 값이다. 〔주: 명주 120필에 명주 한 필의 값 1근을 곱하여 얻은 120근은 명주 120필의 값이다.〕
160근은 얇은 비단 80필의 값이다. 〔주: 얇은 비단 80필을 얇은 비단 한 필의 값 2근에 곱하여 얻은 160근은 얇은 비단 80필의 값이다.〕
280근과 336냥은 서로 같다. 〔주: 두 수를 더하여 얻은 얇은 비단과 명주 모두의 값 280근과 336냥은 서로 같다.〕
1근과 1냥 2전은 반드시 서로 같다. 곧, 명주 한 필의 값이다.

19) '필(疋)'은 '8장(丈)'임.

또 1근을 얇은 비단 한 필의 값이라고 하자. $\frac{1}{2}$근은 명주 한 필의 값이다. 〔주: 얇은 비단 한 필의 값은 명주 한 필의 값에 1배를 더한 것과 서로 같으므로, $\frac{1}{2}$근은 명주 한 필의 값이다.〕
80근은 얇은 비단 80필의 값이다. 60근은 명주 120필의 값이다.
140근과 336냥은 서로 같다. 〔주: 두 수를 더하여 140근을 얻는다.〕
1근과 2냥 4전은 반드시 서로 같다. 곧, 얇은 비단 한 필의 값이다.

法借一根爲絹每疋價 二根爲羅每疋價〔註: 羅每疋價比絹每疋價加一倍故二根爲羅每疋價〕
一百二十根爲絹一百二十疋價〔註: 絹一百二十疋乘絹每疋價一根得一百二十根爲絹一百二十疋價〕
一百六十根爲羅八十疋價〔註: 以羅八十疋乘羅每疋價二根得一百六十根爲羅八十疋價〕
二百八十根與三百三十六兩相等〔註: 二數相倂得羅絹共疋價二百八十根與三百三十六兩相等〕
一根必與一兩二錢相等卽絹每疋價

又借一根爲羅每疋價 半根爲絹每疋價〔註: 羅每疋價比絹每疋價加一倍故半根爲絹每疋價〕
八十根爲羅八十疋價 六十根爲絹一百二十疋價 一百四十根與三百三十六兩相等〔註: 二數相倂得一百四十根〕
一根必與二兩四錢相等卽羅每疋價

주해

명주 1필의 값을 x라고 하자. 얇은 비단 1필의 값은 $2x$이므로 명주 120필의 값은 $120x$이고, 얇은 비단 80필의 값은 $160x$이다.
$120x+160x=336$냥에서 $x=1.2$냥이다.

또 얇은 비단 1필의 값을 y라고 하자. 명주 1필의 값은 $\frac{1}{2}y$이므로 얇은 비단 80필의 값은 $80y$이고, 명주 120필의 값은 $60y$이다.
$80y+60y=336$냥에서 $y=2.4$냥이다.

【선 20】 무늬 비단과 얇은 비단 두 종류를 살 돈이 있는데, 무늬 비단 7자와 얇은 비단 9자의 값이 서로 같다고 한다. 다만 무늬 비단 한 자의 값은 얇은 비단 한 자의 값보다 36문 더 비싸다면, 두 종류 비단 한 자의 값은 각각 얼마인가?
設如有錢買綾羅二色綾七尺羅九尺兩價相等但知綾每尺比羅每尺價多三十六文[20]問二色每尺價錢幾何

풀이
1근을 무늬 비단 한 자의 값이라고 하자. 1근에서 36문을 뺀 것은 얇은 비단 한 자의 값이다. 〔주: 무늬 비단 한 자의 값은 얇은 비단 한 자의 값보다 36문 많으므로, 1근에서 36문을 뺀 것은 얇은 비단 한 자의 값이다.〕
7근은 무늬 비단 7자의 값이다. 〔주: 무늬 비단 한 자의 값 1근을 무늬 비단 7자에 곱하여 얻은 7근은 무늬 비단 7자의 값이다.〕
9근에서 324문을 뺀 것은 얇은 비단 9자의 값이다. 〔주: 얇은 비단 한 자의 값인 1근에서 36문을 뺀 것에 얇은 비단 9자를 곱하여 얻은 9근에서 324문을 뺀 것은 얇은 비단 9자 값이다.〕
7근과 9근에서 324문을 뺀 것은 서로 같다. 〔주: 무늬 비단 7자와 얇은 비단 9자의 값이 서로 같으므로, 이제 7근과 9근에서 324문을 뺀 것은 서로 같다.〕
2근과 324문은 서로 같다. 〔주: 양변에서 각각 7근을 빼서 2근을 얻고 또 각각 324문을 더해서 양수 324문을 얻는다.〕
1근과 162문은 반드시 서로 같다. 곧, 무늬 비단 한 자의 값이다.

또 1근을 얇은 비단 한 자의 값이라고 하자. 1근에 36문을 더한 것은 무늬 비단 한 자의 값이다. 9근은 얇은 비단 9자의 값이다. 7근에 252문을 더한 것은 무늬 비단 7자의 값이다. 〔주: 무늬 비단 값 1근에 36문을 더한 것을 무늬 비단 7자에 곱한다.〕
9근과 7근에 252문을 더한 것은 서로 같다. 2근과 252문은 서로 같다. 〔주: 양변에서 각각 7근을 빼면 2근을 얻는다.〕
1근과 126문은 반드시 서로 같다. 곧, 얇은 비단 한 자의 값이다.

---
20) '문(文)'은 전화(錢貨: 둥근 주화의 한 가운데 네모난 구멍이 나 있는 것)의 개수.

法借一根爲綾每尺價 一根少三十六文爲羅每尺價〔註: 綾每尺比羅每尺價多三十六文故一根少三十六文爲羅每尺價〕
七根爲綾七尺價〔註: 以綾每尺價一根乘綾七尺得七根爲綾七尺價〕
九根少三百二十四文爲羅九尺價〔註: 以羅每尺價一根少三十六文乘羅九尺得九根少三百二十四文爲羅九尺價〕
七根與九根少三百二十四文相等〔註: 綾七尺羅九尺兩價相等故今七根與九根少三百二十四文相等〕
二根與三百二十四文相等〔註: 兩邊各減七根得二根又各加三百二十四文得多三百二十四文〕
一根必與一百六十二文相等卽綾每尺價

又借一根爲羅每尺價 一根多三十六文爲綾每尺價 九根爲羅九尺價 七根多二百五十二文爲綾七尺價〔註: 以綾價一根多三十六文乘綾七尺〕
九根與七根多二百五十二文相等 二根與二百五十二文相等〔註: 兩邊各減七根得二根〕
一根必與一百二十六文相等卽羅每尺價

주해

무늬 비단 1자의 값을 x라고 하자. 그러면 얇은 비단 1자의 값은 $x-36$문이다. 그리고 무늬 비단 7자의 값은 $7x$이고, 얇은 비단 9자의 값은 $9x-324$문이다. 두 값이 서로 같으므로, $7x=9x-324$문에서 $x=162$문이다.

또 얇은 비단 1자의 값을 y라 하자. 그러면 무늬 비단 1자의 값은 $y+36$문이다. 그리고 얇은 비단 9자의 값은 $9x$이고, 무늬 비단 7자의 값은 $7x+252$문이다. 두 값이 서로 같으므로, $9x=7x+252$문에서 $x=126$문이다.

【선 21】 금구가 여덟 개 있고, 은구가 열두 개 있는데, 두 무게는 서로 같다고 한다. 지금 셋을 서로 바꾸면 은구 쪽이 60냥 무거워진다면, 금구와 은구 각각의 무게는 얼마인가?
設如有金球八銀球一十二兩重相等今移換三則銀球邊多六十兩問金球銀球各重幾何

풀이

1근을 금구 하나의 무게라고 하자. 1근에서 10냥을 뺀 것은 은구 하나의 무게이다. 〔주: 금구 셋과 은구 셋을 바꾸어 은구 쪽이 60냥 무거워진다면, 이에 금구 셋은 은구 셋에 30냥을 더한 것과 서로 같아서 은구 셋은 금구 셋에서 30냥을 뺀 것과 서로 같다. 그러므로 금구 하나는 이미 1근이라 하였으니 은구 하나는 1근에서 10냥을 뺀 것이다.〕
8근은 금구 여덟의 무게이다. 〔주: 금구 여덟을 금구 하나의 무게에 곱하면 금구 여덟의 무게이다.〕
12근에서 120냥을 뺀 것은 은구 열둘의 무게이다. 〔주: 은구 열둘을 은구 하나의 무게인 1근에서 10냥을 뺀 것에 곱하여 은구 열둘의 무게를 얻는다.〕
8근과 12근에서 120냥을 뺀 것은 서로 같다. 〔주: 금구 여덟과 은구 열둘의 두 무게는 서로 같으므로, 8근과 12근에서 120냥을 뺀 것은 서로 같다.〕
4근과 120냥은 서로 같다. 〔주: 양변에서 각각 8근을 빼서 4근을 얻고, 또 각각 120냥을 더해서 120냥을 얻는다.〕
1근과 30냥은 반드시 서로 같다. 곧, 금구 하나의 무게이다. 〔주: 금구 여덟을 30냥에 곱하여 240냥을 얻는다.〕

또 1근을 은구 하나의 무게라고 하자. 1근에 10냥을 더한 것은 금구 하나의 무게이다. 12근은 은구 열둘의 무게이다. 8근에 80냥을 더한 것은 금구 여덟의 무게이다. 12근과 8근에 80냥을 더한 것은 서로 같다. 4근과 80냥은 서로 같다. 1근과 20냥은 반드시 서로 같다. 곧, 은구 하나의 무게이다. 〔주: 은구 열둘을 20냥에 곱하여 240냥을 얻는다.〕

法借一根爲金球一重數 一根少一十兩爲銀球一重數〔註: 金球三換銀球三而銀球邊多六十兩則是金球三比銀球三多三十兩銀球三比金球三少三十兩故金球一旣借一根則銀球一爲一根少一十兩〕
八根爲金球八重數〔註: 以金球八乘金球一重數得金球八重數〕
一十二根少一百二十兩爲銀球一十二重數〔註: 以銀球一十二乘銀球一重數一根少一十兩得銀球一十二重數〕
八銀與一十二根少一百二十兩相等〔註: 金球八銀球一十二兩重相等故八根與一十二根少一百二十兩相等〕

四根與一百二十兩相等〔註: 兩邊各減八根得四根又各加一百二十兩得多一百二十兩〕
一根必與三十兩相等卽金球一重數〔註: 以金球八乘三十兩得二百四十兩〕

又借一根爲銀球一重數 一根多一十兩爲金球一重數 一十二根爲銀球一十二重數 八根多八十兩爲金球八重數 一十二根與八根多八十兩相等 四根與八十兩相等 一根必與二十兩相等卽銀球一重數〔註: 以銀球一十二乘二十兩得二百四十兩〕

주해

금구 1개의 무게를 x라고 하자.
금구 8개의 무게와 은구 12개의 무게는 서로 같은데, 3개를 바꾸면
금구 쪽은 $-3x+3\times$(은구 1개의 무게), 은구 쪽은 $+3x-3\times$(은구 1개의 무게)
만큼 무게가 변하여, 은구 쪽이 60냥 많아진다. 즉, 다음이 성립한다.
{$3x-3\times$(은구 1개의 무게)}$-${$-3x+3\times$(은구 1개의 무게)}$=60$냥,
$6x-6\times$(은구 1개의 무게)$=60$냥에서 (은구 1개의 무게)$=x-10$냥이다.
금구 8개의 무게는 $8x$이고 은구 12개의 무게는 $12x-120$냥이므로,
$8x=12x-120$냥에서 $4x=120$냥, 즉 $x=30$냥이다.

또 은구 1개의 무게를 y라고 하자. 금구 1개의 무게는 $y+10$냥이다.
은구 12개의 무게는 $12y$이고, 금구 8개의 무게는 $8y+80$냥이므로
$12y=8y+80$냥이다. $4y=80$냥에서 $y=20$냥이다.

【선 22】 갑, 을, 병 3인이 합자해서 장사를 했는데, 모두 은 400냥의 이익을 얻었다고 한다. 을은 갑보다 몫이 12냥 많고, 병은 을보다 또 몫이 16냥 많다면, 이익을 나눈 은은 각각 얼마인가?
設如甲乙丙三人合本爲商共得利銀四百兩乙比甲多分一十二兩丙比乙又多分一十六兩問谷[21]分利銀幾何

풀이

1근을 갑이 이익으로 얻은 은의 무게라고 하자. 1근에 12냥을 더한 것은 을이 이익으로 얻은 은의 무게이다. 〔주: 을은 갑보다 몫이 12냥 많

21) '各'의 오기

으므로, 1근에 12냥을 더한 것은 을이 이익으로 얻은 은의 무게이다.〕
1근에 28냥을 더한 것은 병이 이익으로 얻은 은의 무게이다. 〔주: 병은 을보다 또 16냥이 많으므로, 1근에 28냥을 더한 것은 병이 이익으로 얻은 은의 무게이다.〕
3근에 40냥을 더한 것과 400냥은 서로 같다. 〔주: 세 수를 서로 더하여 얻은 3근에 40냥을 더한 것과 400냥은 서로 같다.〕
3근과 360냥은 서로 같다. 〔주: 양변에서 각각 40냥을 빼서 360냥을 얻는다.〕
1근과 120냥은 반드시 서로 같다. 곧, 갑이 이익으로 얻은 은의 무게이다.

또 1근을 을이 이익으로 얻은 은의 무게라고 하자. 1근에서 12냥을 뺀 것은 갑이 이익으로 얻은 은의 무게이다. 〔주: 을은 갑보다 몫이 12냥 많으므로, 1근에서 12냥을 뺀 것은 을이 이익으로얻은 은의 무게이다.〕
1근에 16냥을 더한 것은 병이 이익으로 얻은 은의 무게이다. 〔주: 병은 을보다 또 16냥이 많으므로, 1근에 16냥을 더한 것은 병이 이익으로 얻은 은의 무게이다.〕
3근에 4냥을 더한 것과 400냥은 서로 같다. 〔주: 세 수를 서로 더하면 양수 16냥을 모자라는 음수 12냥에 보태어 양수 4냥이 넉넉하다.〕
3근과 396냥은 서로 같다. 〔주: 양변에서 각각 4냥을 빼서 396냥을 얻는다.〕
1근과 132냥은 반드시 서로 같다. 곧, 을이 이익으로 얻은 은의 무게이다.

또 1근을 병이 이익으로 얻은 은의 무게라고 하자. 1근에서 16냥을 뺀 것은 을이 이익으로 얻은 은의 무게이다. 1근에서 28냥을 뺀 것은 갑이 이익으로 얻은 은의 무게이다. 3근에서 44냥을 뺀 것과 400냥은 서로 같다. 3근과 444냥은 서로 같다. 〔주: 양변에 각각 44냥을 더하여 444냥을 얻는다.〕
1근과 148냥은 반드시 서로 같다. 곧, 병이 이익으로 얻은 은의 무게이다.

法借一根爲甲利銀數 一根多一十二兩爲乙利銀數〔註: 乙比甲多分一十二兩

故一根多一十二兩爲乙利銀數〕
一根多二十八兩爲丙利銀數〔註: 丙比乙又多一十六兩故一根多二十八兩爲丙利銀數〕
三根多四十兩與四百兩相等〔註: 三數相併得三根多四十兩與四百兩相等〕
三根與三百六十兩相等〔註: 兩邊各減四十兩得三百六十兩〕
一根必與一百二十兩相等卽甲利銀數

又借一根爲乙利銀數 一根少一十二兩爲甲利銀數〔註: 乙比甲多分一十二兩故一根少一十二兩爲乙利銀數〕
一根多一十六兩爲丙利銀數〔註: 丙比乙又多一十六兩故一根多一十六兩爲丙利銀數〕
三根多四兩與四百兩相等〔註: 三數相併則多一十六兩補足少一十二兩仍多四兩〕
三根與三百九十六兩相等〔註: 兩邊各減四兩得三百九十六兩〕
一根必與一百三十二兩相等卽乙利銀數

又借一根爲丙利銀數 一根少一十六兩爲乙利銀數 一根少二十八兩爲甲利銀數 三根少四十四兩與四百兩相等 三根與四百四十四兩相等〔註: 兩邊各加四十四兩得四百四十四兩〕
一根必與一百四十八兩相等卽丙利銀數

주해

갑이 이익으로 얻은 은의 무게를 x라고 하자. 을이 이익으로 얻은 은의 무게는 $x+12$냥이고 병이 이익으로 얻은 은의 무게는 $x+28$냥이므로, 다음이 성립한다.

$$x+(x+12\text{냥})+(x+28\text{냥})=400\text{냥}$$

그러므로 $3x+40$냥$=400$냥에서 $3x=360$냥, 즉 $x=120$냥이다.

또 을이 이익으로 얻은 은의 무게를 y라고 하자. 갑이 이익으로 얻은 은의 무게는 $y-12$냥이고 병이 이익으로 얻은 은의 무게는 $y+16$냥이므로, 다음을 얻는다.

$$(y-12\text{냥})+y+(y+16\text{냥})=400\text{냥}$$

그러므로 $3y+4$냥$=400$냥에서 $3y=396$냥, 즉 $y=132$냥이다.

또 병이 이익으로 얻은 은의 무게를 z라고 하자. 을이 이익으로 얻은 은의 무게는 $z-16$냥이고 갑이 이익으로 얻은 은의 무게는 $z-28$냥이므로, 다음을 얻는다.

$$(z-28\text{냥})+(z-16\text{냥})+z=400\text{냥}$$

그러므로 $3z-44$냥$=400$냥에서 $3z=444$냥, 즉 $z=148$냥이다.

【선 23】 은이 740냥 있는데, 말과 당나귀를 합쳐서 100필을 산다고 한다. 말은 80필이고 당나귀는 20필이며, 말 한 필의 값은 당나귀 한 필의 값보다 3냥 더 비싸다면, 말과 당나귀의 한 필의 값은 각각 얼마인가?
設如有銀七百四十兩共買馬驢一百匹馬八十匹驢二十匹其馬每匹價比驢每匹價多三兩問馬驢每匹價各得幾何

풀이

1근을 당나귀 한 필의 값이라고 하자. 1근에 3냥을 더한 것은 말 한 필의 값이다. 〔주: 말 한 필의 값은 당나귀 한 필의 값보다 3냥 더 비싸므로, 1근에 3냥을 더한 것은 말 한 필의 값이다.〕
20근은 당나귀 20필의 값이다. 〔주: 당나귀 20필을 당나귀 한 필의 값 1근에 곱한다.〕
80근에 240냥을 더한 것은 말 80필의 값이다. 〔주: 말 80필을 말 한 필의 값인 1근에 3냥을 더한 것에 곱한다.〕
100근에 240냥을 더한 것과 740냥은 서로 같다. 100근과 500냥은 서로 같다. 〔주: 양변에서 각각 240냥을 빼서 500냥을 얻는다.〕
1근과 5냥은 반드시 서로 같다. 곧, 당나귀 한 필의 값이다.

또 1근을 말 한 필의 값이라고 하자. 1근에서 3냥을 뺀 것은 당나귀 한 필의 값이다. 80근은 말 80필의 값이다. 20근에서 60냥을 뺀 것은 당나귀 20필의 값이다. 100근에서 60냥을 뺀 것과 740냥은 서로 같다. 100근과 800냥은 서로 같다. 〔주: 양변에 각각 60냥을 더하여 800냥을 얻는다.〕
1근과 8냥은 반드시 서로 같다. 곧, 말 한 필의 값이다.

法借一根爲驢每匹價 一根多三兩爲馬每匹價〔註: 馬每匹價比驢每匹價多三兩故一根多三兩爲馬每匹價〕
二十根爲驢二十匹價〔註: 以驢二十匹乘驢每匹價一根〕
八十根多二百四十兩爲馬八十匹價〔註: 以馬八十匹乘馬每匹價一根多三兩〕
一百根多二百四十兩與七百四十兩相等 一百根與五百兩相等〔註: 兩邊各減二百四十兩得五百兩〕
一根必與五兩相等卽驢每匹價

又借一根爲馬每匹價 一根少三兩爲驢每頭價 八十根爲馬八十匹價 二十根少六十兩爲驢二十頭價 一百根少六十兩與七百四十兩相等 一百根與八百兩相等〔註: 兩邊各加六十兩得八百兩〕
一根必與八兩相等卽馬每匹價

주해

당나귀 1필의 값을 x라고 하자. 말 1필의 값은 $x+3$냥이다.
당나귀 20필의 값은 $20x$이고, 말 80필의 값은 $80x+240$냥이므로
$(20x)+(80x+240$냥$)=740$냥이다.
$100x+240$냥$=740$냥에서 $100x=500$냥이므로, $x=5$냥이다.

또 말 1필의 값을 y라고 하자. 당나귀 1필의 값은 $y-3$냥이다.
말 80필의 값은 $80y$이고, 당나귀 20필의 값은 $20y-60$냥이므로
$(80y)+(20y-60$냥$)=740$냥이다.
$100y-60$냥$=740$냥에서 $100y=800$냥이므로, $y=8$냥이다.

【선 24】 은이 2,996냥 2전 있는데, 상등전을 160묘, 중등전을 300묘, 하등전을 460묘 산다고 한다. 상등전은 중등전보다 한 묘의 값이 4전 7푼 많고, 중등전은 하등전보다 한 묘의 값이 1냥 3전 5푼 더 비싸다면, 세 등급 밭의 한 묘의 값은 은으로 얼마인가?
設如有銀二千九百九十六兩二錢買上等田一百六十畝[22]中等田三百畝下等田四百六十畝其上等田比中等田每畝價多四錢七分中等田比下等田每畝價多一兩三錢五分問三等田每畝價銀幾何

풀이

1근을 하등전 한 묘의 값이라고 하자. 1근에 1냥 3전 5푼을 더한 것은 중등전 한 묘의 값이다. 〔주: 중등전은 하등전보다 한 묘의 값이 1냥 3전 5푼 더 비싼데 이미 1근을 하등전 한 묘의 값이라고 하였으므로, 1근에 1냥 3전 5푼을 더한 것은 중등전 한 묘의 값이다.〕
1근에 1냥 8전 2푼을 더한 것은 상등전 한 묘의 값이다. 〔주: 상등전은 중등전보다 한 묘의 값이 4전 7푼 더 비싼데 중등전 한 묘의 값은

22) '묘(畝)'는 땅 넓이의 단위로 1단(段)=10묘이고 1묘=30평임.

1근에 1냥 3전 5푼을 더한 것이므로, 중등전 한 묘의 값에 4전 7푼을 더하여 얻은 1근에 1냥 8전 2푼을 더한 것은 상등전 한 묘의 값이다.]
460근은 하등전 전체 묘의 값이다. [주: 하등전 460묘를 하등전 한 묘의 값 1근에 곱한다.]
300근에 405냥을 더한 것은 중등전 전체 묘의 값이다. [주: 중등전 300묘를 중등전 한 묘의 값인 1근에 1냥 3전 5푼을 더한 것에 곱한다.]
160근에 291냥 2전을 더한 것은 상등전 전체 묘의 값이다. [주: 상등전 160묘를 상등전 한 묘의 값인 1근에 1냥 8전 2푼을 더한 것에 곱한다.]
920근에 696냥 2전을 더한 것과 2,996냥 2전은 서로 같다. [주: 세 가지 밭 전체의 값을 서로 더하여 얻은 920근에 696냥 2전을 더한 것과 전체의 값은 서로 같다.]
920근과 2,300냥은 서로 같다. [주: 양변에서 각각 696냥 2전을 빼면 2,300냥을 얻는다.]
1근과 2냥 5전은 반드시 서로 같다. 곧, 하등전 한 묘의 값이다.

또 1근을 중등전 한 묘의 값이라고 하자. 1근에 4전 7푼을 더한 것은 상등전 한 묘의 값이다. 1근에서 1냥 3전 5푼을 뺀 것은 하등전 한 묘의 값이다. [주: 중등전은 하등전보다 한 묘의 값이 1냥 3전 5푼 더 비싸므로, 중등전 한 묘의 값인 1근에서 1냥 3전 5푼을 뺀 것은 하등전 한 묘의 값이다.]
300근은 중등전 전체의 값이다. 160근에 75냥 2전을 더한 것은 상등전 전체의 값이다. 460근에서 621냥을 뺀 것은 하등전 전체의 값이다. 920근에서 545냥 8전을 뺀 것과 2,966냥 2전은 서로 같다. [주: 세 가지 밭 전체의 값을 서로 더하면 양수 75냥 2전을 모자라는 음수 621냥에 보태어도 여전히 음수 545냥 8전이므로 920근에서 545냥 8전을 뺀 것을 얻는다.]
920근과 3,542냥은 서로 같다. [주: 양변에 각각 모자라는 545냥 8전을 더하여 3,542냥을 얻는다.]
1근과 3냥 8전 5푼은 반드시 서로 같다. 곧, 중등전 한 묘의 값이다.

또 1근을 상등전 한 묘의 값이라고 하자. 1근에서 4전 7푼을 뺀 것은 중등전 한 묘의 값이다. 1근에서 1냥 8전 2푼을 뺀 것은 하등전 한 묘의 값이다 .160근은 상등전 전체의 값이다. 300근에서 141냥을 뺀 것은 중등전 전체의 값이다. 460근에서 837냥 2전을 뺀 것은 하등전 한 묘의[23] 값이다. 920근에서 978냥 2전을 뺀 것과 2,996냥 2전은 서로 같다. 920근과 3,974냥 4전은 서로 같다. 〔주: 양변에 각각 978냥 2전을 더하여 3,974냥 4전을 얻는다.〕
1근과 4냥 3전 2푼은 반드시 서로 같다. 곧, 상등전 한 묘의 값이다.

法借一根爲下等田每畝價 一根多一兩三錢五分爲中等田每畝價〔註: 中等田比下等田每畝價多一兩三錢五分而旣借一根爲下等田每畝價故一根多一兩三錢五分爲中等田每畝價〕
一根多一兩八錢二分爲上等田每畝價〔註: 上等田比中等田每畝價多四錢七分而中等田每畝價爲一根多一兩三錢五分故中等田每畝價加四錢七分得一根多一兩八錢二分爲上等田每畝價〕
四百六十根爲下等田總畝價〔註: 以下等田四百六十畝乘下等田每畝價一根〕
三百根多四百零五兩爲中等田總畝價〔註: 以中等田三百畝乘中等田每畝價一根多一兩三錢五分〕
一百六十根多二百九十一兩二錢爲上等田總畝價〔註: 以上等田一百六十畝乘上等田每畝價一根多一兩八錢二分〕
九百二十根多六百九十六兩二錢與二千九百九十六兩二錢相等〔註: 三總數相倂得九百二十根多六百九十六兩二錢與總價相等〕
九百二十根與二千三百兩相等〔註: 兩邊各減六百九十六兩二錢得二千三百兩〕
一根必與二兩五錢相等卽下等田每畝價

又借一根爲中等田每畝價 一根多四錢七分爲上等田每畝價 一根少一兩三錢五分爲下等田每畝價〔註: 中等田比下等田每畝價多一兩三錢五分則於中等田每畝價一根內減一兩三錢五分爲下等田每畝價〕
三百根爲中等田總價 一百六十根多七十五兩二錢爲上等田總價 四百六十根少六百二十一兩爲下等田總價 九百二十根少五百四十五兩八錢與二千九百九十六兩二錢相等〔註: 三總數相倂則以多七十五兩二錢補足少六百二十一兩

---

23 24)에 의하여 '한 묘의'는 '전체의'로 바로 잡아야 한다.

仍少五百四十五兩八錢故得九百二十根少五百四十五兩八錢〕

九百二十根與三千五百四十二兩相等〔註：兩邊各加少五百四十五兩八錢得三千五百四十二兩〕

一根必與三兩八錢五分相等卽中等田每畝價

又借一根爲上等田每畝價 一根少四錢七分爲中等田每畝價 一根少一兩八錢二分爲下等田每畝價 一百六十根爲上等田總價 三百根少一百四十一兩爲中等田總價 四百六十根少八百三十七兩二錢爲下等田每畝[24]價 九百二十根少九百七十八兩二錢與二千九百九十六兩二錢相等 九百二十根與三千九百七十四兩四錢相等〔註：兩邊各加九百七十八兩二錢得三千九百七十四兩四錢〕

一根必與四兩三錢二分相等卽上等錢每畝價

주해

하등전 1묘의 값을 x라고 하자. 중등전 1묘의 값은 $x+1$냥 3전 5푼이고

상등전 1묘의 값을 $x+1$냥 8전 2푼이다.

하등전 전체의 값은 $460x$, 중등전 전체의 값은 $300x+405$냥,

상등전 전체의 값은 $160x+291$냥 2전이므로

$(460x)+(300x+405$냥$)+(160x+291$냥 2전$)=2{,}996$냥 2전이다.

$920x+696$냥 2전$=2{,}996$냥 2전에서 $920x=2{,}300$냥이므로, $x=2$냥 5전이다.

또 중등전 1묘의 값을 y라고 하자. 상등전 1묘의 값은 $y+4$전 7푼이고

하등전 1묘의 값은 $y-1$냥 3전 5푼이다.

중등전 전체의 값은 $300y$, 상등전 전체의 값은 $160y+75$냥 2전,

하등전 전체의 값은 $460y-621$냥이므로

$(300y)+(160y+75$냥2전$)+(460y-621$냥$)=2{,}996$냥 2전이다.

$920y-545$냥 8전$=2{,}996$냥 2전에서 $920y=3{,}542$냥이므로, $y=3$냥 8전 5푼이다.

또 상등전 1묘의 값을 z라고 하자. 중등전 1묘의 값은 $z-4$전 7푼이고

하등전 1묘의 값은 $z-1$냥 8전 2푼이다.

상등전 전체의 값은 $160z$, 중등전 전체의 값은 $300z-141$냥,

하등전 전체의 값은 $460z-837$냥 2전이므로

$(160z)+(300z-141$냥$)+(460z-837$냥 2전$)=2{,}996$냥 2전이다.

$920z-978$냥 2전$=2{,}996$냥 2전에서 $920z=3{,}974$냥 4전이므로,

$z=4$냥 3전 2푼이다.

24) '每畝'는 '總'의 오기임.

【선 25】 베가 310필 있는데, 한 필의 길이는 40자라고 한다. 다만 한 필의 운반비로 2자를 빼는데, 모두 16필을 빼 가고 거스름돈으로 엽전 600문 돌아온다면, 베 한 필의 값은 엽전 얼마인가?
設如有布三百一十疋每疋長四十尺但知每疋扣運費二尺共扣去一十六疋復找回錢六百文問布每疋價錢幾何

풀이

1근을 베 한 필의 값이라고 하자. 16근에서 600문을 뺀 것은 운반비에 대응하여 뺀 수이다. 〔주: 모두 16필을 빼 가고 거스름돈으로 엽전 600문 돌아오면 대응하여 빼 가는 수에다 빼 간 것을 더한 것은 600문이므로, 16근에서 600문을 뺀 것은 대응하여 빼 간 수이다.〕
15근 반은 또 운반비에 대응하여 뺀 수이다. 〔주: 한 필의 뺀 운반비가 2자이면 310필에 맞는 것은 620자이다. 40자로 나누면 15필 반을 얻으므로 15근 반은 또 대응하여 빼 가는 수이다.〕
반근과 600문은 서로 같다. 〔주: 양변에서 각각 15근 반을 빼고 또 각각 모자라는 600문을 더한다.〕
1근과 1,200문은 반드시 서로 같다. 곧, 베 한 필의 값이다.

法借一根爲布每疋價 一十六根少六百文爲運費應扣之數〔註: 共扣去一十六疋復找回錢六百文則應扣去之數外多扣去爲六百文故一十六根少六百文爲應扣去之數〕
一十五根半又爲運費應扣之數〔註: 每疋扣運費二尺則三百一十疋當爲六百二十尺以四十尺除之得一十五疋半故一十五根半又爲應扣去之數〕
半根與六百文相等〔註: 兩邊各減一十五根半又各加少六百文〕
一根必與一千二百文相等卽布每疋價

주해

베 1필의 값을 x라고 하자. 운반비로 공제하는 값은 $16x-600$문이다.
베 310필의 운반비는 310필×2자=620자이고 이는 620자÷40자=15.5필이다.
전체 운반비에 해당하는 베의 값은 $15.5x$이므로
$16x-600$문$=15.5x$이다. 따라서 $0.5x=600$문에서 $x=1{,}200$문이다.

【선 26】 갑, 병, 정 세 사람이 합자해서 무역을 한다고 한다. 병이 출자한 은은 갑이 출자한 은의 $\frac{4}{5}$이고, 정이 출자한 은은 갑이 출자한 은의 $\frac{2}{3}$이며, 병이 출자한 은은 정이 출자한 은보다 10냥 더 많다면, 세 사람이 출자한 은은 각각 얼마인가?
設如甲丙丁三人合本貿易丙本銀爲甲本銀五分之四丁本銀爲甲本銀三分之二丙本銀比丁本銀多十兩問三人本銀各若干

풀이

1근을 정이 출자한 은의 무게라고 하자. 1근에 10냥을 더한 것은 병이 출자한 은의 무게이다. 〔주: 병이 출자한 은은 정이 출자한 은보다 10냥 더 많으므로, 1근에 10냥을 더하면 병이 출자한 은의 무게이다.〕
1근 반은 갑이 출자한 은의 무게이다. 〔주: 정이 출자한 은은 갑이 출자한 은의 $\frac{2}{3}$이므로, 정이 출자한 은의 무게에 3을 곱하고 2로 나누어 얻은 1근 반은 갑이 출자한 은의 무게이다.〕
$1\frac{2}{10}$근은 또 병이 출자한 은의 무게이다. 〔주: 병이 출자한 은은 갑이 출자한 은의 $\frac{4}{5}$이므로, 갑이 출자한 은의 무게 1근 반에 4를 곱하고 5로 나누어 얻은 $1\frac{2}{10}$근은 병이 출자한 은의 무게이다.〕
$1\frac{2}{10}$근과 1근에 10냥을 더한 것은 서로 같다. $\frac{2}{10}$근과 10냥은 서로 같다. 〔주: 양변에서 각각 1근을 뺀다.〕
1근과 50냥은 반드시 서로 같다. 곧, 정이 출자한 은의 무게이다.

또 3근을 병이 출자한 은의 무게라고 하자. 3근에서 10냥을 뺀 것은 정이 출자한 은의 무게이다. 〔주: 병이 출자한 은은 정이 출자한 은보다 10냥 더 많으므로, 3근에서 10냥을 뺀 것은 정이 출자한 은 무게이다.〕
$3\frac{75}{100}$근은 갑이 출자한 은의 무게이다. 2근 반은 또 정이 출자한 은의 무게이다. 〔주: 갑이 출자한 은의 $\frac{2}{3}$이다.〕

2근 반과 3근에서 10냥을 뺀 것은 서로 같다. 반근과 10냥은 서로 같다. 〔주: 양변에서 각각 2근 반을 빼고 또 각각 10냥을 더한다.〕
3근과 60냥은 반드시 서로 같다. 곧, 병이 출자한 은의 무게이다.

또 3근을 갑이 출자한 은의 무게라고 하자. $2\frac{4}{10}$근은 병이 출자한 은의 무게이다. $2\frac{4}{10}$근에서 10냥을 뺀 것은 정이 출자한 은의 무게이다. 2근은 또 정이 출자한 은의 무게이다. 2근과 $2\frac{4}{10}$근에서 10냥을 뺀 것은 서로 같다. $\frac{4}{10}$근과 10냥은 서로 같다. 3근과 75냥은 반드시 서로 같다. 곧, 갑이 출자한 은의 무게이다.

法借一根爲丁本銀數 一根多一十兩爲丙本銀數〔註: 丙本銀比丁本銀多一十兩故一根多一十兩爲丙銀數〕
一根半爲甲本銀數〔註: 丁本銀爲甲本銀三分之二故丁銀數一根三因二歸得一根半爲甲銀數〕
一根又十分根之二又爲丙本銀數〔註: 丙本銀爲甲本銀五分之四故甲銀數一根半四因五歸得一根又十分根之二爲丙銀數〕
一根又十分根之二與一根多一十兩相等 十分根之二與一十兩相等〔註: 兩邊各減一根〕
一根必與五十兩相等卽丁本銀數

又借三根爲丙本銀數 三根少一十兩爲丁本銀數〔註: 丙本銀比丁本銀多一十兩故三根少一十兩爲丁銀數〕
三根又百分根之七十五爲甲本銀數 二根半又爲丁本銀數〔註: 甲本銀三分之二〕
二根半與三根少一十兩相等 半根與一十兩相等〔註: 兩邊各減二根半又各加一十兩〕
三根必與六十兩相等卽丙本銀數

又借三根爲甲本銀數 二根又十分根之四爲丙本銀數 二根又十分根之四少一十兩爲丁本銀數 二根又爲丁本銀數 二根與二根又十分根之四少一十兩相等 十分根之四與一十兩相等 三根必與七十五兩相等卽甲本銀數

주해

정이 출자한 은의 무게를 x라고 하자. 병이 출자한 은의 무게는 $x+10$냥이고, 갑이 출자한 은의 무게는 $x\times\frac{3}{2}=1.5x$이다.

병이 출자한 은의 무게는 $1.5x\times\frac{4}{5}=1.2x$이므로

$1.2x=x+10$냥에서 $0.2x=10$냥, 즉 $x=50$냥이다.

또 병이 출자한 은의 무게를 $3y$라고 하자. 정이 출자한 은의 무게는 $3y-10$냥이고, 갑이 출자한 은의 무게는 $3y\times\frac{5}{4}=3\frac{75}{100}y$이다.

정이 출자한 은의 무게는 $3\frac{75}{100}y\times\frac{2}{3}=2\frac{1}{2}y$이므로

$2\frac{1}{2}y=3y-10$냥에서 $\frac{1}{2}y=10$냥, 즉 $3y=60$냥이다.

또 갑이 출자한 은의 무게를 $3z$라고 하자. 병이 출자한 은의 무게는 $3z\times\frac{4}{5}=2\frac{4}{10}z$이고, 정이 출자한 은의 무게는 $2\frac{4}{10}z-10$냥이다.

정이 출자한 은의 무게는 $3z\times\frac{2}{3}=2z$이므로

$2z=2\frac{4}{10}z-10$냥에서 $\frac{4}{10}z=10$냥, 즉 $3z=75$냥이다.

【선 27】 은이 405냥 7전 있는데, 쌀과 보리를 합쳐서 500섬 사려고 한다. 쌀 한 섬의 값은 은 8전 6푼이고 보리 한 섬의 값은 은 7전 2푼 5리라고 하면, 쌀과 보리는 각각 얼마씩 사야 하는가?
設如有銀四百零五兩七錢共買米麥五百石米每石價銀八錢六分麥每石價銀七錢二分五釐問米麥各該幾何

풀이

100근을 쌀 전체의 수량이라고 하자. 500섬에서 100근을 뺀 것은 보리 전체의 수량이다. 86근은 쌀 전체의 값이다. 〔주: 쌀 한 섬의 값 8전 6푼을 쌀 100근에 곱하여 얻은 86근은 쌀 전체의 값이다.〕
362냥 5전에서 72근 반을 뺀 것은 보리 전체의 값이다. 〔주: 보리 한 섬의 값 7전 2푼 5리를 보리 500섬에서 100근을 뺀 것에 곱하여 얻

은 362냥 5전[25]은 보리 전체의 값이다.]
362냥 5전과 13근 반의 합은 은 405냥 7전과 서로 같다. [주: 두 수를 서로 더하면 양수 86근을 모자라는 음수 72근 반에 보태어 양수 13근 반에 이른다.]
13근 반과 43냥 2전은 서로 같다. [주: 양변에서 각각 362냥 5전을 빼서 43냥 2전을 얻는다.]
100근과 320섬은 반드시 서로 같다. 곧, 쌀 전체의 수량이다.

또 100근을 보리 전체의 수량이라고 하자. 500섬에서 100근을 뺀 것은 쌀 전체의 수량이다. 72근 반은 보리 전체의 값이다. 430냥에서 86근을 뺀 것은 쌀 전체의 값이다. 430냥에서 13근 반을 뺀 것과 은 405냥 7전은 서로 같다. 13근 반과 24냥 3전은 서로 같다. [주: 양변에 각각 음수 13근 반을 더하여 양수 13근 반을 얻고 또 각각 405냥 7전을 빼서 24냥 3전을 얻는다.]
100근과 180섬은 반드시 서로 같다. 곧, 보리 전체의 수량이다.

法借一百根爲米共數 五百石少一百根爲麥共數 八十六根爲米共價 [註: 以米每石價八錢六分乘米一百根得八十六根爲米共價]
三百六十二兩五錢少七十二根半爲麥共價 [註: 以麥每石價七錢二分五釐乘麥五百石少一百根得三百六十二兩五錢[26]爲麥共價]
三百六十二兩五錢多一十三根半與銀四百零五兩七錢相等 [註: 二數相併則多八十六根補足少七十二根半止多一十三根半]
一十三根半與四十三兩二錢相等 [註: 兩邊各減三百六十二兩五錢得四十三兩二錢]
一百根必與三百二十石相等卽米共數

又借一百根爲麥共數 五百石少一百根爲米共數 七十二根半爲麥共價 四百三十兩少八十六根爲米共價 四百三十兩少一十三根半與銀四百零五兩七錢相等
一十三根半與二十四兩三錢相等 [註: 兩邊各加少一十三根半得多一十三根半又各減四百零五兩七錢得二十四兩三錢]
一百根必與一百八十石相等卽麥共數

25) 26)에 의하여 '362냥 5전'은 '362냥 5전에서 72근 반을 뺀 것'으로 바로 잡아야 한다.
26) '三百六十二兩五錢'은 '三百六十二兩五錢少七十二根半'의 오기임.

주해

쌀 전체의 수량을 $100x$라고 하자. 보리는 500섬$-100x$이다.
쌀 전체의 값은 0.86냥$\times 100x = 86x$이고
보리 전체의 값은 0.725냥$\times$(500섬$-100x$)$=$362.5냥$-72.5x$이므로,
$(86x)+$(362.5냥$-72.5x$)$=$405.7냥이다.
362.5냥$+13.5x=$405.7냥에서 $13.5x=$43.2냥, 즉 $100x=$320섬이다.

또 보리 전체의 수량을 $100y$라고 하자. 쌀은 500섬$-100y$이다.
보리 전체의 값은 0.725냥$\times 100y = 72.5y$이고
쌀 전체의 값은 0.86냥$\times$(500섬$-100y$)$=$430냥$-86y$이므로,
$(72.5y)+$(430냥$-86y$)$=$405.7냥이다.
430냥$-13.5y=$405.7냥에서 24.3냥$=13.5y$, 즉 $100y=$180섬이다.

【선 28】 금을 부어 만든 그릇이 하나 있는데, 무게는 300냥이고 전부 순도 96이라고 한다. 지금 순도 99와 순도 91 두 등급의 금을 사용하여 바꾼다면, 각각 얼마이어야 하는가?
設如有金鑄一器重三百兩俱係九六成色今用九九成色及九一成色二等金替換問各得幾何

풀이

1근을 순도 99 금의 무게라고 하자. 300냥에서 1근을 뺀 것은 순도 91 금의 무게이다. 〔주: 두 등급의 금 무게인 300냥에서 순도 99 금 1근을 빼고 남은 300냥에서 1근을 뺀 것은 순도 91 금의 무게이다.〕
99근은 순도 99 금이다. 〔주: 순도 99를 1근에 곱하여 99근을 얻는다.〕
27,300냥에서 91근을 뺀 것은 순도 91 금이다. 〔주: 순도 91을 300냥에서 1근을 뺀 것에 곱하여 27,300냥에서 91근을 뺀 것을 얻는다.〕
27,300냥에 8근을 더한 것과 28,800냥은 서로 같다. 〔주: 두 수를 서로 더해서 얻은 27,300냥에 8근을 더한 것은 99와 91 두 등급의 금으로 순도 96금에 준하여 바꿀 무게가 이미 서로 같으므로, 두 등급의 금의 전체 무게에 순도의 수효를 곱한 것과 본래 금의 순도와 무게를 곱한 것은 서로 같다.〕

8근과 1,500냥은 서로 같다. 〔주: 양변에서 각각 27,300냥을 빼서 얻은 8근과 1,500냥은 서로 같다.〕
1근과 187냥 5전은 반드시 서로 같다. 곧, 순도 99 금의 무게이다.

또 1근을 순도 91 금의 무게라고 하자. 300냥에서 1근을 뺀 것은 순도 99 금의 무게이다. 91근은 순도 91 금이다. 29,700냥에서 99근을 뺀 것은 순도 99 금이다. 29,700냥에서 8근을 뺀 것과 28,800냥은 서로 같다. 8근과 900냥은 서로 같다. 1근과 112냥 5전은 반드시 서로 같다. 곧, 순도 91 금의 무게이다.

法借一根爲九九成色金重數 三百兩少一根爲九一成色金重數〔註: 二等金數爲三百兩內減九九成色金一根餘三百兩少一根爲九一成色金重數〕
九十九根爲九九成色金〔註: 以九九成色乘一根得九十九根〕
二萬七千三百兩少九十一根爲九一成色金〔註: 以九一成色乘三百兩少一根得二萬七千三百兩少九十一根〕
二萬七千三百兩多八根與二萬八千八百兩相等〔註: 二數相併得二萬七千三百兩多八根而以九九與九一二等金準九六成色金替換而重數旣等故二等金之共重以色數乘之則與原金之色數重數相乘者相等〕
八根與一千五百兩相等〔註: 兩邊各減二萬七千三百兩得八根與一千五百兩相等〕
一根必與一百八十七兩五錢相等卽九九成色金重數

又借一根爲九一成色金重數 三百兩少一根爲九九成色金重數 九十一根爲九一成色金 二萬九千七百兩少九十九根爲九九成色金 二萬九千七百兩少八根與二萬八千八百兩相等 八根與九百兩相等 一根必與一百一十二兩五錢相等卽九一成色金重數

주해

순도 99금의 무게를 x라고 하자. 순도 91금의 무게는 300냥$-x$이다.
순도 99금은 $99x$이고, 순도 91금은 $91\times(300$냥$-x)=27{,}300$냥$-91x$이다.
이는 금의 순도와 무게를 각각 곱한 것이므로, 이 두 수의 합은 원래 금의 순도에 무게를 곱한 것과 서로 같다.
$99x+(27{,}300$냥$-91x)=96\times300$냥, 즉 $27{,}300$냥$+8x=28{,}800$냥에서
$8x=1{,}500$냥이므로, $x=187.5$냥이다.

또 순도 91 금의 무게를 y라고 하자. 순도 99 금의 무게는 300냥$-y$이다. 순도 91 금은 $91y$이고, 순도 99 금은 $99\times(300$냥$-y)=29{,}700$냥$-99y$이다. $91y+(29{,}700$냥$-99y)=96\times300$냥, 즉 $29{,}700$냥$-8y=28{,}800$냥에서 $8y=900$냥이므로, $y=112.5$냥이다.

【선 29】 갑과 을 두 사람이 순도가 다른 금을 가지고 있는데, 갑의 금 1냥은 은 12냥에 준하고 을의 금 1냥은 은 8냥에 준한다고 할 수 있다. 지금 한 곳에 녹이니 금 1냥은 은 9냥에 준한다면, 갑과 을 두 사람이 합쳐서 금 1냥을 낼 때 각자의 몫은 얼마인가?
設如甲乙二人有金成色不等甲金一兩可準銀一十二兩乙金一兩可準銀八兩今鎔一處令金一兩準銀九兩問甲乙二人於一兩金中各出金幾何

풀이
1근을 갑이 내는 금의 무게라고 하자. 1냥에서 1근을 뺀 것은 을이 내는 금의 무게이다. 〔주: 갑과 을 두 사람이 1냥의 금 중에서 각각 얼마씩 내며 갑이 내는 금이 1근이므로, 1냥에서 1근을 뺀 것은 을이 내는 금의 무게이다.〕
12근은 갑이 내는 금에 준하는 은이다. 〔주: 은 12냥을 갑이 내는 금 1근에 곱한다.〕
8냥에서 8근을 뺀 것은 을이 내는 금에 준하는 은이다. 〔주: 8냥을 을이 내는 금 1냥에서 1근을 뺀 것에 곱한다.〕
8냥에 4근을 더한 것과 9냥은 서로 같다. 〔주: 두 수를 서로 더하면 양수 12근을 모자라는 음수 8근에 보태어 양수 4근이 넉넉하므로, 8냥에 4근을 더한 것과 9냥은 서로 같다.〕
4근과 1냥은 서로 같다. 〔주: 양변에서 각각 8냥을 빼서 얻은 4근과 1냥은 서로 같다.〕
1근과 2전 5푼은 반드시 서로 같다. 곧, 갑이 내는 금의 무게이다.

또 1근을 을이 내는 금의 무게라고 하자. 1냥에서 1근을 뺀 것은 갑이 내는 금의 무게이다. 8근은 을이 내는 금에 준하는 은이다. 12냥에서 12근을 뺀 것은 갑이 내는 금에 준하는 은이다. 12냥에서 4근을 뺀 것과 9냥은 서로 같다. 4근과 3냥은 서로 같다. 1근과 7전 5푼은 반드시 서로 같다. 곧, 을이 내는 금의 무게이다.

法借一根爲甲所出金數 一兩少一根爲乙所出金數〔註: 甲乙二人於一兩金中各出幾何而甲所出金爲一根故一兩少一根爲乙所出金數〕
一十二根爲甲所出金之準銀〔註: 以銀一十二兩乘甲所出金一根〕
八兩少八根爲乙所出金之準銀〔註: 以八兩乘乙所出金一兩少一根〕
八兩多四根與九兩相等〔註: 二數相併則以多一十二根補足少八根仍多四根故八兩多四根與九兩相等〕
四根與一兩相等〔註: 兩邊各減八兩得四根與一兩相等〕
一根必與二錢五分相等卽甲所出金數

又借一根爲乙所出金數 一兩少一根爲甲所出金數 八根爲乙所出金之準銀 一十二兩少一十二根爲甲所出金之準銀 一十二兩少四根與九兩相等 四根與三兩相等 一根必與七錢五分相等卽乙所出金數

주해

갑이 내는 금의 무게를 x라고 하자. 을이 내는 금은 1냥$-x$이다.
갑이 내는 금은 은 $12x$이고 을이 내는 금은 은 $8\times$(1냥$-x$)=8냥$-8x$이다.
이 두 수의 합은 금 1냥에 준하는 은 9냥이므로 $12x+$(8냥$-8x$)=9냥이다.
8냥$+4x$=9냥에서 $4x$=1냥, 즉 x=0.25냥이다.

또 을이 내는 금의 무게를 y라고 하자. 갑이 내는 금은 1냥$-y$이다.
을이 내는 금은 은 $8y$이고, 갑이 내는 금은 은 $12\times$(1냥$-y$)=12냥$-12y$이다.
이 두 수의 합은 금 1냥에 준하는 은 9냥이므로 $8y+$(12냥$-12y$)=9냥이다.
$12y-4y$=9냥에서 $4y$=3냥, 즉 y=0.75냥이다.

【선 30】 엽전이 4,995문 있는데, 밤나무와 대추나무를 합쳐서 5,000그루 산다고 한다. 다만 밤나무 9그루는 엽전 11문이고 대추나무 7그루는 엽전 4문이라면, 두 가지는 각각 몇 그루씩인가?
設如有錢四千九百九十五文買栗棗共五千枚只云栗九枚錢一十一文棗七枚錢四文問二色各得幾何

풀이

1근을 밤나무 전체의 그루 수라고 하자. 5,000그루에서 1근을 뺀 것은 대추나무 전체의 그루 수이다. 11근은 밤나무 전체 값의 9배이다. [주: 밤나무 값 11문을 밤나무 전체의 그루 수 1근에 곱하여 11근을 얻는다. 마땅히 밤나무 9그루로 나누어야 하나 나누지 않았으므로 9배이다.]
20,000문에서 4근을 뺀 것은 대추나무 전체 값의 7배이다. [주: 대추나무 값 4문을 대추나무 전체의 그루 수인 5,000그루에서 1근을 뺀 것에 곱하여 20,000문에서 4근을 뺀 것을 얻는다. 마땅히 대추나무 7그루로 나누어야 하나 나누지 않았으므로 7배이다.]
77근은 밤나무 전체 값의 63배이다. 180,000문에서 36근을 뺀 것은 대추나무 전체 값의 63배이다. [주: 밤나무 전체 값 9배와 대추나무 전체 값 7배를 서로 곱한 통분은 각각 63배를 얻는다.]
180,000문에 41근을 더한 것은 밤나무와 대추나무를 합한 전체 값의 63배이다. [주: 두 수를 서로 더하여 180,000문에 41근을 더한 것을 얻는다.]
314,685문과 180,000문에 41근을 더한 것은 서로 같다. [주: 전체 값 4,995문도 역시 63배한다.]
41근과 134,685문은 서로 같다. [주: 양변에서 각각 180,000문을 빼서 134,685문을 얻는다.]
1근과 3,285매는 반드시 서로 같다. 곧, 밤나무 전체의 그루 수이다.

또 1근을 대추나무 전체의 그루 수라고 하자. 5,000그루에서 1근을 뺀 것은 밤나무 전체의 그루 수이다. 4근은 대추나무 전체 값의 7배이다. 55,000문에서 11근을 뺀 것은 밤나무 전체 값의 9배이다. 36근은 대추나무 전체 값의 63배이다. 385,000문에서 77근을 뺀 것은 밤나무 전체 값의 63배이다. 385,000문에서 41근을 뺀 것은 대추나무와 밤나무를 합한 전체 값의 63배이다. 314,685문과 385,000문에서 41근을 뺀 것은 서로 같다. 41근과 70,315문은 서로 같다. 1근과 1,715매는 반드시 서로 같다. 곧, 대추나무 전체의 그루 수이다.

法借一根爲栗共數 五千枚少一根爲棗共數 一十一根爲栗共價之九倍 [註: 以栗價一十一文乘栗共數一根得一十一根而當以栗九枚除之而不受除故仍爲九倍]

二萬文少四根爲棗共價之七倍〔註: 以棗價四文乘棗共數五千枚少一根得二萬文少四根當以棗七枚除之而不受除故仍爲七倍〕
七十七根爲栗共價之六十三倍 一十八萬文少三十六根爲棗共價之六十三倍〔註: 栗共價九倍棗共價七倍互乘齊分各得六十三倍〕
一十八萬文多四十一根爲栗棗合共價之六十三倍〔註: 二數相倂得一十八萬文多四十一根〕
三十一萬四千六百八十五文與一十八萬文多四十一根相等〔註: 總價四千九百九十五文亦爲六十三倍〕
四十一根與一十三萬四千六百八十五文相等〔註: 兩邊各減一十八萬文得一十三萬四千六百八十五文〕
一根必與三千二百八十五枚相等卽栗共數

又借一根爲棗共數 五千枚少一根爲栗共數 四根爲棗共價之七倍 五萬五千文少一十一根爲栗共價之九倍 三十六根爲棗共價之六十三倍 三十八萬五千文少七十七根爲栗共價之六十三倍 三十八萬五千文少四十一根爲棗栗合共價之六十三倍 三十一萬四千六百八十五文與三十八萬五千文少四十一根相等 四十一根與七萬零三百一十五文相等 一根必與一千七百一十五枚相等卽棗共數

주해

밤나무 전체의 그루 수를 x라고 하자. 대추나무 전체의 그루 수는 5,000매$-x$이다. 밤나무 전체 값의 9배는 $11x$이고, 대추나무 전체 값의 7배는 2,000문$-4x$이다. 9배와 7배의 공배수는 63배이므로, 밤나무 전체 값의 63배는 $11x\times 7=77x$이고 대추나무 전체 값의 63배는 $9\times$(2,000문$-4x$)$=$180,000문$-36x$이다.
이 두 수의 합은 밤나무와 대추나무를 합한 전체 값의 63배이므로
4,995문$\times 63=77x+$(180,000문$-36x$)이다.
$41x=$134,685문에서 $x=$3,285매이다.

또 대추나무 전체의 그루 수를 y라고 하자. 밤나무 전체의 그루 수는 5,000매$-y$이다. 대추나무 전체 값의 7배는 $4y$이고, 밤나무 전체 값의 9배는 55,000문$-11y$이다. 대추나무 전체 값의 63배는 $9\times 4y=36y$이고,
밤나무 전체 값의 63배는 $7\times$(55,000문$-11y$)$=$385,000문$-77y$이다.
이 두 수의 합은 밤나무와 대추나무를 합한 전체 값의 63배이므로
4,995문$\times 63=36y+$(385,000문$-77y$)이다.
314,685문$=$385,000문$-41y$에서
$41y=$70,315문에서 $y=$1,715매이다.

【선 31】 콩이 33섬 있는데, 모두 찹쌀과 멥쌀을 합쳐서 19섬과 바꾼다고 한다. 다만 찹쌀 3섬의 가치는 콩 1섬이고 멥쌀 1섬의 가치는 콩 3섬이라면, 두 가지 쌀은 각각 얼마씩인가?
設如有豆三十三石共換黃米京米[27]一十九石止〔'只'의 오기?〕云每黃米三石値豆一石每京米一石値豆三石問二色米各得幾何

풀이

1근을 찹쌀 전체의 수량이라고 하자. 19섬에서 1근을 빼면 멥쌀 전체의 수량이다. $\frac{1}{3}$근은 찹쌀 값이 되는 콩의 수량이다. 〔주: 찹쌀 3섬과 콩 1섬을 바꾸므로 찹쌀 1근의 $\frac{1}{3}$은 찹쌀 3섬으로 치고 바꾼 콩의 수량이다.〕

57섬에서 3근을 뺀 것은 멥쌀 값이 되는 콩의 수량이다. 〔주: 멥쌀 1섬과 콩 3섬을 바꾸므로, 멥쌀 19섬에서 1근을 뺀 것을 3배해서 얻은 57섬에서 3근을 뺀 것은 멥쌀 1섬으로 치고 바꾼 콩의 수량이다.〕

57섬에서 $2\frac{2}{3}$근을 뺀 것과 콩 33섬은 서로 같다. 〔주: 두 수를 서로 더하면 양수 $\frac{1}{3}$근을 모자라는 음수 $\frac{1}{3}$근에 보태어 아직도 $2\frac{2}{3}$근이 모자라므로, 57섬에서 $2\frac{2}{3}$근을 뺀 것과 콩 33섬은 서로 같다.〕

24섬과 $2\frac{2}{3}$근은 서로 같다. 〔주: 양변에서 각각 33섬을 빼서 얻은 24섬과 $2\frac{2}{3}$근은 서로 같다.〕

1근과 9섬은 반드시 서로 같다. 곧, 찹쌀 전체의 수량이다.

또 1근을 멥쌀 전체의 수량이라고 하자. 19섬에서 1근을 뺀 것은 찹쌀 전체의 수량이다. 3근은 멥쌀 값이 되는 콩의 수량이다. $6\frac{1}{3}$섬에서 $\frac{1}{3}$근을 뺀 것은 찹쌀 값이 되는 콩의 수량이다. $6\frac{1}{3}$섬에 $2\frac{2}{3}$근을 더한

27) '경미(京米)는 '경미(粳米, 멥쌀)를 잘못 쓴 것으로 추정됨.

것과 콩 33섬은 서로 같다. $26\frac{2}{3}$섬과 $2\frac{2}{3}$근은 서로 같다. 1근은 10섬과 반드시 서로 같다. 곧, 멥쌀 전체의 수량이다.

法借一根爲黃米共數 一十九石少一根爲京米共數 三分根之一爲黃米所值之豆數〔註: 黃米三石換豆一石故黃米一根三分之一爲黃米三石所換之豆數〕
五十七石少三根爲京米所值之豆數〔註: 京米一石換豆三石故京米一十九石少一根三倍之得五十七石少三根爲京米一石所換之豆數〕
五十七石少二根又三分根之二與豆三十三石相等〔註: 二數相併則以多三分根之一補足少三分根之一仍少二根又三分根之二故五十七石少二根又三分根之二與豆三十三石相等〕
二十四石與二根又三分根之二相等〔註: 兩邊各減三十三石得二十四石與二根又三分根之二相等〕
一根必與九石相等卽黃米共數

又借一根爲京米共數 一十九石少一根爲黃米共數 三根爲京米所值之豆數 六石又三分石之一少三分根之一爲黃米所值之豆數 六石又三分石之一多二根又三分根之二與豆三十三石相等 二十六石又三分石之二與二根又三分根之二相等 一根必與一十石相等卽京米共數

주해

찹쌀 전체의 수량을 x라고 하자. 멥쌀 전체의 수량은 19섬$-x$이다.

찹쌀 3섬 가치로 콩 1섬을 치므로 찹쌀 가치로 치는 콩은 $\frac{1}{3}x$이고,

멥쌀 1섬 가치로 콩 3섬을 치므로 멥쌀 가치로 치는 콩은 57섬$-3x$이다.

이 두 수를 더하면 $\frac{1}{3}x+($57섬$-3x)=$33섬이다.

57섬$-2\frac{2}{3}x=$33섬에서 24섬$=3\frac{2}{3}x$, 즉 $x=$9섬이다.

또 멥쌀 전체의 수량을 y라고 하자. 찹쌀 전체의 수량은 19섬$-y$이다.

멥쌀 가치로 치는 콩은 $3y$이고 찹쌀 가치로 치는 콩은 $6\frac{1}{3}$섬$-\frac{1}{3}y$이므로,

이 두 수를 더하면 $3y+(6\frac{1}{3}$섬$-\frac{1}{3}y)=$33섬이다.

$26\frac{2}{3}$섬$=3\frac{2}{3}y$에서 $y=$10섬이다.

【선 32】 배의 돛대가 모두 57개, 삿대가 모두 204개 있다고 한다. 다만 큰 배 한 척에는 3개의 돛대와 6개의 삿대가 있고, 작은 배 한 척에는 1개의 돛대와 8개의 삿대가 있다면, 큰 배와 작은 배는 각각 몇 척인가?
設如有船桅共五十七槳共二百零四但知大船每隻三桅六槳小船每隻一桅八槳問大小船數各若干

풀이

1근을 큰 배의 수라고 하자. 3근은 큰 배의 돛대 수이다. 〔주: 큰 배 한 척에 있는 3개의 돛대에 1근을 곱하여 얻은 3근은 큰 배의 돛대 수이다.〕
57개의 돛대에서 3근을 뺀 것은 작은 배 수이다. 〔주: 전체 돛대의 수 57에서 큰 배의 돛대 수 3근을 뺀 나머지는 작은 배의 돛대 수인데, 작은 배 한 척에는 1개의 돛대가 있으므로 이는 곧 작은 배의 수이다.〕
6근은 큰 배의 삿대 수이다. 〔주: 큰 배 한 척에 있는 6개의 삿대를 큰 배의 수 1근에 곱하여 6근을 얻는다.〕
456개의 삿대에서 24근을 뺀 것은 작은 배의 삿대 수이다. 〔주: 작은 배 한 척에 있는 8개의 삿대를 작은 배의 수인 57개의 돛대에서 3근을 뺀 것에 곱하여 456개의 삿대에서 24근을 뺀 것을 얻는다.〕
456개의 삿대에서 18근을 뺀 것과 204개의 삿대는 서로 같다. 18근과 252개의 삿대는 서로 같다. 〔주: 양변에서 각각 204개의 삿대를 빼서 252개의 삿대를 얻고 각각 18근을 더하여 양수 18근을 얻는다.〕
1근과 14척은 반드시 서로 같다. 곧, 큰 배의 수이다.

또 1근을 작은 배의 수라고 하자. 19개의 돛대에서 $\frac{1}{3}$근을 뺀 것은 큰 배의 수이다. 〔주: 작은 배 한 척에는 1개의 돛대가 있으므로, 1근은 또 작은 배의 돛대 수이다. 전체의 돛대 수 57에서 작은 배의 돛대 수를 빼면 나머지는 큰 배의 돛대 수인데, 큰 배 한 척에는 3개의 돛대가 있으므로 3으로 나눈 것은 큰 배의 수이다.〕
8근은 작은 배의 삿대 수이다. 114개의 삿대에서 2근을 뺀 것은 큰 배의 삿대 수이다. 〔주: 큰 배 한 척에 있는 6개의 삿대를 큰 배의 수 19개의 돛대에서 $\frac{1}{3}$근을 뺀 것에 곱한 것은 곧 큰 배의 삿대 수이다.〕

114개의 삿대에 6근을 더한 것과 204개의 삿대는 서로 같다. 6근과 90개의 삿대는 서로 같다. 1근과 15척은 반드시 서로 같다. 곧, 작은 배의 수이다.

法借一根爲大船數 三根爲大船桅數〔註: 以大船每隻三桅乘一根得三根爲大船桅數〕

五十七桅少三根爲小船數〔註: 共桅五十七内減大船桅數三根則餘爲小船桅數而小船每隻一桅故卽爲小船數〕

六根爲大船槳數〔註: 以大船每隻六槳乘大船數一根得六根〕

四百五十六槳少二十四根爲小船槳數〔註: 以小船每隻八槳乘小船數五十七桅少三根得四百五十六槳少二十四根〕

四百五十六槳少一十八根與二百零四槳相等 一十八根與二百五十二槳相等〔註: 兩邊各減二百零四槳得二百五十二槳各加一十八根得多一十八根〕

一根必與一十四隻相等卽大船數

又借一根爲小船數 一十九桅少三分根之一爲大船數〔註: 小船每隻一桅則一根又爲小船桅數共桅五十七内減小船桅數則餘爲大船桅數而大船每隻三桅故三歸之爲大船數〕

八根爲小船槳數 一百一十四槳少二根爲大船槳數〔註: 以大船每隻六槳乘大船數一十九桅少三分根之一卽爲大船槳數〕

一百一十四槳多六根與二百零四槳相等 六根與九十槳相等 一根必與一十五隻相等卽小船數

주해

큰 배의 수를 x라고 하자. 큰 배의 돛대 수는 $3x$이고 작은 배의 돛대 수는 57돛대$-3x$이다. 큰 배의 삿대 수는 $6x$이고,
작은 배의 삿대 수는 (57돛대$-3x$)$\times 8=$456상앗대$-24x$이다.
삿대는 모두 204개이므로, $6x+$(456삿대$-24x$)$=$204삿대이다.
456삿대$-18x=$204삿대에서 $18x=$252삿대, 즉 $x=$14척이다.

또 작은 배의 수를 y라고 하자. 작은 배의 돛대 수는 y이다.
큰 배의 돛대 수는 57돛대$-y$이고 큰 배 한 척에는 3개의 돛대가 있으므로,
큰 배 수는 $\frac{57\text{돛대}-y}{3}=19\text{돛대}-\frac{1}{3}y$이다. 작은 배의 삿대 수는 $8y$이고,

큰 배의 삿대 수는 (19돛대 $-\frac{1}{3}y$)$\times 6=$114삿대 $-2y$이다.
삿대는 모두 204개이므로, $8y+$(114삿대 $-2y$)$=$204삿대이다.
114삿대 $+6y=$204삿대에서 $6y=$90삿대, 즉 $y=$15척이다.

【선 33】 크고 작은 두 가지 등잔이 있는데, 큰 등잔의 수는 작은 등잔 수의 $\frac{2}{3}$라고 한다. 다만 큰 등잔 3잔이 쓰는 기름은 4냥이고 작은 등잔 4잔이 쓰는 기름은 3냥이며 전체가 쓴 기름은 18근 7냥이라면, 크고 작은 등잔 수는 각각 얼마인가?
設如有燈大小二等大燈居小燈三分之二但知大燈三盞用油四兩小燈四盞用油三兩共用油一十八斤零七兩問大小燈數各若干

풀이
1근을 큰 등잔의 수라고 하자. 1근 반은 작은 등잔의 수이다. [주: 큰 등잔은 작은 등잔의 $\frac{2}{3}$를 차지하므로, 큰 등잔이 2라고 하면 작은 등잔은 3이다. 그러므로 큰 등잔이 1근이면 작은 등잔은 1근 반이다.]
4근은 큰 등잔이 쓰는 기름의 3배이다. [주: 기름 4냥을 큰 등잔의 수 1근에 곱하고 마땅히 3잔으로 나누어야 하나 나누지 않았으므로 3배이다.]
4근 반은 작은 등잔이 쓰는 기름의 4배이다. [주: 기름 3냥을 작은 등잔의 수 1근 반에 곱하고 마땅히 4잔으로 나누어야 하나 나누지 않았으므로 4배이다.]
16근은 큰 등잔이 쓰는 기름의 12배이다. 13근 반은 작은 등잔이 쓰는 기름의 12배이다. [주: 큰 등잔이 쓰는 기름 3배와 작은 등잔이 쓰는 기름 4배를 서로 곱하여 각각 12배를 얻는다.]
29근 반은 전체가 쓴 기름의 12배이다. 29근 반과 221근(斤) 4냥은 서로 같다. [주: 29근 반은 전체가 쓴 기름의 12배이므로, 본래 전체가 쓴 기름 18근(斤) 7냥과 12를 곱하여 얻은 221근(斤) 4냥과 그러한 뒤 서로 같다.]
1근과 120은 반드시 서로 같다. 곧, 큰 등잔의 수이다.

또 1근을 작은 등잔의 수라고 하자. $\frac{2}{3}$근은 큰 등잔의 수이다. 3근은 작은 등잔이 쓰는 기름의 4배이다. $2\frac{2}{3}$근은 큰 등잔이 쓰는 기름의 3배이다. 9근은 작은 등잔이 쓰는 기름의 12배이다. $10\frac{2}{3}$근은 큰 등잔이 쓰는 기름의 12배이다. $19\frac{2}{3}$근은 전체가 쓴 기름의 12배이다. $19\frac{2}{3}$근과 221근(斤) 4냥은 서로 같다. 1근과 180은 반드시 서로 같다. 곧, 작은 등잔의 수이다.

法借一根爲大燈數 一根半爲小燈數〔註: 大燈居小燈三分之二則大燈爲二分小燈爲三分故大燈爲一根則小燈爲一根半〕
四根爲大燈用油之三倍〔註: 以油四兩乘大燈數一根而當以三盞除之不受除故仍爲三倍〕
四根半爲小燈用油之四倍〔註: 以油三兩乘小燈數一根半而當以四盞除之不除仍爲四倍〕
一十六根爲大燈用油之一十二倍 一十三根半爲小燈用油之一十二倍〔註: 以大燈用油三倍小燈用油四倍互乘各得一十二倍〕
二十九根半爲共用油之一十二倍 二十九根半與二百二十一斤四兩相等〔註: 二十九根半爲共用油之一十二倍故原共用油一十八斤七兩又以一十二乘之得二百二十一斤四兩然後相等〕
一根必與一百二十相等卽大燈數

又借一根爲小燈數 三分根之二爲大燈數 三根爲小燈用油之四倍 二根又三分根之二爲大燈用油之三倍 九根爲小燈用油之一十二倍 一十根又三分根之二爲大燈用油之一十二倍 一十九根又三分根之二爲共用油之一十二倍 一十九根又三分根之二與二百二十一斤四兩相等 一根必與一百八十相等卽小燈數

주해

큰 등잔의 수를 x라고 하자. 작은 등잔의 수는 $1\frac{1}{2}x$이다.

큰 등잔이 쓰는 기름의 3배는 $\frac{4}{3}$냥$\times x\times 3=4x$이고,

작은 등잔이 쓰는 기름의 4배는 $\frac{3}{4}$냥$\times\frac{3}{2}x\times4=4\frac{1}{2}x$이다.

큰 등잔이 쓰는 기름의 12배는 $4x\times4=16x$이고,

작은 등잔이 쓰는 기름의 12배는 $4\frac{1}{2}x\times3=13\frac{1}{2}x$이다.

전체가 쓴 기름의 12배는 $16x+13\frac{1}{2}x=29\frac{1}{2}x$이고,

또 18근(斤) 7냥×12=216근(斤) 84냥=3,540냥[28]이므로

$29\frac{1}{2}x=$3,450냥이다. 따라서 $x=120$이다.

또 작은 등잔의 수를 y라고 하자. 큰 등잔의 수는 $\frac{2}{3}y$이다.

작은 등잔이 쓰는 기름의 4배는 $\frac{3}{4}$냥$\times y\times4=3y$이고,

큰 등잔이 쓰는 기름의 3배는 $\frac{3}{4}$냥$\times\frac{2}{3}y\times3=2\frac{2}{3}y$ 이다.

작은 등잔이 쓰는 기름의 12배는 $3y\times3=9y$이고,

큰 등잔이 쓰는 기름의 12배는 $2\frac{2}{3}y\times4=10\frac{2}{3}y$이다.

전체 쓴 기름의 12배는 $9y+10\frac{2}{3}y=19\frac{2}{3}y$이고

또 18근(斤) 7냥×12=3,540냥이므로

$19\frac{2}{3}y=$3,540냥이다. 따라서 $y=180$이다.

【선 34】 빈 수레는 하루에 30리 가고, 짐 실은 수레는 하루에 20리 간다고 한다. 지금 쌀을 싣고 창고까지 갔다가 돌아오는 데 하루 걸린다면, 창고까지 거리는 얼마나 먼가?

設如空車一日行三十里[29]重車一日行二十里今載米至倉往返足一日問距倉路遠幾何

풀이

1근을 창고까지의 이(里)수라고 하자. 20리에서 1근을 뺀 것은 짐 실은 수레로 가서 창고에 도착하고 남은 이수이다. 〔주: 짐 실은 수레가

28) 1근(斤)=16냥

29) '리(里)'는 지상거리의 단위의 하나, 약 3.9275㎞임.

하루 가는 20리에서 창고까지의 이수 1근을 빼면 나머지는 짐 실은 수레가 창고에 도착하고 남은 이수이다.]
30리에서 1근 반을 뺀 것은 빈 수레로 돌아오는 이수이고 또 창고까지의 이수이다. [주: 짐 실은 수레로 가서 창고에 도착하고 남은 이수에 빈 수레로 하루에 가는 30리를 곱하고 짐 실은 수레로 하루에 가는 20리로 나눈 것은 빈 수레가 돌아오는 이수이고 또 창고까지의 이수이다.]
30리에서 1근 반을 뺀 것과 1근은 서로 같다. 2근 반과 30리는 서로 같다. [주: 양변에 각각 1근 반을 더하여 2근 반을 얻는다.]
1근과 12리는 반드시 서로 같다. 곧, 창고까지의 거리이다.

法借一根爲距倉里數 二十里少一根爲重車行到倉餘里數〔註: 重車一日行二十里內減距倉里數一根則餘爲重車到倉後餘里數〕
三十里少一根半爲空車回還里數又爲距倉里數〔註: 重車行到倉餘里數以空車一日行三十里乘之以重車一日行二十里除之爲空車回還里數又爲距倉里數〕
三十里少一根半與一根相等 二根半與三十里相等〔註: 兩邊各加一根半得二根半〕
一根必與一十二里相等卽距倉路遠之數

주해

창고까지의 이수를 x라고 하자. 짐 실은 수레로 가서 창고에 도착하고 남은 이수는 20리$-x$이다. 빈 수레로 돌아오는 이수는 (20리$-x$)$\times\frac{30}{20}$=30리$-1\frac{1}{2}x$이고, 또 창고까지의 이수이다.
창고까지의 이수는 x이므로 30리$-1\frac{1}{2}x=1x$이다.
$2\frac{1}{2}x$=30리에서 x=12리이다.

【선 35】 짐 실은 수레는 하루에 50리 가고, 가벼운 수레는 하루에 75리 간다고 한다. 지금 짐을 싣고 창고까지 5일에 3번 갔다가 돌아온다면, 창고까지의 이(里)수는 얼마인가?
設如重車一日行五十里輕車一日行七十五里今載至倉五日往返三次問距倉里數幾何

풀이

1근을 창고까지의 이수라고 하자. 250리에서 3근을 뺀 것은 짐 실은 수레가 창고까지 3번 가고 남은 이수이다. 〔주: 짐 실은 수레는 5일 간 250리에서 창고까지 이수의 3배인 3근을 빼고 남는 것은 짐 실은 수레가 창고까지 3번 간 후 남은 이수이다.〕

375리에서 4근 반을 뺀 것은 가벼운 수레가 3번 갔다가 다시 돌아온 이수이고 또 창고까지 이수의 3배이다. 〔주: 짐 실은 수레가 창고까지 3번 가고 남은 이수에 가벼운 수레가 1일 가는 75리를 곱하고 짐 실은 수레로 1일 가는 50리로 나눈 것은, 가벼운 수레가 3번 갔다가 다시 돌아온 이수이고 또 창고까지 이수의 3배이다.〕

375리에서 4근 반을 뺀 것과 3근은 서로 같다. 〔주: 본래 창고까지 이수를 1근이라 하였고 또 3배하여 3근을 얻는다.〕

7근 반과 375리는 서로 같다. 〔주: 양변에 각각 4근 반을 더하여 7근 반을 얻는다.〕

1근과 50리는 반드시 서로 같다. 곧, 창고까지의 이수이다.

法借一根爲距倉里數 二百五十里少三根爲重車行三次到倉餘里數〔註: 重車五日行二百五十里内減三倍距倉里數三根則餘爲重車三次到倉後餘里數〕

三百七十五里少四根半爲輕車三次回還里數又爲距倉里數之三倍〔註: 重車行三次到倉餘里數以輕車一日行七十五里乘之以重車一日行五十里除之爲輕車三次回還里數又爲距倉里數之三倍〕

三百七十五里少四根半與三根相等〔註: 原借距倉里數一根又三倍得三根〕

七根半與三百七十五里相等〔註: 兩邊各加四根半得七根半〕

一根必與五十里相等卽距倉里數

주해

창고까지의 이수를 x라고 하자. 짐 실은 수레가 창고까지 3번 가고 남은 이수는 50리$\times 5-3x=$250리$-3x$이고, 가벼운 수레가 3번 갔다가 다시 돌아온 이수는 (250리$-3x$)$\times \frac{75}{50}=$375리$-4\frac{1}{2}x$이다. 이는 또 창고까지 이수의 3배이므로 375리$-4\frac{1}{2}x=3x$이다. $7\frac{1}{2}x=$375리에서 $x=$50리이다.

【선 36】 세 관리가 있는데, 직무를 이어 받는 데 모두 100년이 경과했다고 한다. 두 번째 관리는 앞의 관리에 1배와 6년을 더한 것과 서로 같고, 세 번째 관리는 두 번째 관리에 1배에서 2년을 뺀 것을 더한 것과 서로 같다면, 세 관리는 각각 몇 년씩 근무해야 하는가?
設如有三官接任共歷一百年第二官比前官加一倍零六年第三官比第二官加一倍少二年問每官各該幾年

풀이

1근을 첫 번째 관리의 연수라고 하자. 2근에 6년을 더한 것은 두 번째 관리의 연수이다. 〔주: 두 번째 관리는 앞 관리에 1배를 더한 것과 서로 같으므로[30] 2근에 6년을 더한 것은 두 번째 관리의 연수이다.〕
4근에 10년을 더한 것은 세 번째 관리의 연수이다. 〔주: 세 번째 관리는 두 번째 관리에 1배를 더한 것, 곧 4근에 12년을 더한 것에서 2년을 뺀 것과 서로 같으므로, 4근에 10년을 더한 것은 세 번째 관리의 연수이다.〕
7근에 16년을 더한 것과 100년은 서로 같다. 〔주: 세 수를 서로 더한 것과 100년은 서로 같다.〕
7근과 84년은 서로 같다. 〔주: 양변에서 각각 16년을 빼서 84년을 얻는다.〕
1근과 12년은 반드시 서로 같다. 곧, 첫 번째 관리의 연수이다.

또 2근을 두 번째 관리의 연수라고 하자. 1근에서 3년을 뺀 것은 첫 번째 관리의 연수이다. 〔주: 두 번째 관리는 앞 관리에 1배와 6년을 더한 것과 서로 같은데, 두 번째 관리는 이미 2근이라 하였으므로 1근에서 3년을 뺀 것은 첫 번째 관리의 연수이다.〕
4근에서 2년을 뺀 것은 세 번째 관리의 연수이다. 〔주: 세 번째 관리는 두 번째 관리에 1배에서 2년을 뺀 것을 더한 것과 서로 같으므로, 4근에서 2년을 뺀 것은 세 번째 관리의 연수이다.〕
7근에서 5년을 뺀 것과 100년은 서로 같다. 7근과 105년은 서로 같다. 2근과 30년은 반드시 서로 같다. 곧, 두 번째 관리의 연수이다.

---

30) 31)에 의하여 '앞 관리에 1배를 더한 것과 서로 같으므로'는 '앞 관리에 1배를 더한 것, 곧 2근에 6년을 더한 것과 서로 같으므로'로 바로 잡아야 한다.

또 4근을 세 번째 관리의 연수라고 하자. 2근에 1년을 더한 것은 두 번째 관리의 연수이다. 〔주: 세 번째 관리는 두 번째 관리에 1배에서 2년을 뺀 것을 더한 것과 서로 같으므로, 두 번째 관리는 2근에 1년을 더한 것이다.〕

1근에서 2년 반을 뺀 것은 앞 관리의 연수이다. 〔주: 두 번째 관리는 앞 관리에 1배와 6년을 더한 것과 서로 같으므로, 음수 6년을 두 번째 관리의 양수 1년에 보태어 남은 음수 5년의 절반으로 얻은 1근에서 2년 반을 뺀 것은 앞 관리의 연수이다.〕

7근에서 1년 반을 뺀 것과 100년은 서로 같다. 7근과 101년 반은 서로 같다. 〔주: 양변에 각각 1년 반을 더하면 101년 반을 얻는다.〕

4근과 58년은 반드시 서로 같다. 곧, 세 번째 관리의 연수이다.

法借一根爲第一官年數 二根多六年爲第二官年數〔註: 第二官比前官加一倍[31)]故二根多六年爲第二官年數〕

四根多一十年爲第三官年數〔註: 第三官比第二官加一倍則當爲四根多一十二年而少二年故四根多一十年爲第三官年數〕

七根多一十六年與一百年相等〔註: 三數相併則與一百年相等〕

七根與八十四年相等〔註: 兩邊各減一十六年得八十四年〕

一根必與一十二年相等卽第一官年數

又借二根爲第二官年數 一根少三年爲前官年數〔註: 第二官比前官加一倍零六年而第二官旣借二根故一根少三年爲前官年數〕

四根少二年爲第三官年數〔註: 第三官比第二官加一倍少二年故四根少二年爲第三官年數〕

七根少五年與一百年相等 七根與一百五年相等 二根必與三十年相等卽第二官年數

又借四根爲第三官年數 二根多一年爲第二官年數〔註: 第三官比第二官加一倍少二年故第二官爲二根多一年〕

一根少二年半爲前官年數〔註: 第二官比前官加一倍零六年故少六年補足第二官多一年餘少五年折半得一根少二年半爲前官年數〕

七根少一年半與一百年相等 七根與一百一年半相等〔註: 兩邊各加一年半得

31) '前官加一倍'는 '前官加一倍則當爲二根而多六年'의 오기임.

一百一年半〕
四根必與五十八年相等卽第三官年數

주해

첫 번째 관리의 연수를 x라고 하자. 두 번째 관리의 연수는 $x+(x+6년)=2x+6$년이고, 세 번째 관리의 연수는 $(2x+6년)+(2x+6년-2년)=4x+10$년이다.
직무를 이어 받는 데 모두 100년이 경과하였으므로
$x+(2x+6년)+(4x+10년)=100년$이다.
$7x+16년=100년$에서 $7x=84년$, 즉 $x=12년$이다.

또 두 번째 관리의 연수를 $2y$라고 하자. 첫 번째 관리의 연수는 $2x+6년=2y$에서 $x=y-3$년이고, 세 번째 관리의 연수는 $2y+(2y-2년)=4y-2$년이다.
직무를 이어 받는 데 모두 100년이 경과하였으므로
$2y+(y-3년)+(4y-2년)=100년$이다.
$7y-5년=100년$에서 $2y=30년$이다.

또 세 번째 관리의 연수를 $4z$라고 하자.

두 번째 관리의 연수는 $4z=y+(y-2년)$에서 $y=2z+1$년이고,

첫 번째 관리의 연수는 $x+(x+6년)=2z+1$년에서 $x=z-2$년 반이다.
직무를 이어 받는 데 모두 100년이 경과하였으므로
$4z+(2z+1년)+(z-2년\ 반)=100년$이다.
$7z=101$년 반에서 $4z=58년$이다.

【선 37】 갑, 을, 병 3사람의 은을 모두 합치면 44냥이라고 한다. 을은 갑의 은보다 1배와 4냥만큼 더 많고, 병은 갑과 을 두 사람 은의 합보다 6냥 더 많다면, 각 사람이 가진 은의 무게를 구하면 얼마인가?
設如有甲乙丙三人共銀四十四兩乙比甲銀多一倍零四兩丙比甲乙二人共數又多六兩求各人銀數幾何

풀이

1근을 갑이 가진 은의 무게라고 하자. 2근에 4냥을 더한 것은 을이 가진 은의 무게이다. 〔주: 을은 갑의 은보다 1배와 4냥만큼 더 많으므로, 2근에 4냥을 더한 것은 을이 가진 은의 무게이다.〕

3근에 10냥을 더한 것은 병이 가진 은의 무게이다. 〔주: 병은 갑과 을 두 사람 은의 합보다 6냥 더 많으므로, 갑의 은 1근과 을의 은 2근에 4냥을 더한 것을 서로 더한 수에 또 6냥을 더하여 얻은 3근에 10냥을 더한 것은 병이 가진 은의 무게이다.〕

6근에 14냥 더한 것과 44냥은 서로 같다. 〔주: 세 수를 서로 더하여 얻은 6근에 14냥을 더한 것은 곧 세 사람 전체 은의 무게이므로 44냥과 서로 같다.〕

6근과 30냥은 서로 같다. 〔주: 양변에서 각각 14냥을 빼서 30냥을 얻는다.〕

1근과 5냥은 반드시 서로 같다. 곧, 갑이 가진 은의 무게이다.

또 2근을 을이 가진 은의 무게라고 하자. 1근에서 2냥을 뺀 것은 갑이 가진 은의 무게이다. 〔주: 을은 갑의 은보다 1배와 4냥만큼 더 많은데 을이 가진 은의 무게는 이미 2근이라 하였으므로, 1근에서 2냥을 뺀 것은 갑이 가진 은의 무게이다.〕

3근에 4냥을 더한 것은 병이 가진 은의 무게이다. 〔주: 병의 은은 갑과 을 두 사람 은의 합보다 6냥 더 많아 양수 6냥을 모자라는 음수 2냥에 보태도 양수 4냥에 그치므로 3근에 4냥을 더한 것은 병이 가진 은의 무게이다.〕

6근에 2냥을 더한 것과 44냥은 서로 같다. 〔주: 세 수를 서로 더할 때는 양수 4냥을 모자라는 음수 2냥에 보태면 양수 2냥에 그치므로 6근에 2냥을 더한 것과 44냥은 서로 같다.〕

6근과 42냥은 서로 같다. 〔주: 양변에서 각각 2냥을 빼서 42냥을 얻는다.〕

2근과 14냥은 반드시 서로 같다. 곧, 을이 가진 은의 무게이다.

또 1근을 병이 가진 은의 무게라고 하자. 1근에서 6냥을 뺀 것은 갑과 을 두 사람의 은을 합한 무게이다. 〔주: 병은 갑과 을 두 사람의 은을 합한 것보다 6냥 더 많은데 병이 가진 은의 무게를 이미 1근이라 하였으므로 1근에서 6냥을 뺀 것은 갑과 을 두 사람 은을 합한 무게이다.〕

2근에서 6냥을 뺀 것과 44냥은 서로 같다. 〔주: 두 수를 서로 더한 것과 44냥을 비교한다.〕

2근과 50냥은 서로 같다. 〔주: 양변에 각각 6냥을 더하여 50냥을 얻

는다.〕
1근과 25냥은 반드시 서로 같다. 곧, 병이 가진 은의 무게이다.

法借一根爲甲銀數 二根多四兩爲乙銀數〔註: 乙比甲銀多一倍零四兩故二根多四兩爲乙銀數〕
三根多一十兩爲丙銀數〔註: 丙比甲乙二人共數又多六兩故甲銀一根與乙銀二根多四兩相倂數又加六兩得三根多一十兩爲丙銀數〕
六根多一十四兩與四十四兩相等〔註: 三數相倂得六根多一十四兩卽三人共銀數故與四十四兩相等〕
六根與三十兩相等〔註: 兩邊各減一十四兩得三十兩〕
一根必與五兩相等卽甲銀數

又借二根爲乙銀數 一根少二兩爲甲銀數〔註: 乙比甲銀多一倍零四兩而乙銀數旣借二根故一根少二兩爲甲銀數〕
三根多四兩爲丙銀數〔註: 丙銀比甲乙二人共數又多六兩則以多六兩補足少二兩止多四兩故三根多四兩爲丙銀數〕
六根多二兩與四十四兩相等〔註: 三數相倂則以多四兩補足少二兩止多二兩故爲六根多二兩與四十四兩相等〕
六根與四十二兩相等〔註: 兩邊各減二兩得四十二兩〕
二根必與一十四兩相等卽乙銀數

又借一根爲丙銀數 一根少六兩爲甲乙二人共銀數〔註: 丙比甲乙二人共銀數多六兩而丙銀數旣借一根故一根少六兩爲甲乙二人共銀數〕
二根少六兩與四十四兩相等〔註: 二數相倂與四十四兩相比〕
二根與五十兩相等〔註: 兩邊各加六兩得五十兩〕
一根必與二十五兩相等卽丙銀數

주해

갑이 가진 은의 무게를 x라고 하자. 을이 가진 은의 무게는 $x+(x+4\text{냥})=2x+4$냥이고, 병이 가진 은의 무게는 $x+(2x+4\text{냥})+6\text{냥}=3x+10$냥이므로
세 수를 더하면 $6x+14\text{냥}=44$냥이다. 따라서 $6x=30$냥에서 $x=5$냥이다.

또 을이 가진 은의 무게를 $2y$라고 하자. 갑이 가진 은의 무게에 1배와 4냥을 더하면 $2y$이므로, 갑이 가진 은의 무게는 $y-2$냥이고,
병이 가진 은의 무게는 $(y-2\text{냥})+2y+6\text{냥}=3y+4$냥이다.

그러므로 세 수를 더하면 $(y-2냥)+2y+(3y+4냥)=44냥$이다.
따라서 $6y=42냥$에서 $2y=14냥$이다.

또 병이 가진 은의 무게를 z라고 하자. 갑과 을이 가진 은을 합한 무게에 6냥을 더하면 z이므로, 갑과 을이 가진 은을 합한 무게는 $z-6냥$이다.
세 수를 더하면 $(z-6냥)+z=44냥$이다.
그러므로 $2z-6냥=44냥$에서 $2z=50냥$, 즉 $z=25냥$이다.

【선 38】 갑과 을 두 사람이 있는데, 산에 들어가 나무 열매를 모두 300매를 땄다고 한다. 다만 갑의 수에 600매를 더하고 을의 수에 200매를 더하니 갑의 수는 을의 수보다 2배 더 많아진다면, 갑과 을은 각각 얼마씩 땄는가?
設如有甲乙二人入山採果共得三百枚但云甲數加六百枚乙數加二百枚則甲數比乙數多二倍問甲乙各得幾何

풀이

1근을 갑의 수라고 하자. 300매에서 1근을 뺀 것은 을의 수이다. 1근에 600매를 더한 것은 갑에 600매를 더한 수이다. 〔주: 갑의 수 1근에 600매를 더한다.〕
500매에서 1근을 뺀 것은 을에 200매를 더한 수이다. 〔주: 을의 수인 300매에서 1근을 뺀 것에 200매를 더하여 500매를 얻는다.〕
1,500매에서 3근을 뺀 것과 1근에 600매를 더한 것은 서로 같다. 〔주: 갑의 수는 을의 수보다 2배 더 많으므로 을의 수 500매에서 1근을 뺀 것에 2배한 후 더한 것과 갑에 600매를 더한 것은 서로 같다.〕
4근과 900매는 서로 같다. 〔주: 양변에 각각 3근을 더하여 4근을 얻고, 또 각각 600매를 빼서 900매를 얻는다.〕
1근과 225매는 반드시 서로 같다. 곧, 갑의 수이다.

또 1근을 을의 수라고 하자. 300매에서 1근을 뺀 것은 갑의 수이다. 1근에 200매를 더한 것은 을에 200매를 더한 수이다. 900매에서 1근을 뺀 것은 갑에 600매를 더한 수이다. 3근에 600매를 더한 것과 900매에서 1근을 뺀 것과 서로 같다. 〔주: 갑의 수 900매에서 1근을 뺀 것은 을의 수 1근에 200매 더한 것보다 2배 더 많으므로 을의 수

에 2배를 더한 것과 갑의 수는 서로 같다.〕
4근과 300매는 서로 같다. 〔주: 양변에 각각 1근을 더하여 4근을 얻고, 또 각각 600매를 빼서 300매를 얻는다.〕
1근과 75매는 반드시 서로 같다. 곧, 을의 수이다.

法借一根爲甲數 三百枚少一根爲乙數 一根多六百枚爲甲加六百枚之數〔註: 甲數一根加六百枚〕
五百枚少一根爲乙加二百枚之數〔註: 乙數三百枚少一根加二百得五百枚〕
一千五百枚少三根與一根多六百枚相等〔註: 甲數比乙數多二倍故乙數五百枚少一根加二倍然後與甲加六百枚相等〕
四根與九百枚相等〔註: 兩邊各加三根得四根又各減六百枚得九百枚〕
一根必與二百二十五枚相等卽甲數

又借一根爲乙數 三百枚少一根爲甲數 一根多二百枚爲乙加二百枚之數 九百枚少一根爲甲加六百枚之數 三根多六百枚與九百枚少一根相等〔註: 甲數九百枚少一根比乙數一根多二百枚多二倍則乙數加二倍然後與甲數相等〕
四根與三百枚相等〔註: 兩邊各加一根得四根又各減六百枚得三百枚〕
一根必與七十五枚相等卽乙數

주해

갑이 딴 나무 열매 수를 x라고 하자. 을이 딴 나무 열매 수는 300매$-x$이다.
갑이 딴 나무 열매 수에 600매를 더한 것은 $x+$600매이고,
을이 딴 나무 열매 수에 200매를 더한 것은 (300매$-x$)$+$200매$=$500매$-x$이다.
갑이 딴 나무 열매 수에 600매를 더한 것은 을이 딴 나무 열매 수에 그 2배를 더한 것과 서로 같으므로, $x+$600매$=$(500매$-x$)$+$(500매$-x$)$\times 2$이다.
$x+$600매$=$1,500매$-3x$에서 $4x=$900매, 즉 $x=$225매이다.

또 을이 딴 나무 열매 수를 y라고 하자. 갑이 딴 나무 열매 수는 300매$-y$이다.
갑이 딴 나무 열매 수에 600매를 더한 것은 (300매$-y$)$+$600매$=$900매$-y$이고,
을이 딴 나무 열매 수에 200매를 더한 것은 $y+$200매이다.
갑이 딴 나무 열매 수에 600매를 더한 것은 을이 딴 나무 열매 수에 그 2배를 더한 것과 서로 같으므로, 900매$-y=$($y+$200매)$+$($y+$200매)$\times 2$이다.
900매$-y=3y+$600매에서 $4y=$300매, 즉 $y=$75매이다.

【선 39】 은이 196냥 있는데, 낙타를 4필, 말을 6필, 나귀를 10마리 산다고 한다. 말은 나귀 값에 1배와 2냥을 더한 것과 같고, 낙타는 말 값에 1배와 4냥을 더한 것과 같다면, 각각의 값은 은으로 얼마인가?
設如有銀一百九十六兩買駝四匹馬六匹驢一十頭馬比驢價加一倍零二兩駝比馬價加一倍零四兩問各價銀若干

풀이

1근을 나귀 한 마리의 값이라고 하자. 10근은 나귀 10마리 전체의 값이다. 〔주: 나귀 한 마리의 값을 나귀 10마리에 곱한다.〕
2근에 2냥을 더한 것은 말 한 필의 값이다. 〔주: 말은 나귀 값에 1배와 2냥을 더한 것과 서로 같으므로 2근에 2냥을 더한다.〕
12근에 12냥을 더한 것은 말 6필 전체 값이다. 〔주: 말 한 필의 값을 말 6필에 곱한다.〕
4근에 8냥을 더한 것은 낙타 한 필의 값이다. 〔주: 낙타는 말 값에 1배와 4냥을 더한 것과 서로 같으므로, 말 한 필의 값에 1배를 더하고 또 4냥을 더한다.〕
16근에 32냥을 더한 것은 낙타 4필 전체의 값이다. 〔주: 낙타 한 필의 값을 낙타 4필에 곱한다.〕
38근에 44냥을 더한 것과 196냥은 서로 같다. 〔주: 세 가지 전체의 값을 더한 것은 본래 전체의 값이다.〕
38근과 152냥은 서로 같다. 〔주: 양변에서 각각 44냥을 빼서 152냥을 얻는다.〕
1근과 4냥은 반드시 서로 같다. 곧, 나귀 한 마리의 값이다. 40냥은 곧 10마리의 값이다.

또 1근을 말 한 필의 값이라고 하자. 6근은 말 6필 전체의 값이다. 2근에 4냥을 더한 것은 낙타 한 필의 값이다. 〔주: 낙타는 말 값에 1배와 4냥을 더한 것과 서로 같으므로 2근에 4냥을 더한 것이다.〕
8근에 16냥을 더한 것은 낙타 4필 전체의 값이다. 반근에서 1냥을 뺀 것은 나귀 한 마리의 값이다. 〔주: 말은 나귀 값에 1배와 2냥을 더한 것과 서로 같으므로, 반근에서 1냥을 뺀 것이다.〕
5근에서 10냥을 뺀 것은 나귀 10마리 전체의 값이다. 19근에 6냥을 더한 것과 196냥은 서로 같다. 19근과 190냥은 서로 같다. 1근과

10냥은 반드시 서로 같다. 곧, 말 한 필의 값이다. 60냥은 곧 말 6필의 값이다.

또 2근을 낙타 한 필의 값이라고 하자. 8근은 낙타 4필 전체의 값이다. 1근에서 2냥을 뺀 것은 말 한 필의 값이다. 〔주: 낙타는 말 값에 1배와 4냥을 더한 것과 서로 같으므로, 1근에서 2냥을 뺀 것이다.〕
6근에서 12냥을 뺀 것은 말 6필 전체의 값이다. 반근에서 2냥을 뺀 것은 나귀 한 필의 값이다. 〔주: 말은 나귀 값에 1배와 2냥을 더한 것과 서로 같으므로, 반근에서 2냥을 뺀 것이다.〕
5근에서 20냥을 뺀 것은 나귀 10마리 전체의 값이다. 19근에서 32냥을 뺀 것과 196냥은 서로 같다. 19근과 228냥은 서로 같다. 2근과 24냥은 반드시 서로 같다. 곧, 낙타 한 필의 값이다. 96냥은 곧 낙타 4필의 값이다.

法借一根爲驢每頭價 一十根爲驢一十頭總價〔註: 以驢每頭價乘驢一十頭〕
二根多二兩爲馬每匹價〔註: 馬比驢價加一倍零二兩故爲二根多二兩〕
一十二根多一十二兩爲馬六匹總價〔註: 以馬每匹價乘馬六匹〕
四根多八兩爲駝每匹價〔註: 駝比馬價加一倍零四兩故馬每匹價加一倍又加四兩〕
一十六根多三十二兩爲駝四匹總價〔註: 以駝每匹價乘駝四匹〕
三十八根多四十四兩與一百九十六兩相等〔註: 三總價相併以比原總價〕
三十八根與一百五十二兩相等〔註: 兩邊各減四十四兩得一百五十二兩〕
一根必與四兩相等卽驢每頭價四十兩卽一十頭價

又借一根爲馬每匹價 六根爲馬六匹總價 二根多四兩爲駝每匹價〔註: 駝比馬價加一倍零四兩故爲二根多四兩〕
八根多一十六兩爲駝四匹總價 半根少一兩爲驢每頭價〔註: 馬比驢價加一倍零二兩故爲半根少一兩〕
五根少一十兩爲驢一十頭總價 一十九根多六兩與一百九十六兩相等 一十九根與一百九十兩相等 一根必與一十兩相等卽馬每匹價六十兩卽馬六匹價

又借二根爲駝每匹價 八根爲駝四匹總價 一根少二兩爲馬每匹價〔註: 駝比馬價加一倍零四兩故爲一根少二兩〕
六根少一十二兩爲馬六匹總價 半根少二兩爲驢每頭價〔註: 馬比驢價加一倍

零二兩故爲半根少二兩]

五根少二十兩爲驢一十頭總價 一十九根少三十二兩與一百九十六兩相等 一十九根與二百二十八兩相等 二根必與二十四兩相等卽駝每匹價九十六兩卽駝四匹價

주해

나귀 한 마리의 값을 x라고 하자. 나귀 10마리 전체의 값은 $10x$이다.
말 한 필의 값은 $x+(x+2냥)=2x+2냥$이고, 말 6필 전체의 값은 $(2x+2냥)\times6=12x+2냥$이다. 낙타 한 필의 값은 $(2x+2냥)+(2x+2냥+4냥)=4x+8냥$이고,
낙타 4필 전체의 값은 $(4x+8냥)\times4=16x+32냥$이다.
세 가지 전체 값을 더하면 $10x+(12x+12냥)+(16x+32냥)=196냥$이므로,
$38x=152냥$에서 $x=4냥$이다. 나귀 10마리의 값은 $10x=40냥$이다.

또 말 한 필의 값을 y라고 하자. 말 6필 전체의 값은 $6y$이다. 낙타 한 필의 값은 $y+(y+4냥)=2y+4냥$이고, 낙타 4필 전체 값은 $(2y+4냥)\times4=8y+16냥$이다.
나귀 값에 1배와 2냥을 더하면 y이므로, 나귀 한 마리의 값은 $\frac{1}{2}y-1냥$이고,
나귀 10마리 전체의 값은 $(\frac{1}{2}y-1냥)\times10=5y-10냥$이다.
세 가지 전체의 값을 더하면 은 196냥이므로
$6y+(8y+16냥)+(5y-10냥)=196냥$이다. $19y+6냥=196냥$에서 $19y=190냥$이다.
즉 $y=10냥$이다. 말 6필의 값은 $6y=60냥$이다.

또 낙타 한 필의 값을 $2z$라고 하자. 낙타 4필 전체의 값은 $8z$이다.
말 한 필의 값에 1배와 4냥을 더하면 $2z$이므로, 말 한 필의 값은 $(2z-4냥)\times\frac{1}{2}=z-2냥$이고 말 6필 전체의 값은 $(z-2냥)\times6=6z-12냥$이다.
나귀 값에 1배와 2냥을 더하면 $z-2냥$이므로, 나귀 한 마리의 값은 $(z-4냥)\times\frac{1}{2}=\frac{1}{2}z-2냥$이고 나귀 10두 전체 값은 $(\frac{1}{2}z-2냥)\times10=5z-20냥$이다.
세 가지 전체의 값을 더하면 은 196냥이므로
$8z+(6z-12냥)+(5z-20냥)=196냥$이다. $19z-32냥=196냥$에서 $19z=228냥$이다.
즉 $2z=24냥$이다. 낙타 4필의 값은 $8z=96냥$이다.

【선 40】 한 사람에게 나이를 물으니, 나는 장삼보다 2년 많고, 이사

는 내 나이의 배에 2살을 더한 것이고, 은칠은 우리 세 사람 나이를 합한 수이며, 다시 4년을 더하면 꼭 100살이라 답하였다고 한다. 네 사람 각각의 알맞은 나이는 얼마인가?
設如問一人歲數答曰我比張三長二年李四年倍我仍多兩歲殷七兼我三人歲數再加四年整一百歲問四人各得年數幾何

풀이

1근을 장삼의 나이라고 하자. 1근에 2년을 더한 것은 본인의 나이이다. 2근에 6년을 더한 것은 이사의 나이이다. 4근에 8년을 더한 것은 은칠의 나이이다. 4근에 12년을 더한 것과 100살은 서로 같다. 4근과 88년은 서로 같다. 1근과 22년은 반드시 서로 같다. 곧, 장삼의 나이이다.

또 1근을 본인의 나이라고 하자. 1근에서 2년을 뺀 것은 장삼의 나이이다. 2근에 2년을 더한 것은 이사의 나이이다. 4근은 은칠의 나이이다. 4근에 4년을 더한 것과 100세는 서로 같다. 4근과 96년은 서로 같다. 1근과 24년은 반드시 서로 같다. 곧, 본인 나이이다. [주: 본인 나이에 1배를 더하고 또 2살을 더하여 얻은 50은 이사의 나이이다. 세 사람 나이를 서로 더하여 얻은 96은 은칠의 나이이고 다시 4살을 더하면 꼭 100살이다.][32]

法借一根爲張三年數 一根多二年爲本人年數 二根多六年爲李四年數 四根多八年爲殷七年數 四根多一十二年與一百歲相等 四根與八十八年相等 一根必與二十二年相等卽張三年數

又借一根爲本人年數 一根少二年爲張三年數 二根多二年爲李四年數 四根爲殷七年數 四根多四年與一百歲相等 四根與九十六年相等 一根必與二十四年相等卽本人年數 [註: 本人年數加一倍又加兩歲得五十爲李四年數三人年數相併得九十六爲殷七年數再加四歲整一百歲]

주해

장삼의 나이를 x라고 하자. 본인의 나이는 $x+2$년이고, 이사의 나이는 $(x+2$년$)$

32) 구하는 것을 각각 미지수를 놓지 않고 둘만 미지수로 놓고 풀었다.

$\times 2+2$년$=2x+6$년이며, 은칠의 나이는 $x+(x+2$년$)+(2x+6$년$)=4x+8$년이다.
$4x+8$년$+4$년$=100$년이므로 $4x=88$년, $x=22$년이다.

또 본인의 나이를 y라고 하자. 장삼의 나이는 $y-2$년이고, 이사의 나이는 $2y+2$년이며, 은칠의 나이는 $y+(y-2$년$)+(2y+2$년$)=4y$이다.
$4y+4$년$=100$년이므로 $4y=96$년, 즉 $y=24$년이다.
이사의 나이는 $2y+2$년$=2\times 24$년$+2$년$=50$년이고,
은칠의 나이는 22년$+24$년$+50$년$=96$년이다.

【선 41】 마을에서 성으로 오르는 사람이 있는데, 전체 거리는 120리이고 지금 오르고 있지만 아직 도착하지는 않았다고 한다. 가령 지나온 길의 $\frac{1}{6}$과 남은 길의 $\frac{1}{3}$을 더한 것이 곧 여기서 성까지의 이(里)수라면, 이는 얼마인가?
設如有人自鄉上城共一百二十里今行尚未到若以行過路六分之一與餘路三分之一相加便是到城里數問該若干

풀이

3근을 성까지의 이수라고 하자. 120리에서 3근을 뺀 것은 지나온 길의 이수이다. 1근은 남은 길의 $\frac{1}{3}$인 수이다. 〔주: 성까지 이수는 바로 남은 길이므로 3근의 $\frac{1}{3}$은 1근이다.〕

20리에서 반근을 뺀 것은 지나온 길의 $\frac{1}{6}$인 수이다. 20리에 반근을 더한 것과 3근은 서로 같다. 〔주: 남은 길의 $\frac{1}{3}$과 지나온 길의 $\frac{1}{6}$을 더한 것이 곧 성까지의 이수이므로 양수 1근과 20리에서 반근을 뺀 것을 서로 더하면 1근을 모자라는 음수 반근에 보태어 양수 반근이 넉넉하게 되니 20리에 반근을 더한 것과 3근은 서로 같다.〕
20리와 2근 반은 서로 같다. 〔주: 양변에서 각각 반근을 빼서 2근 반을 얻는다.〕
3근과 24리는 반드시 서로 같다. 곧, 성까지 이수이다.

法借三根爲到城里數 一百二十里少三根爲行過路里數 一根爲餘路三分之一數〔註: 到城里數卽餘路故三根三分之爲一根〕
二十里少半根爲行過路六分之一數 二十里多半根與三根相等〔註: 餘路三分之一與行過路六分之一相加便是到城里數故多一根與二十里少半根相倂則一根補足少半根仍多半根爲二十里多半根與三根相等〕
二十里與二根半相等〔註: 兩邊各減半根得二根半〕
三根必與二十四里相等卽到城里數

주해

지금 위치에서 성까지의 이수를 $3x$라고 하자. 지나온 길은 120리$-3x$이다.
남은 길의 $\frac{1}{3}$은 $3x\times\frac{1}{3}=x$이고, 지나온 길의 $\frac{1}{6}$은 (120리$-3x$)$\times\frac{1}{6}=$20리$-\frac{1}{2}x$이다. 남은 길의 $\frac{1}{3}$과 지나온 길의 $\frac{1}{6}$을 더한 것이 성까지의 이수 $3x$이므로, $x+$(20리$-\frac{1}{2}x$)$=3x$이다.
20리$+\frac{1}{2}x=3x$에서 20리$=2\frac{1}{2}x$, 즉 $3x=$24리이다.

【선 42】 지금의 시각이 얼마이냐고 묻는 사람이 있어서, 자정부터 지금까지 시각의 절반과 지금부터 정오까지의 $\frac{1}{3}$을 더한 것이 곧 지금의 시각이라 답을 했다고 한다. 지금의 시각은 얼마인가?[33]
設如有人問此時係何時刻答曰自子正到此時時刻折半與自此時到午正三分之一相加便是此時時刻[34]

풀이

3근을 지금의 시각이라고 하자. 720분에서 3근을 뺀 것은 지금부터 정오까지의 분이다. 〔주: 자정부터 정오까지는 12시간이고, 분으로 바꾸면 720분이다.〕
1근 반은 지금 시각의 절반이다. 240분에서 1근을 뺀 것은 지금부터

33) 34)에 의하여 '이는 얼마인가?'를 써 넣는다.
34) 문제의 끝 부분에 '問該幾何'가 누락된 것으로 보인다.

정오까지의 $\frac{1}{3}$이다. 240분에 반근을 더한 것과 3근은 서로 같다. 〔주: 양수 1근 반과 음수 1근을 더하여 양수 반근을 얻는다.〕
240분과 2근 반은 서로 같다. 3근과 288분은 반드시 서로 같다. 곧, 오전 4시 3각 3분이다. 〔주: 288분은 60분을 1시간으로 받아들이고 15분을 1각으로 받아들여 4시간 3각 3분을 얻는다. 자정부터 계산하면 인정이다.〕

法借三根爲此時時刻 七百二十分少三根爲自此時到午正之分〔註: 自子正到午正爲一十二小時化分作七百二十分〕
一根半爲此時時刻折半之分 二百四十分少一根爲自此時到午正三分之一 二百四十分多半根與三根相等〔註: 以多一根半相併少一根得多半根〕
二百四十分與二根半相等 三根必與二百八十八分相等卽寅正[35]三刻三分〔註: 二百八十八分以六十分收爲一小時一十五分收爲一刻得四小時三刻三分自子正計之爲寅正〕

주해

지금의 시각을 $3x$라고 하자. 12시간은 720분이므로 지금부터 정오까지는 720분$-3x$이다. 자정부터 지금까지의 절반은 $1\frac{1}{2}x$이고, 지금부터 정오까지의 $\frac{1}{3}$은

(720분$-3x$)$\times\frac{1}{3}=$240분$-x$이다.

이 두 수를 더하면 지금 시각이므로, $\frac{1}{2}x+$240분$=3x$이다.

$2\frac{1}{2}x=$240분에서 $3x=$288분이다.

288분=60분×4+15분×3+3분=4시간 3각 3분이므로
자정부터 4시간 3각 3분은 오전 4시 3각 3분, 곧 4시 48분이다.

【선 43】 양이 한 무리 있는데, 그 수효는 알지 못한다고 한다. 다만 $\frac{1}{3}$을 팔아버리고 또 $\frac{1}{4}$을 나누어 따로 한 무리로 하면 남은 것이

35) '인정(寅正)'은 오전 3시와 5시 사이 한 가운데 4시를 가리킨다.

1,000마리라면, 본래 전체의 수는 얼마인가?
設如有羊一羣不知數目但云賣去三分之一又分四分之一另爲一羣下餘一千隻[36]問原共數幾何

풀이

12근을 본래 전체의 수라고 하자. 4근은 팔아버린 $\frac{1}{3}$인 수이다. 3근은 따로 한 무리로 한 $\frac{1}{4}$인 수이다. 5근은 남은 양의 수이다. 〔주: 12근에서 4근, 3근을 빼면 5근이 남는다.〕
1,000마리와 5근은 서로 같다. 12근과 2,400마리는 반드시 서로 같다. 곧, 본래 전체의 수이다.

法借一十二根爲原共數 四根爲賣去三分之一數 三根爲另爲一羣四分之一數 五根爲餘羊數〔註: 一十二根内減四根三根餘五根〕
一千隻與五根相等 一十二根必與二千四百隻相等卽原共數

주해

본래 양 전체의 수를 $12x$라고 하자. 팔아버린 양은 $12x\times\frac{1}{3}=4x$이고, 따로 한 무리로 한 양은 $12x\times\frac{1}{4}=3x$이다.
남은 양은 1,000마리이므로 $12x-4x-3x=$1,000마리에서 $5x=$1,000마리이다.
따라서 $12x=$1,000마리$\times\frac{12}{5}=$2,400마리이다.

【선 44】 양이 한 무리 있는데, 그 수효는 알지 못한다고 한다. 다만 $\frac{5}{7}$는 사람들에게 상으로 주고 또 남아 있는 양의 $\frac{3}{5}$을 팔아도 여전히 800마리가 남는다면, 본래 전체의 수는 얼마인가?
設如有羊一羣不知數目但云賞人七分之五又將所餘者賣五分之三尚餘八百隻問原共數若干

---

36) '척(隻)'은 금수(禽獸)를 세는 단위로 쓸 때는 '마리'임.

풀이

35근을 본래 전체의 수라고 하자. 25근은 사람에게 상으로 준 수이다. 〔주: 35근을 7로 나누고 5를 곱하여 얻은 25근은 사람에게 상으로 준 수이다.〕
6근은 팔아버린 수이다. 〔주: 35근에서 사람에게 상으로 준 25근을 뺀 나머지는 10근이다. 이를 5로 나누고 3을 곱하여 얻은 6근은 팔아버린 수이다.〕
800마리에 31근을 더한 것과 35근은 서로 같다. 〔주: 두 수를 서로 더하여 31근을 얻는다.〕
4근과 800마리는 서로 같다. 35근과 7,000마리는 반드시 서로 같다. 곧, 본래 전체의 수이다.

法借三十五根爲原共數 二十五根爲賞人數〔註: 三十五根以七歸五因得二十五根爲賞人數〕
六根爲賣去數〔註: 三十五根減賞人二十五根餘爲一十根以五歸三因得六根爲賣去數〕
八百隻多三十一根與三十五根相等〔註: 兩數相併得三十一根〕
四根與八百隻相等 三十五根必與七千隻相等卽原共數

주해

본래 양 전체의 수를 $35x$라고 하자. 사람에게 상으로 준 수는 $35x\times\frac{5}{7}=25x$이고, 팔아버린 수는 남은 수의 $\frac{3}{5}$이므로 $(35x-25x)\times\frac{3}{5}=6x$이다.
상으로 준 수와 팔아버린 수와 남은 800마리를 더하면 전체 수이므로
$25x+6x+800$마리$=35x$이다. 따라서 $4x=800$마리에서 $35x=7{,}000$마리이다.

【선 45】 밭이 742묘 있는데, 밭가는 사람과 심는 사람 및 김매는 사람이 있다고 한다. 심는 사람은 밭가는 사람의 $\frac{7}{10}$을 얻고, 김매는 사람은 심는 사람의 $\frac{3}{5}$을 얻는다면, 각자의 몫은 얼마인가?
設如有田七百四十二畝[37]內有耕者種者耘者種者比耕者得十分之七耘者比種

者得五分之三問每項各幾何

풀이

25근을 발가는 사람의 몫이라고 하자. 17근 반은 심는 사람의 몫이다. 〔주: 발가는 사람의 $\frac{7}{10}$이다.〕

10근 반은 김매는 사람의 몫이다. 〔주: 심는 사람의 $\frac{3}{5}$이다.〕

53근과 742묘는 서로 같다. 〔주: 세 수를 서로 더하여 53근을 얻는다.〕

25근과 350묘는 서로 같다. 곧, 발가는 사람의 몫이다. 〔주: 심는 사람의 몫은 245묘이고 김매는 사람의 몫은 147묘이다.〕

法借二十五根爲耕者數 一十七根半爲種者數 〔註: 耕者十分之七〕
一十根半爲耘者數 〔註: 種者五分之三〕
五十三根與七百四十二畝相等 〔註: 三數相併得五十三根〕
二十五根與三百五十畝相等卽耕者數 〔註: 種者數二百四十五畝耘者數一百四十七畝〕

주해

밭가는 사람이 얻는 몫을 $25x$라고 하자. 심는 사람은 $25x\times\frac{7}{10}=17\frac{1}{2}x$를 얻고, 김매는 사람은 $17\frac{1}{2}x\times\frac{3}{5}=10\frac{1}{2}x$ 를 얻는다.

세 수를 더하면 742묘이므로, $53x=742$묘이다.

밭가는 사람이 얻는 몫은 $25x=350$묘이고, 심는 사람이 얻는 몫은 $17\frac{1}{2}x=245$묘이며, 김매는 사람이 얻는 몫은 $10\frac{1}{2}x=147$묘이다.

【선 46】 먼 곳을 바라보는데, 한 탑의 위가 3장 2자 나타나고 가운

37) '묘(畝)'는 땅의 넓이의 단위, 곧 30평(坪)으로 단(段)의 $\frac{1}{10}$임.

데는 수풀의 나무가 있어 $\frac{2}{3}$를 가리고 아래는 아직 $\frac{1}{5}$이 나타난다고 한다. 전체 높이는 얼마인가?
設如遠望一塔上露三丈二尺中有林木遮去三分之二下尙露五分之一問共高若干

풀이

15근을 탑 전체 높이라고 하자. 10근은 수풀의 나무가 가리게 한 수이다. 〔주: 탑 높이의 $\frac{2}{3}$이다.〕
3근은 아래 나타난 수이다. 〔주: 탑 높이의 $\frac{1}{5}$이다.〕
3장 2자에 13근을 더한 것과 15근은 서로 같다. 〔주: 두 수와 위에 나타난 수를 서로 더한 것과 탑 전체 높이는 서로 같다.〕
2근과 3장 2자는 서로 같다. 〔주: 양변에서 각각 13근을 빼서 2근을 얻는다.〕
15근과 24장은 반드시 서로 같다. 곧, 탑 전체 높이이다.

法借一十五根爲塔共高數 一十根爲林木遮去數 〔註: 塔高三分之二〕
三根爲下露數 〔註: 塔高五分之一〕
三丈二尺多一十三根與一十五根相等 〔註: 兩數與上露數相併與塔共高相等〕
二根與三丈二尺相等 〔註: 兩邊各減一十三根得二根〕
一十五根必與二十四丈相等卽塔共高數

주해

탑 높이를 $15x$라고 하자. 수풀의 나무가 가린 부분의 높이는 $15x\times\frac{2}{3}=10x$이고, 아래 나타난 부분의 높이는 $15x\times\frac{1}{5}=3x$이다.
두 수와 위에 나타난 3장 2자를 더한 것은 전체 높이이므로,
$10x+3x+$3장 2자$=15x$이다.
따라서 $2x=$3장 2자에서 $15x=2x\times\frac{15}{2}=$3장 2자$\times\frac{15}{2}=$24장이다.

【선 47】 목수와 기와장이, 잡부 세 항목이 있는데, 공전은 기와장이가 목수의 $\frac{2}{5}$를 얻고, 잡부는 목수의 $\frac{1}{4}$을 얻는다고 한다. 기와장이는 잡부보다 1냥 2전을 더 얻는다면, 매 항목의 공전은 얼마인가?
設如有木匠與瓦匠小工三項分工價瓦匠得木匠五分之二小工得木匠四分之一瓦匠比小工多一兩二錢問每項工價若干

풀이

10근을 목수의 공전이라고 하자. 4근은 기와장이의 공전이다. 〔주: 목수의 $\frac{2}{5}$이다.〕

2근 반은 잡부의 공전이다. 〔주: 목수의 $\frac{1}{4}$이다.〕

2근 반에 1냥 2전을 더한 기와장이 공전과 4근은 서로 같다. 1근 반과 1냥 2전은 서로 같다. 〔주: 양변에서 각각 2근 반을 빼서 1근 반을 얻는다.〕

10근과 8냥은 반드시 서로 같다. 곧, 목수의 공전이다. 〔주: 기와장이 공전은 3냥 2전이고, 잡부의 공전은 2냥이다.

法借一十根爲木匠價 四根爲瓦匠價〔註: 木匠五分之二〕
二根半爲小工價〔註: 木匠四分之一〕
二根半多一兩二錢又爲瓦匠價與四根相等 一根半與一兩二錢相等〔註: 兩邊各減二根半得一根半〕
一十根必與八兩相等卽木匠價〔註: 瓦匠價三兩二錢小工價二兩〕

주해

목수의 공전을 $10x$라고 하자.

기와장이의 공전은 $10x\times\frac{2}{5}=4x$이다. ……(1)

잡부의 공전은 $10x\times\frac{1}{4}=2.5x$이므로

기와장이의 공전은 $2\frac{1}{2}x+1$냥 2전이다. ……(2)

(1)과 (2)에서 $4x=2\frac{1}{2}x+1$냥 2전이다.

$1\frac{1}{2}x$=1냥 2전에서 목수의 공전은 $10x$=8냥이고, 기와장이의 공전은 $4x$=3냥 2전이며, 잡부의 공전은 $2\frac{1}{2}x$=2냥이다.

【선 48】 품질이 떨어지는 금이 있는데, 상등급의 좋은 금이 되게 불에 달구어 정련하려고 한다. 첫 번째 노에 넣어 정련하면 $\frac{1}{3}$이 줄고, 두 번째 노에 넣어 정련하면 $\frac{1}{4}$이 줄고, 세 번째 노에 넣어 정련하면 $\frac{1}{5}$이 줄고, 네 번째 노에 넣어 정련하면 $\frac{1}{6}$이 줄어서 비로소 깨끗한 상등급의 좋은 금이 27냥 남는다면, 본래 금은 얼마인가?
設如有金不足色欲煉成上等好金第一次入爐煆去三分之一第二次入爐煆去四分之一第三次入爐煆去五分之一第四次入爐煆去六分之一方淨剩上等好金二十七兩問原金幾何

풀이

60근을 본래 금의 무게라고 하자. 20근은 첫 번째 정련할 때 줄은 무게이다. 〔주: 본래 금의 $\frac{1}{3}$이다.〕

15근은 두 번째 정련할 때 줄은 무게이다. 〔주: 본래 금의 $\frac{1}{4}$이다.〕

12근은 세 번째 정련할 때 줄은 무게이다. 〔주: 본래 금의 $\frac{1}{5}$이다.〕

10근은 네 번째 정련할 때 줄은 무게이다. 〔주: 본래 금의 $\frac{1}{6}$이다.〕

57근에 27냥을 더한 것과 60냥은 서로 같다. 〔주: 네 수를 서로 더하여 얻은 57근에 27냥을 더한 것과 본래 금은 서로 같다.〕
3근과 27냥은 서로 같다. 60근과 540냥은 반드시 서로 같다. 곧, 본래 금의 무게이다.

法借六十根爲原金數 二十根爲第一次煆去數〔註: 原金三分之一〕
一十五根爲第二次煆去數〔註: 原金四分之一〕

一十二根爲第三次煅去數〔註: 原金五分之一〕
一十根爲第四次煅去數〔註: 原金六分之一〕
五十七根多二十七兩與六十根相等〔註: 四數相倂得五十七根多二十七兩與原金相等〕
三根與二十七兩相等 六十根必與五百四十兩相等卽原金數

주해

본래 금의 무게를 $60x$라고 하자. 첫 번째 정련할 때 줄은 무게는 $60x \times \frac{1}{3} = 20x$이고, 두 번째 정련할 때 줄은 무게는 $60x \times \frac{1}{4} = 15x$, 세 번째 정련할 때 줄은 무게는 $60x \times \frac{1}{5} = 12x$, 네 번째 정련할 때 줄은 무게는 $60x \times \frac{1}{6} = 10x$이다.
네 수의 합에 27냥을 더하면 본래 금과 서로 같으므로
$20x + 15x + 12x + 10x + 27$냥$= 60x$이다. 따라서 $3x = 27$냥에서 $60x = 540$냥이다.

【선 49】 무게를 알지 못하는 구리가 있는데, 다만 $\frac{3}{7}$을 취하여 상등급의 의기를 만들고 또 남은 것의 $\frac{2}{5}$를 취하여 중등급의 의기를 만들고 또 남는 것의 $\frac{1}{4}$을 취하여 삼등급의 의기를 만든다고 한다. 여전히 54근이 남는다면, 본래 구리 전체의 무게는 얼마인가?
設如有銅不知斤數但云取七分之三作上等儀器[38]又取所餘五分之二作中等儀器又取所餘四分之一作三等儀器仍餘五十四斤問原銅共數幾何

풀이

70근을 본래 구리의 무게라고 하자. 40근은 상등급 의기를 만들고 남은 구리의 무게이다. 〔주: 본래 구리의 $\frac{4}{7}$이다.〕
24근은 중등급 의기를 만들고 남은 구리 수량이다. 〔주: 중등급 의기는 남은 구리의 $\frac{3}{5}$이다.〕

38) '의기(儀器)'는 천체의 운행을 측정하는 기계(器械)임.

18근은 삼등급의 의기를 만들고 남은 구리 수량이다. 〔주: 삼등급 의기는 남은 구리의 $\frac{3}{4}$이다.〕

18근과 54근(斤)은 서로 같다. 70근과 210근(斤)은 반드시 서로 같다. 곧, 본래 구리 전체의 무게이다.

法借七十根爲原銅數 四十根爲作上等儀器餘銅數 〔註: 原銅七分之四〕
二十四根爲作中等儀器餘銅數 〔註: 中等儀器餘銅五分之三〕
一十八根爲作三等儀器餘銅數 〔註: 三等儀器餘銅四分之三〕
一十八根與五十四斤相等 七十根必與二百一十斤相等卽原銅共數

주해

본래 구리의 무게를 $70x$라고 하자. 상등급의 의기를 만들고 남은 구리는 $70x\times(1-\frac{3}{7})=40x$이고, 중등급의 의기를 만들고 남은 구리는 $40x\times(1-\frac{2}{5})=24x$이며, 삼등급의 의기를 만들고 남은 구리는 $24x\times(1-\frac{1}{4})=18x$이다. 이는 54근(斤)이다. 따라서 $18x=54$근(斤)에서 $70x=210$근(斤)이다.

【선 50】 한 노인에게 나이를 물으니, 다만 $\frac{2}{3}$를 더하고 $\frac{1}{4}$을 빼면 136살을 얻는다고 한다. 그 나이는 얼마인지 구하여라.
設如問一老人歲數但云加三分之二減四分之一得一百三十六歲求其歲數幾何

풀이

12근을 본래 나이라고 하자. 20근은 $\frac{2}{3}$를 더한 수이다. 〔주: 12근의 $\frac{2}{3}$로 얻은 8[39]을 12근에 더하면 20근을 얻는다.〕

17근은 $\frac{1}{4}$을 뺀 수이다. 〔주: 12근의 $\frac{1}{4}$로 얻은 3[40]을 20근에서 빼서 17근을 얻는다.〕

---

39) 43)에 의하여 '8'은 '8근'으로 바로 잡아야 한다.
40) 44)에 의하여 '3'은 '3근'으로 바로 잡아야 한다.

17근과 136살은 서로 같다. 12근과 96살은 반드시 서로 같다. 〔주: 96살의 $\frac{2}{3}$로 얻은 64[41]를 96살에 더하면 160살이다. 96살의 $\frac{1}{4}$로 얻은 24살은 160살에서 빼서 136살을 얻는다.〕[42]

法借一十二根爲本歲數 二十根爲加三分之二數〔註: 一十二根三分之二得八[43]加於一十二根得二十根〕
一十七根爲減四分之一數〔註: 一十二根四分之一得三[44]減於二十根得一十七根〕
一十七根與一百三十六歲相等 一十二根必與九十六歲相等〔註: 九十六歲三分之二得六十四[45]加於九十六歲得一百六十歲九十六歲四分之一得二十四歲減於一百六十歲得一百三十六歲〕

주해

본래 나이를 $12x$라고 하자. $\frac{2}{3}$를 더하면 $12x+12x\times\frac{2}{3}=20x$이고, $\frac{1}{4}$을 빼면 $20x-12x\times\frac{1}{4}=17x$이며, 이는 136살이다.
따라서 $17x=136$살에서 $12x=96$살이다.

【선 51】 말이 한 무리 있는데, 다만 1배를 늘리고, 또 $\frac{1}{2}$을 늘리고, 또 $\frac{1}{3}$을 늘리고, 또 $\frac{1}{4}$을 늘리고, 또 1을 늘린 것을 본래 수에 합치면 모두 112필이라고 한다. 본래 수는 얼마인가?
設如有馬一羣但云加一倍又加二分之一又加三分之一又加四分之一又加一併原數共一百一十二匹問原數幾何

풀이

41) 45)에 의해 '64'는 '64살'로 바로 잡아야 한다.
42) 구한 답 96살을 검산하였다.
43) '八'은 '八根'의 오기임.
44) '三'은 '三根'의 오기임.
45) '六十四'는 '六十四歲'의 오기임.

12근을 본래 수라고 하자. 24근은 1배를 더한 수이다. 6근은 $\frac{1}{2}$의 수이다. 〔주: 12근의 $\frac{1}{2}$이다.〕

4근은 $\frac{1}{3}$의 수이다. 〔주: 12근의 $\frac{1}{3}$이다.〕

3근은 $\frac{1}{4}$의 수이다. 〔주: 12근의 $\frac{1}{4}$이다.〕

37근과 111필은 서로 같다. 〔주: 네 수를 서로 합쳐서 얻은 37근에 1을 더한 것이 진수이므로 본래 수에서 1을 빼서 111필을 얻는다.〕

12근과 36필은 반드시 서로 같다. 곧, 본래의 수이다.

法借一十二根爲原數 二十四根爲加一倍數 六根爲二分之一數 〔註: 一十二根二分之一〕

四根爲三分之一數 〔註: 一十二根三分之一〕

三根爲四分之一數 〔註: 一十二根四分之一〕

三十七根與一百一十一匹相等 〔註: 四數相倂得三十七根而加一是眞數故減一於原數內得一百一十一匹〕

一十二根必與三十六匹相等卽原數

주해

본래의 수를 $12x$라고 하자. 1배를 더한 수는 $12x+12x=24x$이고, $\frac{1}{2}$의 수는 $12x\times\frac{1}{2}=6x$이며, $\frac{1}{3}$의 수는 $12x\times\frac{1}{3}=4x$이고, $\frac{1}{4}$의 수는 $12x\times\frac{1}{4}=3x$이다.

네 수를 더한 $37x$에 1을 더한 것은 112필이므로 $37x=111$필이다.

따라서 $12x=111$필$\times\frac{12}{37}=36$필이다.

【선 52】 한 사람이 세 번 장사를 하는데, 첫 번째 얻은 이익은 본전 은의 $\frac{2}{3}$와 같고, 이 이익을 본전 은에 더해서 두 번째 얻은 이익은 〔두 번째〕 본전의 $\frac{3}{4}$과 같고, 또 이 이익을 본전 은에 더해서 세 번째 얻은

이익은 〔세 번째〕 본전의 $\frac{3}{5}$과 같다고 한다. 세 번째 본전과 이익 은의 합이 1,400냥이라면, 원래 본전 은은 얼마인가?
設如一人爲商三次第一次得利比本爲三分之二將利加入本銀第二次得利比本爲四分之三又將此利加入本銀第三次得利比本爲五分之三三次本利共銀一千四百兩問原本銀若干

풀이

12근을 본전 은의 무게라고 하자. 20근은 첫 번째 본전 은과 이익 은을 합한 무게이다. 〔주: 12근의 $\frac{2}{3}$로 얻은 8[46]을 12근에 더하여 20근을 얻는다.〕
35근은 두 번째 본전 은과 이익 은을 합한 무게이다. 〔주: 20근의 $\frac{3}{4}$으로 얻은 15근을 20근에 더하여 35근을 얻는다.〕
56근은 세 번째 본전 은과 이익 은을 합한 무게이다. 〔주: 35근의 $\frac{3}{5}$으로 얻은 21근을 35근에 더하여 56근을 얻는다.〕
56근과 1,400냥은 서로 같다. 12근과 300냥은 반드시 서로 같다. 곧, 본전 은의 무게이다.

法借一十二根爲原銀數 二十根爲第一次本利銀數〔註: 一十二根三分之二得八[47]加一十二根得二十根〕
三十五根爲第二次本利銀數〔註: 二十根四分之三得一十五根加二十根得三十五根〕
五十六根爲第三次本利銀數〔註: 三十五根五分之三得二十一根加三十五根得五十六根〕
五十六根與一千四百兩相等 一十二根必與三百兩相等卽原銀數

주해

본전 은의 무게를 $12x$라고 하자.

46) 47)에 의하여 '8'은 '8근'으로 바로 잡아야 한다.
47) '八'은 '八根'의 오기임.

첫 번째 본전 은과 이익 은을 합한 무게는 $12x+12x\times\frac{2}{3}=20x$이고,

두 번째 본전 은과 이익 은을 합한 무게는 $20x+20x\times\frac{3}{4}=35x$이며,

세 번째 본전 은과 이익 은을 합한 무게는 $35x+35x\times\frac{3}{5}=56x$이다.

따라서 $56x=1,400$냥이므로 $12x=300$냥이다.

【선 53】 은이 100냥 있는데, 갑, 병, 정 세 사람이 갑은 병에 비해 1배 더 많고, 병은 정에 비해 2배 더 많게 나눈다고 한다. 각 사람은 응당 얼마를 받아야 하는가?
設如有銀一百兩命甲丙丁三人分之甲比丙多一倍丙比丁多二倍問每人應得幾何

풀이

1근을 정 몫의 무게라고 하자. 3근은 병 몫의 은이다. 〔주: 병은 정에 비해 2배 더 많으므로, 병은 3근이다.〕
6근은 갑 몫의 은이다. 〔주: 갑은 병에 비해 1배 더 많으므로, 갑은 6근이다.〕
10근과 100냥은 서로 같다. 〔주: 세 수를 서로 더하여 10근을 얻는다.〕
1근과 10냥은 반드시 서로 같다. 곧, 정 몫의 은으로 응당 받아야 하는 무게이다. 〔주: 병 몫의 은은 30냥이고 갑 몫의 은은 60냥이다.〕

法借一根爲丁分數 三根爲丙分銀〔註: 丙比丁多二倍故丙爲三根〕
六根爲甲分銀〔註: 甲比丙多一倍故甲爲六根〕
一十根與一百兩相等〔註: 三數相併得一十根〕
一根必與一十兩相等卽丁分銀應得之數 〔註: 丙分銀爲三十兩甲分銀爲六十兩〕

주해

정 몫의 무게를 x라고 하자.
병 몫의 은은 $x+2x=3x$이고, 갑 몫의 은은 $3x+3x=6x$이다.

세 수를 더하면 100냥이므로 $10x=100$냥, 즉 $x=10$냥이다.
갑 몫의 은은 $3x=30$냥이고, 병 몫의 은은 $6x=60$냥이다.

【선 54】 향로가 2대 있는데, 그 무게는 말하지 않았다고 한다. 다만 향로 뚜껑 한 개의 무게는 150근인데, 뚜껑을 갑 향로에 더하면 을 향로보다 2배 더 무겁고, 뚜껑을 을 향로에 더하면 이는 갑 향로와 서로 같다면, 갑과 을 두 향로 무게는 각각 얼마인가?
設如有香爐二座不言重數但知爐蓋一個重一百五十斤如以蓋加甲爐則重於乙爐二倍以蓋加於乙爐乃與甲爐相等求甲乙二爐各重幾何

풀이
3근을 갑 향로의 본래 무게라고 하자. 1근에 50근(斤)을 더한 것은 을 향로의 본래 무게이다. 〔주: 뚜껑 150근(斤)을 갑 향로에 더하면 을 향로보다 2배 더 무거우므로, 갑 향로 3근을 3으로 나누어 얻은 1근에 50근(斤) 더한다.〕
1근에 200근(斤)을 더한 것과 갑 향로는 서로 같다. 〔주: 뚜껑 150근(斤)을 을 향로에 더한 것과 갑 향로는 서로 같으므로, 1근에 50근(斤)을 더한 을 향로에 150근(斤)을 더하여 얻은 1근에 200근(斤)을 더한 것과 갑 향로는 서로 같다.〕
1근에 200근(斤)을 더한 것과 3근은 서로 같다. 2근과 200근(斤)은 서로 같다. 〔주: 양변에서 각각 1근을 빼서 2근을 얻는다.〕
3근과 300근(斤)은 반드시 서로 같다. 곧, 갑 향로의 본래 무게이다.

또 1근을 을 향로의 본래 무게라고 하자. 3근에서 150근(斤)을 뺀 것은 갑 향로의 본래 무게이다. 〔주: 뚜껑 150근(斤)을 갑 향로에 더하면 을 향로보다 2배 더 무거우므로, 3근에서 150근(斤)을 뺀 것은 갑 향로의 본래 무게이다.〕
1근에 150근(斤)을 더한 것과 3근에서 150근(斤)을 뺀 것은 서로 같다. 〔주: 뚜껑 150근(斤)을 을 향로에 더하면 갑 향로와 서로 같으므로, 1근에 150근(斤)을 더한 것과 갑 향로는 서로 같다.〕
2근과 300근(斤)은 서로 같다. 〔주: 양변에서 각각 1근을 빼서 2근을 얻고, 또 각각 150근(斤)을 더하여 300근(斤)을 얻는다.〕

1근과 150근(斤)은 반드시 서로 같다. 곧, 을 향로의 본래 무게이다.

法借三根爲甲爐原重數 一根多五十斤爲乙爐原重數〔註: 以蓋一百五十斤加甲爐則重於乙爐二倍故甲爐三根三分之得一根多五十斤〕
一根多二百斤與甲爐相等〔註: 以蓋一百五十斤加乙爐則與甲爐相等故乙爐一根多五十斤加一百五十斤得一根多二百斤與甲爐相等〕
一根多二百斤與三根相等 二根與二百斤相等〔註: 兩邊各減一根得二根〕
三根必與三百斤相等卽甲爐原重數

又借一根爲乙爐原重數 三根少一百五十斤爲甲爐原重數〔註: 以蓋一百五十斤加甲爐則重於乙爐二倍故三根少一百五十斤爲甲爐原重數〕
一根多一百五十斤與三根少一百五十斤相等〔註: 以蓋一百五十斤加乙盧則與甲盧相等故一根多一百五十斤與甲盧相等〕
二根與三百斤相等〔註: 兩邊各減一根得二根又各加一百五十斤得三百斤〕
一根必與一百五十斤相等卽乙爐原重數

주해

갑 향로의 본래 무게를 $3x$라고 하자.
$3x+150$근은 을 향로의 3배이므로 을 향로의 본래 무게는 $x+50$근이다.
$x+50$근$+150$근$=3x$이므로 $x+200$근$=3x$, 즉 $2x=200$근에서 $3x=300$근이다.

또 을 향로의 본래 무게를 y라고 하자.
갑 향로의 본래 무게는 $3y-150$근이므로
$y+150$근$=3y-150$근, 즉 $2y=300$근에서 $y=150$근이다.

【선 55】 구리로 주조한 갑과 을 두 종이 있는데, 무게는 달지 않았다고 한다. 다만 을 종에서 구리 80근을 취하여 갑 종에 넣으면 갑 종의 $\frac{1}{4}$만큼이 남아 있으며, 만일 갑 종에서 구리 80근을 취하여 을 종에 넣으면 을 종의 $\frac{2}{3}$만큼이 남는다면, 두 종에 알맞은 구리의 무게는 각각 얼마인가?

設如有銅鑄甲乙二鐘未稱斤數但云取乙鐘銅八十斤入甲鐘則所餘得甲鐘四分之一若取甲鐘銅八十斤入乙鐘則所餘得乙鐘三分之二問二鐘各得銅數若干

풀이

12근을 갑 종의 무게하고 하자. 〔주: 나누기에 편리하도록 두 분모를 서로 곱한 것은 12근이다.〕

3근에 100근(斤)을 더한 것은 을 종의 무게이다. 〔주: 을 종의 80근을 취하여 갑 종에 넣으면 을 종에 남아 있는 것과 갑 종의 $\frac{1}{4}$이 서로 같으므로, 12근과 80근(斤)의 $\frac{1}{4}$은 3근에 20근(斤)을 더한 것으로 을 종에 있다. 이것과 갑 종의 80근(斤)을 환원하여 서로 더하여 얻은 3근에 100근(斤)을 더한 것은 을 종의 무게이다.〕

3근에 180근(斤)을 더한 것은 갑 종에 남은 무게의 $\frac{3}{2}$이다. 〔주: 갑 종 80근(斤)을 을 종에 넣으면 갑 종에 남아 있는 것과 을 종의 $\frac{2}{3}$가 서로 같으므로, 을 종 3근에 100근(斤)을 더한 것에 갑 종 80근(斤)을 더하면 3근에 180근(斤)을 더한 것으로 갑 종에 남은 무게의 $\frac{3}{2}$이다.〕

2근에 120근(斤)을 더하면 갑 종에 남은 무게이다. 〔주: 3근에 180근(斤)을 더한 것은 갑 종에 남은 무게의 $\frac{3}{2}$이므로, 3으로 나누어 얻은 1근에 60근(斤)을 더한 것을 2배하여 얻은 2근에 120근(斤)을 더한 것은 갑 종에 남아 있다.〕

2근에 200근(斤)을 더한 것은 갑 종의 무게이다. 〔주: 갑 종과 을 종의 80근을 환원하여 갑 종의 남은 무게에 넣어서 얻은 2근에 200근(斤)을 더한 것은 갑 종의 무게이다.〕

2근에 200근(斤)을 더한 것과 12근은 서로 같다. 10근과 200근(斤)은 서로 같다. 〔주: 양변에서 각각 2근을 빼서 10근을 얻는다.〕

12근과 240근(斤)은 반드시 서로 같다. 곧, 갑 종의 무게이다.

또 12근을 을 종의 무게라고 하자. 48근에서 400근(斤)을 뺀 것은 갑 종의 무게이다. 〔주: 을 종 80근(斤)을 갑 종에 넣으면 을 종에 남아 있는 것과 갑 종의 $\frac{1}{4}$이 서로 같으므로, 12근과 80근(斤)에 4를 곱하여 얻은 48근에서 320근(斤)을 뺀 것에 을 종 80근(斤)을 환원하면

음수 320근(斤)에서 마땅히 80근(斤)을 빼므로 48근에서 400근(斤)을 뺀 것은 갑종의 무게이다.]

48근에서 480근(斤)을 뺀 것은 갑 종의 남은 무게이다. [주: 갑 종 80근(斤)을 을 종에 넣으면 갑 종에 남아 있는 것과 을 종의 $\frac{2}{3}$가 서로 같으므로, 갑 종 48근에서 400근(斤)을 뺀 것에서 또 80근(斤)을 뽑아낸 48근에서 480근(斤)을 뺀 것은 갑 종에 남아 있다.]

72근에서 720근(斤)을 뺀 것은 을 종에 80근(斤)을 첨가해 넣은 무게이다. [주: 갑 종 80근(斤)을 을 종에 넣어서 을 종을 3으로 나눈 것이 갑 종을 2로 나눈 것이므로 갑 종에 남아 있는 절반 24근에서 240근(斤)을 뺀 것을 얻어 3을 곱하여 얻은 72근에서 720근(斤)을 뺀 것은 을 종에 80근(斤)을 첨가해 넣은 무게이다.]

72근에서 800근(斤)을 뺀 것은 을 종의 무게이다. [주: 을 종에 있는 갑 종에서 얻은 80근(斤)을 환원하면 72근에서 800근(斤)을 뺀 것은 을 종의 무게이다.]

72근에서 800근(斤)을 뺀 것과 12근은 서로 같다. 60근과 800근(斤)은 서로 같다. [주: 양변에서 각각 12근을 빼서 60근을 얻고 또 각각 800근(斤)을 더하여 얻은 60근과 양수 800근(斤)은 서로 같다.]

12근과 160근(斤)은 반드시 서로 같다. 곧, 을 종의 무게이다.

法借一十二根爲甲鐘數〔註: 兩分母相乘爲一十二根以便之分〕

三根多一百斤爲乙鐘數〔註: 取乙鐘八十斤入甲鐘則乙鐘所餘比甲鐘四分之一故一十二根與八十斤四分之一爲三根多二十斤而乙鐘所與甲鐘之八十斤還原相倂得三根多一百斤爲乙鐘之數〕

三根多一百八十斤爲甲鐘餘數二分之三〔註: 甲鐘八十斤入乙鐘則甲鐘所餘比乙鐘爲三分之二故乙鐘三根多一百斤加甲鐘八十斤則三根多一百八十斤爲甲鐘餘數二分之三〕

二根多一百二十斤爲甲鐘餘數〔註: 三根多一百八十斤爲甲鐘餘數二分之三故以三分之得一根多六十斤以二因之得二根多一百二十斤爲甲鐘所餘〕

二根多二百斤爲甲鐘數〔註: 甲鐘與乙鐘之八十斤還原入於甲鐘餘數得二根多二百斤爲甲鐘數〕

二根多二百斤與一十二根相等 一十根與二百斤相等〔註: 兩邊各減二根得一十根〕
一十二根必與二百四十斤相等卽甲鐘數

又借一十二根爲乙鐘數 四十八根少四百斤爲甲鐘數〔註: 乙鐘八十斤入甲鐘則乙鐘所餘比甲鐘四分之一故一十二根與八十斤以四因之得四十八根少三百二十斤而乙鐘八十斤還原則少三百二十斤內當減八十斤故四十八根少四百斤爲甲鐘數〕
四十八根少四百八十斤爲甲鐘餘數〔註: 甲鐘八十斤入乙鐘則甲鐘所餘比乙鐘爲三分之二故甲鐘四十八根少四百斤又抽出八十斤則四十八根少四百八十斤爲甲鐘所餘〕
七十二根少七百二十斤爲乙鐘添入八十斤之數〔註: 甲鐘八十斤入乙鐘則乙鐘爲三分而甲鐘爲二分故甲鐘所餘折半得二十四根少二百四十斤以三因之得七十二根少七百二十斤爲乙鐘添入八十斤之數〕
七十二根少八百斤爲乙鐘數〔註: 乙鐘所得甲鐘之八十斤還原則七十二根少八百斤爲乙鐘數〕
七十二根少八百斤與一十二根相等 六十根與八百斤相等〔註: 兩邊各減一十二根得六十根又各加八百斤得六十根與多八百斤相等〕
一十二根必與一百六十斤相等卽乙鐘數

주해

$\frac{1}{4}$과 $\frac{2}{3}$의 공통분모는 12이므로, 갑 종의 무게를 $12x$라고 하자.

을 종의 무게는 $(12x+80$근$)\times\frac{1}{4}+80$근$=3x+100$근이다.

갑 종의 80근을 을 종에 넣으면 갑 종에 남아 있는 $12x-80$근은

을 종 $(3x+100$근$)+80$근의 $\frac{2}{3}$와 서로 같으므로

$12x-80$근$=(3x+180$근$)\times\frac{2}{3}$이다. 즉, $12x-80$근$=2x+12$근이다.

$12x=2x+200$근에서 $10x=200$근이므로, $12x=240$근이다.

또 을 종의 무게를 $12y$라고 하자. 을 종의 80근을 갑 종에 넣으면 갑 종의 무게는 $(12y-80$근$)\times 4-80$근$=48y-400$근이다.
갑 종의 80근을 을 종에 넣으면 갑 종에 남아 있는 $48y-480$근은

을 종 $(12y+80\text{근})$의 $\frac{2}{3}$와 서로 같으므로

$(48y-480\text{근})\times\frac{3}{2}=12y+80$근이다. 즉 $(24y-240\text{근})\times 3=12y+80$근이다.

$72y-720\text{근}=12y+80\text{근}$, $72y-800\text{근}=12y$, $60y=800$근에서 $12y=160$근이다.

【선 56】 갑과 병 두 사람이 입산하여 채광하는데, 얻은 무게를 모두 알지 못한다고 한다. 다만 갑이 병에게 24냥을 주면 병의 $\frac{1}{4}$에 맞게 남아 있고, 만일 병이 갑에게 30냥을 주면 갑의 $\frac{1}{6}$에 맞게 남아 있다고 한다면, 두 사람이 얻은 무게는 각각 얼마인가?
設如甲丙二人入山採礦皆不知所得之數但云甲與丙二十四兩則所餘得丙之四分之一若丙與甲三十兩則所餘得甲之六分之一問兩人各得之數若干

풀이

12근을 갑이 얻은 무게라고 하자. 2근에 5냥을 더한 것은 병의 남은 무게이다. 〔주: 갑의 무게 12근과 얻은 30냥은 병의 남은 무게의 6배이므로, $\frac{1}{6}$은 2근에 5냥을 더한 것이다. 곧, 병의 남은 무게이다.〕

2근에 35냥을 더한 것은 병의 무게이다. 〔주: 갑에 준 30냥을 환원한 것과 남은 무게 2근에 5냥을 더한 것을 서로 더하여 얻은 2근에 35냥을 더한 것은 병의 무게이다.〕

2근에 59냥을 더한 것은 갑의 남은 무게의 4배이다. 〔주: 갑이 병에게 24냥을 주면 갑에 남아 있는 것은 병의 $\frac{1}{4}$에 알맞으므로, 2근에 35냥을 더한 것과 24냥을 더하여 얻은, 2근에 59냥을 더한 것은 갑의 남은 무게의 4배이다.〕

반근에 14냥 7전 5푼을 더하면 갑의 남은 무게이다. 〔주: 2근에 59냥을 더한 것을 4로 나누어 얻은 반근에 14냥 7전 5푼을 더한 것은 갑의 남은 무게이다.〕

반근에 38냥 7전 5푼을 더한 것은 갑의 무게이다. 〔주: 갑이 병에게 준 24냥을 환원한 것과 남은 무게 반근에 14냥 7전 5푼을 더한 것을

서로 더하여 얻은 반근에 38냥 7전 5푼을 더한 것은 갑의 무게이다.〕
반근에 38냥 7전 5푼을 더한 것과 12근은 서로 같다.
11근 반과 38냥 7전 5푼은 서로 같다. 〔주: 양변에서 각각 반근을 빼서 11근 반을 얻는다.〕

12근과 $40\frac{10}{23}$냥은 반드시 서로 같다. 곧, 갑의 무게이다.

또 12근을 병의 무게라고 하자. 3근에 6냥을 더한 것은 갑의 남은 무게이다. 〔주: 갑이 병에게 24냥을 주면 갑에 남아 있는 것은 병의 $\frac{1}{4}$에 알맞으므로, 12근과 24냥을[48] 4로 나누어 얻은 3근에 6냥을 더한 것은 갑의 남은 무게이다.〕
3근에 30냥을 더하면 갑의 무게이다. 〔주: 갑이 병에게 준 24냥을 환원한 것과 남은 무게 3근에 6냥을 더한 것을 서로 더하여 얻은 3근에 30냥을 더한 것은 갑의 무게이다.〕
3근에 60냥을 더한 것은 병의 남은 무게의 6배이다. 〔주: 병이 갑에게 30냥을 주면 병에 남아 있는 것은 갑의 $\frac{1}{6}$에 맞으므로, 3근에 30냥을 더한 것에 30냥을 더하여 얻은 3근에 60냥을 더한 것은 병의 남은 무게의 6배이다.〕
반근에 10냥을 더한 것은 병의 남은 무게이다. 〔주: 3근에 60냥을 더한 것을 6으로 나누어 얻은 반근에 10냥을 더한 것은 병의 남은 무게이다.〕
반근에 40냥을 더한 것은 병의 무게이다. 〔주: 병이 갑에게 준 30냥을 환원하면 남은 무게 반근에 10냥을 더한 것과 30냥을 서로 더하여 얻은 반근에 40냥을 더한 것은 병의 무게이다.〕
반근에 40냥을 더한 것과 12근은 서로 같다. 11근 반과 40냥은 서로 같다. 〔주: 양변에서 각각 반근을 빼서 11근 반을 얻는다.〕

12근과 $41\frac{17}{23}$냥은 반드시 서로 같다. 곧, 병의 무게이다.

法借一十二根爲甲數 二根多五兩爲丙餘數 〔註: 甲數一十二根又得三十兩而爲丙餘數之六倍故六分之一爲二根多五兩卽丙之餘數〕

48) 49)에 의하여 '과 24냥을'을 '에 24냥을 더한 것을'로 바로 잡아야 한다.

二根多三十五兩爲丙數〔註: 與甲之三十兩還原則與餘數二根多五兩相倂得二根多三十五兩爲丙數〕
二根多五十九兩爲甲餘數之四倍〔註: 甲與丙二十四兩則甲之所餘得丙之四分之一故二根多三十五兩倂二十四兩得二根多五十九兩爲甲餘數之四倍〕
半根多一十四兩七錢五分爲甲餘數〔註: 二根多五十九兩四分之得半根多一十四兩七錢五分爲甲餘數〕
半根多三十八兩七錢五分爲甲數〔註: 甲與丙之二十四兩還原則與餘數半根多一十四兩七錢五分相倂得半根多三十八兩七錢五分爲甲數〕
半根多三十八兩七錢五分與一十二根相等 一十一根半與三十八兩七錢五分相等〔註: 兩邊各減半根得一十一根半〕
一十二根必與四十兩二十三分兩之十相等卽甲數

又借一十二根爲丙數 三根多六兩爲甲餘數〔註: 甲與丙二十四兩則甲之所餘得丙之四分之一故一十二根與[49]二十四兩四分之得三根多六兩爲甲餘數〕
三根多三十兩爲甲數〔註: 甲與丙二十四兩還原則與餘數三根多六兩相倂得三根多三十兩爲甲數〕
三根多六十兩爲丙餘數之六倍〔註: 丙與甲三十兩則丙之所餘得甲之六分之一故三根多三十兩加三十兩得三根多六十兩爲丙餘數之六倍〕
半根多一十兩爲丙餘數〔註: 三根多六十兩六分之得半根多一十兩爲丙餘數〕
半根多四十兩爲丙數〔註: 丙與甲三十兩還原則與餘數半根多一十兩倂三十兩得半根多四十兩爲丙數〕
半根多四十兩與一十二根相等 一十一根半與四十兩相等〔註: 兩邊各減半根得一十一根半〕
一十二根必與四十一兩二十三分兩之十七相等卽丙數

주해

갑의 무게를 $12x$라고 하자. 병이 갑에게 30냥을 주면 병의 남은 무게는

$(12x+30\text{냥})\times\frac{1}{6}=2x+5\text{냥}$이므로, 병의 무게는 $(2x+5\text{냥})+30\text{냥}=2x+35\text{냥}$이다.

갑이 병에게 24냥을 주면 갑에 남아 있는 $12x-24$냥은 다음과 서로 같다.

$$\{(2x+35\text{냥})+24\text{냥}\}\times\frac{1}{4}=(2x+59\text{냥})\times\frac{1}{4}=\frac{1}{2}x+14\text{냥 7전 5푼}$$

49) '與'는 '多'의 오기임.

그러므로 $12x-24$냥$=\frac{1}{2}x+14$냥 7전 5푼, $12x=\frac{1}{2}x+14$냥 7전 5푼$+24$냥,

$11\frac{1}{2}x=38$냥 7전 5푼에서 $12x=\frac{930}{23}$냥$=40\frac{10}{23}$냥이다.

또 병의 무게를 $12y$라고 하자. 갑이 병에게 24냥을 주면 갑의 남은 수는 $(12y+24$냥$)\times\frac{1}{4}=3y+6$냥이므로, 갑의 무게는 $(3y+6$냥$)+24$냥$=3y+30$냥이다. 병이 갑에게 30냥을 주면 병에 남아 있는 $12y-30$냥은 다음과 서로 같다.

$$\{(3y+30\text{냥})+30\text{냥}\}\times\frac{1}{6}=(3y+60\text{냥})\times\frac{1}{6}=\frac{1}{2}y+10\text{냥}$$

그러므로 $12y-30$냥$=\frac{1}{2}y+10$냥, $\frac{1}{2}y+40$냥$=12y$, $11\frac{1}{2}y=40$냥에서 $12y=\frac{960}{23}$냥$=41\frac{17}{23}$냥이다.

【선 57】 겉면이 구리인 항아리와 사기인 항아리 둘이 있다고 한다. 만일 구리항아리 안에 물을 50근을 보태면 사기항아리 안의 물보다 2배 많고, 만일 사기항아리 안에 물을 50근 보태면 구리항아리 안의 물 수량과 서로 같다면, 두 항아리 각각의 알맞은 물 수량은 얼마인가?
設如有銅缸磁缸二面若於銅缸内添水五十斤則比磁缸内水多二倍若於磁缸内添水五十斤則與銅缸内水數相等問二缸各得水數若干

풀이

1근을 사기항아리의 물 수량이라고 하자. 3근에서 50근(斤)을 뺀 것은 구리항아리의 수[50]이다. 〔주: 구리항아리 안에 물을 50근(斤) 보태면 사기항아리 안의 물 수량에 2배를 더한 것과 같으므로, 1근에 2배를 더하여 얻은 3근에서 50근(斤)을 뺀 것은 구리항아리의 물 수량이다.〕 1근에 50근(斤)을 더한 것은 또 구리항아리의 물 수량이다. 〔주: 사기항아리 안에 물을 50근(斤) 보탠 것과 구리항아리 안의 물 수량은 서로 같으므로, 1근에 50근(斤)을 더한 것은 구리항아리 안의 물 수량이다.〕 1근에 50근(斤)을 더한 것과 3근에서 50근(斤)을 뺀 것은 서로 같다. 2근과 100근(斤)은 서로 같다. 〔주: 양변에서 각각 1근을 빼서 2근을

50) 51)에 의하여 '수'는 '물의 수량'으로 바로 잡아야 한다.

얻고 각각 50근(斤)을 더하여 100근(斤)을 얻는다.]
1근과 50근(斤)은 반드시 서로 같다. 곧, 사기항아리의 물 수량이다.

또 1근을 구리항아리의 물 수량이라고 하자. 1근에 50근(斤)을 더한 것은 사기항아리의 물 수량의 3배이다. [주: 구리항아리 안에 물 50근(斤)을 보태면 사기항아리에 2배를 더한 것과 서로 같으므로, 1근에 50근(斤)을 더한 것은 곧 사기항아리의 물 수량의 3배이다.]
1근에 200근(斤)을 더한 것은 구리항아리의 물 수량의 3배이다. [주: 사기항아리 안에 물을 50근(斤) 보탠 것과 구리항아리의 물 수량은 서로 같으므로, 사기항아리의 물 수량의 3배의 수를 50근(斤)의 3배인 150근(斤)에 더한 것은 구리항아리의 물 수량의 3배이다.]
1근에 200근(斤)을 더한 것과 3근은 서로 같다. [주: 곧, 본래 구리항아리의 물 수량 1근을 3배한 수이다.]
2근과 200근(斤)은 서로 같다. [주: 양변에서 각각 1근을 빼서 2근을 얻는다.]
1근과 100근(斤)은 반드시 서로 같다. 곧, 구리항아리의 물 수량이다.

法借一根爲磁缸水數 三根少五十斤爲銅缸數[51] [註: 銅缸内添水五十斤則比磁缸内水數多二倍故一根加二倍得三根内減五十斤爲銅缸水數]
一根多五十斤又爲銅缸水數 [註: 磁缸内添水五十斤則與銅缸内水數相等故一根多五十斤爲銅缸内水數]
一根多五十斤與三根少五十斤相等 二根與一百斤相等 [註: 兩邊各減一根得二根各加五十斤得一百斤]
一根必與五十斤相等卽磁缸水數

又借一根爲銅缸水數 一根多五十斤爲磁缸水數之三倍 [註: 銅缸内添水五十斤則比磁缸多二倍故一根多五十斤卽磁缸水數之三倍]
一根多二百斤爲銅缸水數之三倍 [註: 磁缸内添水五十斤則與銅缸水數相等故於磁缸水數三倍之數倂入五十斤三倍之一百五十斤爲銅缸水數之三倍]
一根多二百斤與三根相等 [註: 卽原借銅缸水數一根三倍之數]
二根與二百斤相等 [註: 兩邊各減一根得二根]
一根必與一百斤相等卽銅缸水數

51) '數'는 '水數'의 오기임.

주해

사기항아리의 물 양을 x라고 하자. 구리항아리 안에 물 50근을 보태면 $x+2x$이므로, 구리항아리의 물 양은 $3x-50$근이다.
한편 사기항아리 안에 물 50근을 보태면 $x+50$근이므로
구리항아리의 물 양은 $x+50$근이다.
$x+50$근$=3x-50$근에서 $2x=100$근, 즉 $x=50$근이다.

또 구리항아리의 물 양을 y라고 하자. 사기항아리의 물에 2배를 더하면 $y+50$근이므로, 사기항아리의 물 양의 3배는 $y+50$근이다.
한편, 사기항아리 안에 물 50근을 보태면 y이므로
사기항아리의 물 양의 3배에 50근의 3배인 150근을 더한 것은 $3y$이다.
$(y+50$근$)+150$근$=3y$에서 $y+200$근$=3y$, $2y=200$근, 즉 $y=100$근이다.

【선 58】 양이 세 무리 있는데, 갑 무리는 400마리라고 한다. 병 무리는 갑과 정 두 무리의 $\frac{1}{2}$이고, 정 무리는 병과 갑 두 무리의 $\frac{1}{3}$이라면, 병과 정 두 무리의 양의 수는 각각 얼마인가?
設如有羊三羣甲羣四百隻丙羣爲甲丁兩羣二分之一丁羣爲丙甲兩羣三分之一問丙丁兩羣羊數各若干

풀이

1근을 정 무리의 수라고 하자. 3근에서 400마리를 뺀 것은 병 무리의 수이다. 〔주: 정 무리는 갑과 병 두 무리의 $\frac{1}{3}$이므로, 정 무리 1근을 3배하여 얻은 3근과 갑과 병 두 무리는 서로 같다. 그 속에서 갑 무리 400마리를 빼면 나머지는 병 무리의 수이다.〕
6근에서 800마리를 뺀 것과 1근에 400마리를 더한 것은 서로 같다. 〔주: 병 무리는 갑과 정 두 무리의 $\frac{1}{2}$이므로, 병 무리 3근에서 400마리를 뺀 것을 2배하면, 이는 정 무리 1근과 갑 무리 400마리를 서로 더한 수와 서로 같다.〕
5근과 1,200마리는 서로 같다. 〔주: 양변에서 각각 1근을 빼서 5근을 얻고 각각 800마리를 더해서 1,200마리를 얻는다.〕
1근과 240마리는 반드시 서로 같다. 곧, 정 무리의 수이다.

또 1근을 병 무리의 수라고 하자. 2근에서 400마리를 뺀 것은 정 무리의 수이다. 〔주: 병 무리는 갑과 정 두 무리의 $\frac{1}{2}$이므로, 병 무리 1근을 배하여 얻는 2근과 갑과 정 두 무리는 서로 같다. 그 속에서 갑 무리 400마리를 빼면 나머지는 정 무리의 수이다.〕

6근에서 1,200마리를 뺀 것과 1근에 400마리를 더한 것은 서로 같다. 〔주: 정 무리는 갑과 병 두 무리의 $\frac{1}{3}$이므로 정 무리에서 400마리를 뺀 것을[52] 3배 한 것과 병 무리 1근과 갑 무리 400마리를 서로 더한 수는 서로 같다.〕

5근과 1,600마리는 서로 같다. 〔주: 양변에서 각각 1근을 빼서 5근을 얻고 각각 1,200마리를 더하여 1,600마리를 얻는다.〕

1근과 320마리는 반드시 서로 같다. 곧, 병 무리의 수이다.

法借一根爲丁羣數 三根少四百隻爲丙羣數〔註: 丁羣爲甲丙兩羣三分之一故三倍丁羣一根得三根與甲丙兩羣相等內減甲羣四百隻則餘爲丙羣數〕

六根少八百隻與一根多四百隻相等〔註: 丙羣爲甲丁兩羣二分之一故以丙羣三根少四百隻倍之則與丁羣一根甲羣四百隻相併數相等〕

五根與一千二百隻相等〔註: 兩邊各減一根得五根各加八百隻得一千二百隻〕

一根必與二百四十隻相等卽丁羣數

又借一根爲丙羣數 二根少四百隻爲丁羣數〔註: 丙羣爲甲丁兩羣二分之一故倍丙羣一根得二根與甲丁兩羣相等內減甲羣四百隻則餘爲丁羣數〕

六根少一千二百隻與一根多四百隻相等〔註: 丁羣爲甲丙兩羣三分之一故以丁羣少四百隻[53]三倍則與丙羣一根甲羣四百隻相併數相等〕

五根與一千六百隻相等〔註: 兩邊各減一根得五根各加一千二百隻得一千六百隻〕

一根必與三百二十隻相等卽丙羣數

주해

정 무리의 수를 x라고 하자.

---

52) 53)에 의하여 '정 무리에서 400마리를 뺀 것을'을 '정 무리 2근에서 400마리를 뺀 것을'로 바로 잡아야 한다.

53) '丁羣少四百隻'은 '丁羣二根少四百隻'의 오기임.

갑과 병 두 무리의 $\frac{1}{3}$은 x이므로, 병 무리의 수는 $3x-400$마리이다.

갑과 정 두 무리의 $\frac{1}{2}$은 $3x-400$마리이므로 $(3x-400\text{마리})\times 2=400\text{마리}+x$이다.

$6x-800\text{마리}=x+400$마리에서 $5x=1{,}200$마리, 즉 $x=240$마리이다.

또 병 무리의 수를 y라고 하자.

갑과 정 두 무리의 $\frac{1}{2}$은 y이므로, 정 무리의 수는 $2y-400$마리이다.

갑과 병 두 무리의 $\frac{1}{3}$은 $2y-400$마리이므로 $(2y-400\text{마리})\times 3=400\text{마리}+y$이다.

$6y-1{,}200\text{마리}=y+400$마리에서 $5y=1{,}600$마리, 즉 $y=320$마리이다.

【선 59】 밭이 100묘가 있는데, 갑과 을 두 사람이 나누어 짓게 하였다. 만일 갑의 밭 $\frac{1}{3}$을 을에게 주고, 을의 밭 $\frac{1}{5}$을 갑에게 주면 각각 50묘씩 차지하게 된다면, 갑과 을의 본래 밭의 넓이는 각각 얼마인가?

設如有田一百畝令甲乙二人分耕若以甲田三分之一與乙以乙田五分之一與甲則各得五十畝問甲乙原田數各若干

풀이

15근을 갑의 본래 밭의 넓이라고 하자. 〔주: 두 분모를 서로 곱한 것은 15근이다.〕

100묘에서 15근을 뺀 것은 을의 본래 밭의 넓이이다. 〔주: 100묘는 두 사람 합으로 갑의 본래 밭을 이미 15근이라 했으므로, 을의 본래 밭은 마땅히 100묘에서 15근을 뺀 것이다.〕

5근은 갑의 본래 밭의 $\frac{1}{3}$이다. 10근은 갑의 남은 밭의 넓이이다. 20묘에서 3근을 뺀 것은 을의 본래 밭의 $\frac{1}{5}$이다. 20묘에 7근을 더한 것과 50묘는 서로 같다. 〔주: 갑의 남은 밭은 을의 본래 밭의 $\frac{1}{5}$을 얻으면 50묘이므로, 갑의 남은 밭 10근을 을의 본래 밭의 $\frac{1}{5}$인 20묘에서 3근을 뺀 것에 더하면, 10근 중 3근은 모자라는 음수 3근에 보태므로,

얻은 20묘에 7근을 더한 것과 50묘는 서로 같다.〕
7근과 30묘는 서로 같다. 〔주: 양변에서 각각 20묘를 빼서 30묘를 얻는다.〕
15근과 $64\frac{2}{7}$묘는 반드시 서로 같다. 곧, 갑의 본래 밭의 넓이이다.

또 15근을 을의 본래 밭의 넓이라고 하자. 3근은 을의 본래 밭의 $\frac{1}{5}$이다. 12근은 을의 남은 밭의 넓이이다. 25묘에서 1근 반을 뺀 것은 갑의 본래 밭의 $\frac{1}{3}$이다. 〔주: 갑의 본래 밭에서 $\frac{1}{3}$을 뽑아내서 을에게 주면 $\frac{2}{3}$가 남고, 또 을의 본래 밭의 $\frac{1}{5}$을 얻으면 50묘이므로, 50묘에서 을의 본래 밭의 $\frac{1}{5}$인 3근을 뺀 나머지는 갑의 본래 밭의 $\frac{2}{3}$이고, 거듭 절반은 갑의 본래 밭의 $\frac{1}{3}$을 얻는다.〕
25묘에 10근 반을 더한 것과 50묘는 서로 같다. 〔주: 을의 남은 밭은 갑의 본래 밭의 $\frac{1}{3}$을 얻으면 50묘이므로 을의 남은 밭 12근과 갑의 본래 밭의 $\frac{1}{3}$인 25묘에서 1근 반을 뺀 것을 더하면, 12근 중 1근 반을 모자라는 음수 1근 반에 보태므로, 얻은 25묘에 10근 반을 더한 것과 50묘는 서로 같다.〕
10근 반과 25묘는 서로 같다. 〔주: 양변에서 각각 25묘를 빼서 25묘를 얻는다.〕
15근과 $35\frac{5}{7}$묘는 반드시 서로 같다. 곧, 을의 본래 밭의 넓이이다.

法借一十五根爲甲原田數〔註: 兩分母互乘爲一十五根〕
百畝少一十五根爲乙原田數〔註: 一百畝以二人計之甲原田旣爲一十五根則乙原田當爲一百畝少一十五根〕
五根爲甲原田三分之一　一十根爲甲餘田數　二十畝少三根爲乙原田五分之一
二十畝多七根與五十畝相等〔註: 甲餘田得乙原田五分之一爲五十畝故以甲餘田一十根與乙原田五分之一二十畝少三根相併則一十根中三根補足少三根

故得二十畝多七根與五十畝相等〕
七根與三十畝相等〔註: 兩邊各減二十畝得三十畝〕
一十五根必與六十四畝七分畝之二相等卽甲原田數
又借一十五根爲乙原田數 三根爲乙原田五分之一 一十二根爲乙餘田數 二十五畝少一根半爲甲原田三分之一〔註: 甲原田內抽出三分之一以與乙而餘三分之二又得乙原田五分之一爲五十畝故於五十畝內減乙原田五分之一三根餘爲甲原田三分之二仍折半得甲原田三分之一〕
二十五畝多一十根半與五十畝相等〔註: 乙餘田得甲原田三分之一爲五十畝故以乙餘田一十二根與甲原田三分之一二十五畝少一根半相併則一十二根中一根半補足少一根半故得二十五畝多一十根半與五十畝相等〕
一十根半與二十五畝相等〔註: 兩邊各減二十五畝得二十五畝〕
一十五根必與三十五畝七分畝之五相等卽乙原田數

주해

$\frac{1}{3}$과 $\frac{1}{5}$의 분모 3과 5의 곱은 15이므로, 갑의 본래 밭의 넓이를 $15x$라고 하자. 밭이 100묘이므로 을의 본래 밭의 넓이는 100묘$-15x$이다.
을에게 $\frac{1}{3}$을 주고 남은 갑의 남은 밭의 넓이는 $15x-15x\times\frac{1}{3}=10x$이고,
갑이 을로부터 받은 밭의 넓이는 $(100\text{묘}-15x)\times\frac{1}{5}=20\text{묘}-3x$이므로
이 두 수를 더하면 갑이 차지하게 되는 밭의 넓이는 50묘이다.
$10x+(20\text{묘}-3x)=50\text{묘}$, $20\text{묘}+7x=50\text{묘}$, $7x=30\text{묘}$에서 $15x=64\frac{2}{7}$묘이다.

또 을의 본래 밭의 넓이를 $15y$라고 하자. 갑에게 $\frac{1}{5}$을 주고 을의 남은 넓이는 $15y-15y\times\frac{1}{5}=12y$이다. 갑의 본래 밭에서 을에게 주고 남은 $\frac{2}{3}$와 을로부터 받은 $15y\times\frac{1}{5}=3y$를 더하면 50묘이므로, 갑의 본래 밭의 $\frac{2}{3}$는 50묘$-3y$이고 갑의 본래 밭의 $\frac{1}{3}$은 25묘$-\frac{3}{2}y$이다. 을의 남은 밭 $12y$에 갑의 본래 밭의 $\frac{1}{3}$을 더하면 을이 차지하게 되는 밭의 넓이는 50묘이다.
$12y+(25\text{묘}-\frac{3}{2}y)=50\text{묘}$, $25\text{묘}+10\frac{1}{2}y=50\text{묘}$, $10\frac{1}{2}y=25\text{묘}$에서 $15y=35\frac{5}{7}$묘이다.

【선 60】 갑, 병, 정 세 사람은 합해서 은을 210냥 가지고 있다고 한다. 다만 갑이 병에게 $\frac{1}{4}$을 주고, 정이 갑에게 $\frac{1}{2}$을 주고, 병이 정에게 $\frac{1}{3}$을 주면 모든 사람이 고르게 은을 70냥씩 얻는다면, 각 사람이 본래 가진 은의 무게는 얼마인가?
設如甲丙丁三人共有銀二百一十兩只云甲與丙四分之一丁與甲二分之一丙與丁三分之一則每人均得銀七十兩問各人原有之銀數若干

풀이
12근을 갑이 원래 가진 은의 무게라고 하자. 70냥에서 3근을 뺀 것은 병의 남은 은의 무게이다. 〔주: 고르게 얻은 70냥에서 갑의 은의 $\frac{1}{4}$인 3근을 빼면 나머지는 병의 남은 은의 무게이다.〕
140냥에서 18근을 뺀 것은 정이 원래 가진 은의 무게이다. 〔주: 고르게 얻은 70냥에서 갑의 남은 은 9근을 빼면 나머지는 정이 원래 가진 은의 $\frac{1}{2}$이므로, 1배를 더하여 정이 원래 가진 은의 무게를 얻는다.〕
105냥에서 4근 반을 뺀 것은 병이 원래 가진 은의 무게이다. 〔주: 병은 정에게 $\frac{1}{3}$을 주면 병의 남은 무게는 70냥에서 3근을 뺀 본래 은의 $\frac{2}{3}$밖에 될 수 없으므로, 2로 나누고 3을 곱하여 얻은 105냥에서 4근 반을 뺀 것은 병이 원래 가진 은의 무게이다.〕
245냥에서 10근 반을 뺀 것과 210냥은 서로 같다. 〔주: 갑, 정, 병 세 사람의 무게를 서로 더하여 245냥에서 10근 반을 뺀 것을 얻는다.〕
35냥과 10근 반은 서로 같다. 〔주: 양변에서 각각 210냥을 빼서 35냥을 얻는다.〕
12근과 40냥은 반드시 서로 같다. 곧, 갑이 원래 가진 은의 무게이다.

또 12근을 병이 원래 가진 은의 무게라고 하자. 70냥에서 4근을 뺀 것은 정의 남은 은의 무게이다. 〔주: 고르게 얻은 70냥에서 병의 은의 $\frac{1}{3}$인 4근을 빼면 나머지는 정의 남은 은의 무게이다.〕

4근은 갑의 본래 은의 $\frac{3}{4}$이다. 〔주: 고르게 얻은 70냥에서 정의 본래 은의 $\frac{1}{2}$을 빼면 나머지는 갑의 남은 은과 서로 같다. 정의 본래 은의 $\frac{1}{2}$은 바로 주고 정의 남은 은과 서로 같은 수이므로 지금 70냥에서, 70냥에서 4근을 뺀 것을 빼면 70냥은 빼서 없어지고 음수 4근은 반대로 양수 4근 곧, 갑의 남은 은이다. 또 갑이 병에게 $\frac{1}{4}$을 주면 남은 은은 반드시 본래 은의 $\frac{1}{4}$[54]이다.〕

210냥에서 24근을 뺀 것은 또 갑의 본래 은의 $\frac{3}{4}$이다. 〔주: 고르게 얻은 70냥에서 병의 남은 은 8근을 빼면 나머지는 갑의 본래 은의 $\frac{1}{4}$이므로 3배하여 갑의 본래 은의 $\frac{3}{4}$을 얻는다.〕

210냥에서 24근을 뺀 것과 4근은 서로 같다. 210냥과 28근은 서로 같다. 〔주: 양변에 각각 24근을 더하여 28근을 얻는다.〕

12근과 90냥은 반드시 서로 같다. 곧, 병이 원래 가진 은의 무게이다.

또 1근을 정이 원래 가진 은의 무게라고 하자. 70냥에서 반근을 뺀 것은 갑의 남은 은의 무게이다. 〔주: 고르게 얻은 70냥에서 정의 은의 $\frac{1}{2}$인 반근을 빼면 나머지는 갑의 남은 은의 무게이다.〕

210냥에서 1근 반을 뺀 것은 병이 원래 가진 은의 무게이다. 〔주: 고르게 얻은 70냥에서 정의 남은 은 반근을 빼면 나머지는 병의 본래 은의 $\frac{1}{3}$이므로 이에 3을 곱하여 병의 본래 은을 얻는다.〕

280냥에서 2근을 뺀 것은 갑의 본래 은의 3배이다. 〔주: 갑이 병에게 $\frac{1}{4}$을 주면 갑의 나머지는 $\frac{3}{4}$이 될 수밖에 없으므로 마땅히 3으로 나누고 4를 곱하여야 하나 나누지 않았으므로, 다만 4를 곱한 것은 갑의 본래 은의 3배이다.〕

---

54) 56)에 의하여 '$\frac{1}{4}$'은 '$\frac{3}{4}$'으로 바로 잡아야 한다.

910냥에서 3근 반을 뺀 것과 630냥은 서로 같다. 〔주: 갑의 본래 은은 이미 3배 하였으므로 병의 본래 은도 또 3을 곱하여 630냥에서 4근 반을 뺀 것을 얻는다. 정의 본래 은도 또 3을 곱하여 3근을 얻는다. 갑, 을, 병의 세 본래 은을[55] 합하여 얻은 910냥에서 3근 반을 뺀 것과 전체 은 210냥의 3배인 630냥은 서로 같다.〕
280냥과 3근 반은 서로 같다. 〔주: 양변에서 각각 630냥을 빼서 280냥을 얻고, 각각 3근 반을 더하여 양수 3근 반을 얻는다.〕
1근과 80냥은 반드시 서로 같다. 곧, 정이 원래 가진 은의 무게이다.

法借一十二根爲甲銀原數 七十兩少三根爲丙銀餘數〔註: 均得七十兩內減甲銀四分之一三根則餘爲丙銀餘數〕
一百四十兩少一十八根爲丁銀原數〔註: 均得七十兩內減甲餘銀九根則餘爲丁原銀二分之一故加一倍得丁銀原數〕
一百零五兩少四根半爲丙銀原數〔註: 丙與丁三分之一則丙餘數七十兩少三根必是原銀三分之二故二歸三因得一百五兩少四根半爲丙銀原數〕
二百四十五兩少一十根半與二百一十兩相等〔註: 甲丁丙三數相併得二百四十五兩少一十根半〕
三十五兩與一十根半相等〔註: 兩邊各減二百一十兩得三十五兩〕
一十二根必與四十兩相等卽甲銀原數

又借一十二根爲丙銀原數 七十兩少四根爲丁銀餘數〔註: 均得七十兩內減丙銀三分之一四根則餘爲丁銀餘數〕
四根爲甲原銀四分之三〔註: 均得七十兩內減丁原銀二分之一則餘爲甲餘銀而丁原銀二分之一卽與丁餘銀同數故今於七十兩內減七十兩少四根則七十兩減盡而少四根反爲多四根卽甲餘銀且甲與丙四分之一則餘銀必爲原銀四分之一[56]〕
二百一十兩少二十四根又爲甲原銀四分之三〔註: 均得七十兩內減丙餘銀八根則餘爲甲原銀四分之一故三倍得甲原銀四分之三〕
二百一十兩少二十四根與四根相等 二百一十兩與二十八根相等〔註: 兩邊各加二十四根得二十八根〕

---

55) 57)에 의하여 '갑, 을, 병의 세 본래 은을'은 '갑, 병, 정 세 본래 은의 3배를'로 바로 잡아야 한다.
56) '一'은 '三'의 오기임.

一十二根必與九十兩相等卽丙銀原數

又借一根爲丁銀原數 七十兩少半根爲甲銀餘數〔註: 均得七十兩內減丁銀二分之一半根則餘爲甲銀餘數〕
二百一十兩少一根半爲丙銀原數〔註: 均得七十兩內減丁餘銀半根則餘爲丙原銀三分之一故仍三因之得丙原銀〕
二百八十兩少二根爲甲原銀之三倍〔註: 甲與丙四分之一則甲餘必是四分之三當三歸四因而不受除故只以四因之爲甲原銀之三倍〕
九百一十兩少三根半與六百三十兩相等〔註: 甲原銀旣爲三倍故丙原銀亦三因之得六百三十兩少四根半丁原銀亦三因之得三根甲乙丙三原銀[57]倂之得九百一十兩少三根半與共銀二百一十兩三倍之六百三十兩相等〕
二百八十兩與三根半相等〔註: 兩邊各減六百三十兩得二百八十兩各加三根半得多三根半〕
一根必與八十兩相等卽丁銀原數

주해

갑이 원래 가진 은의 무게를 $12x$라고 하자. 병이 정에게 $\frac{1}{3}$을 주고 남은 것은 갑의 $\frac{1}{4}$을 받아 70냥이 되었으므로 70냥$-12x\times\frac{1}{4}=$70냥$-3x$이다.

갑은 병에게 $\frac{1}{4}$을 주고 남은 $12y\times\frac{3}{4}=9x$에 정의 $\frac{1}{2}$을 받아 70냥이 되었으므로, 정이 원래 가진 은의 무게는 (70냥$-9x)\times2=$140냥$-18x$이다.

병의 남은 것은 병의 본래 은의 $\frac{2}{3}$이므로

병이 원래 가진 은의 무게는 (70냥$-3x)\times\frac{3}{2}=$105냥$-4\frac{1}{2}x$이다.

세 사람의 본래 은의 합은 210냥이므로

$12x+($105냥$-4\frac{1}{2}x)+($140냥$-18x)=$210냥이다.

245냥$-10\frac{1}{2}x=$210냥에서 35냥$=10\frac{1}{2}x$, 즉 $12x=$40냥이다.

또 병이 원래 가진 은의 무게를 $12y$라고 하자. 정의 남은 은의 무게는 70냥$-12y\times\frac{1}{3}=$70냥$-4y$이고, 이는 정이 갑에게 준 은의 무게와도 서로 같다.

57) '甲乙丙三原銀'은 '甲丙丁三原銀三倍'의 오기임.

갑의 남은 은의 무게는 정의 $\frac{1}{2}$을 받아 70냥이 되었으므로

70냥$-$(70냥$-4y$)$=4y$이다.

한편, 병의 남은 은의 무게는 갑의 $\frac{1}{4}$을 받아 70냥이 되었으므로,

갑의 $\frac{1}{4}$의 은의 무게는 70냥$-12y\times\frac{2}{3}=$70냥$-8y$이고

갑의 남은 은의 무게는 (70냥$-8y$)$\times 3=$210냥$-24y$이므로, $4y=$210냥$-24y$이다.
210냥$=28y$에서 $12y=$90냥이다.

또 정이 원래 가진 은의 무게를 z라고 하자. 갑의 남은 은의 무게는 70냥$-\frac{1}{2}z$ 이고, 병이 원래 가진 은의 무게는 정의 남은 은의 무게 $\frac{1}{2}z$에 병의 $\frac{1}{3}$을 받아 70냥이 되었으므로 (70냥$-\frac{1}{2}z$)$\times 3-$210냥$-\frac{3}{2}z$이다.

갑의 남은 은의 무게는 원래 은의 무게의 $\frac{3}{4}$이므로, 갑이 원래 가진 은의 무게의 3배는 {(70냥$-\frac{1}{2}z$)$\times\frac{4}{3}$}$\times 3=$(70냥$-\frac{1}{2}z$)$\times 4=$280냥$-2z$이다.

병이 원래 가진 은의 무게의 3배는 (210냥$-\frac{3}{2}z$)$\times 3=$630냥$-4\frac{1}{2}z$이다.

정이 원래 가진 은의 무게의 3배는 $3z$이다.

갑, 병, 정의 3배의 합 (280냥$-2z$)$+$(630냥$-4\frac{1}{2}z$)$+3z=$910냥$-3\frac{1}{2}z$는 전체의 은 210냥의 3배인 630냥과 서로 같으므로, 910냥$-3\frac{1}{2}z=$630냥이다.

280냥$=3\frac{1}{2}z$에서 $z=$80냥이다.

【선 61】 갑과 병 두 과수원이 있는데, 그 넓이는 알지 못한다고 한다. 갑 과수원을 50묘 넓혀 내면 병 과수원보다 2배 크고, 만일 병 과수원을 50묘 넓혀 내면 갑 과수원보다 1배 크다면, 두 과수원의 원래 묘수는 얼마인가?

設如甲丙兩果園不知畝數將甲園擴出五十畝則比丙園大二倍若將丙園擴出五十畝則比甲園大一倍問兩園原有之畝數若干

풀이

1근을 갑 과수원의 본래 묘수라고 하자. 2근에서 50묘를 뺀 것은 병 과수원의 본래 묘수이다. 〔주: 병 과수원은 50묘 넓혀 낸 다음 갑 과수원보다 1배 크므로, 2근에서 50묘를 뺀 것은 병 과수원의 묘수이다.〕
1근에 50묘를 더한 것은 갑 과수원이고 병 과수원보다 2배 큰 묘수이다. 〔주: 갑 과수원은 50묘 넓혀 내면 병 과수원보다 2배 크므로, 갑 과수원 1근에 50묘를 더한 것은 곧 병 과수원보다 2배 크다.〕
6근에서 150묘를 뺀 것과 1근에 50묘를 더한 것은 서로 같다. 〔주: 병 과수원에 2배를 더한 것과 갑 과수원은 서로 같다.〕
5근과 200묘는 서로 같다. 〔주: 양변에서 각각 1근을 빼서 5근을 얻고 또 각각 150묘를 더하여 200묘를 얻는다.〕
1근과 40묘는 반드시 서로 같다. 곧, 갑 과수원의 본래 묘수이다.

또 1근을 병 과수원의 본래 묘수라 하자. 3근에서 50묘를 뺀 것은 갑 과수원의 본래 묘수이다. 1근에 50묘를 더한 것은 병 과수원이며 갑 과수원보다 1배 크다. 6근에서 100묘를 뺀 것과 1근에 50묘를 더한 것은 서로 같다. 5근과 150묘는 서로 같다. 〔주: 양변에서 각각 1근을 빼서 5근을 얻고 또 각각 100묘를 더하여 150묘를 얻는다.〕
1근과 30묘는 반드시 서로 같다. 곧, 병 과수원의 본래 묘수이다.

法借一根爲甲園原畝數 二根少五十畝爲丙園原畝數〔註: 丙園擴出五十畝然後比甲園大一倍故二根少五十畝爲丙園數〕
一根多五十畝爲甲園比丙園大二倍數〔註: 甲園擴出五十畝則比丙園大二倍故甲園一根加五十畝卽比丙園大二倍〕
六根少一百五十畝與一根多五十畝相等〔註: 丙園加二倍與甲園相等〕
五根與二百畝相等〔註: 兩邊各減一根得五根又各加一百五十畝得二百畝〕
一根必與四十畝相等卽甲園原畝數
又借一根爲丙園原畝數 三根少五十畝爲甲園原畝數 一根多五十畝爲丙園比甲園大一倍 六根少一百畝與一根多五十畝相等 五根與一百五十畝相等〔註: 兩邊各減一根得五根又各加一百畝得一百五十畝〕
一根必與三十畝相等卽丙園原畝數

주해

갑 과수원의 본래 묘수를 x라고 하자. 병 과수원은 50묘를 넓히면 $x+x=2x$가 되므로, 병 과수원의 본래 묘수는 $2x-50$묘이다.
병 과수원에 2배를 더하면 $x+50$묘이므로 $x+50$묘$=(2x-50$묘$)+2(2x-50$묘$)$이다.
$x+50$묘$=6x-150$묘에서 $5x=200$묘, 즉 $x=40$묘이다.

또 병 과수원의 본래 묘수를 y라고 하자. 갑 과수원은 50묘를 넓히면 $y+2y=3y$가 되므로, 갑 과수원의 본래 묘수는 $3y-50$묘이다.
병 과수원은 50묘를 넓히면 $(3y-50$묘$)+(3y-50$묘$)$가 되므로
$y+50$묘$=2(3y-50$묘$)$이다.
$y+50$묘$=60y-100$묘에서 $5y=150$묘, 즉 $y=30$묘이다.

【선 62】 사람들에게 은을 나누어주려고 하는데, 사람 수도 알지 못하고 또 은의 무게도 알지 못한다고 한다. 다만 각 사람에게 7냥씩 나누어주면 4냥이 남고, 각 사람에게 9냥씩 나누어주면 12냥이 모자란다면, 사람의 수와 은의 무게는 각각 얼마인가?
設如有人分銀不知人數亦不知銀數只云每人七兩分之則餘四兩每人九兩分之則少一十二兩問人數及銀數各若干

풀이

1근을 사람의 수라고 하자. 7근에 4냥을 더한 것은 은 전체의 무게이다. 〔주: 각 사람에게 7냥씩 나누어주면 4냥이 남으므로, 1근을 7냥에 곱하여 얻은 7근에 4냥을 더하면 은 전체의 무게이다.〕
9근에서 12냥을 뺀 것은 또 은 전체의 무게이다. 〔주: 각 사람에게 9냥씩 나누어주면 12냥이 모자라므로, 1근을 9냥에 곱하여 얻은 9근에서 12냥을 뺀 것은 또 은 전체의 무게이다.〕
7근에 4냥을 더한 것과 9근에서 12냥을 뺀 것은 서로 같다. 2근과 16냥은 서로 같다. 〔주: 양변에서 각각 7근을 빼서 2근을 얻고 또 각각 12냥을 더하여 16냥을 얻는다.〕
1근과 8은 반드시 서로 같다. 앞에서 이미 1근을 사람의 수라고 하였으므로, 8은 사람의 수이다.

또 1근을 은 전체의 무게라고 하자. 1근에서 4냥을 뺀 것은 사람 수의 7배이다. 〔주: 각 사람에게 7냥씩 나누어주면 4냥이 남는다면, 마땅히 7냥으로 1근을 나누어야 하나 나누지 않았으므로 1근에서 4냥을 뺀 것

은 사람 수의 7배이다.〕

1근에 12냥을 더한 것은 사람 수의 9배이다.〔주: 각 사람에게 9냥씩 나누어주면 12냥이 모자란다면, 마땅히 9냥으로 1근을 나누어야 하나 나누지 않았으므로 1근에 12냥을 더한 것은 사람 수의 9배이다.〕

9근에서 36냥을 뺀 것은 사람 수의 63배이다.〔주: 9냥을, 1근에서 4냥을 뺀 것에 곱하여 얻은 9냥에서 36냥을 뺀 것은, 1근에서 4냥을 뺀 것이 본래 사람 수의 7배이고 또 9냥을 곱하였으므로 63배이다.〕

7근에 84냥을 더한 것은 또 사람 수의 63배이다.〔주: 7냥을, 1근에 12냥을 더한 것에 곱하여 얻은 7근에 84냥을 더한 것은, 1근에 12냥을 더한 것이 본래 사람 수의 9배이고 또 7냥을 곱하였으므로 63배이다.〕

9근에서 36냥을 뺀 것과 7근에 84냥을 더한 것은 서로 같다. 2근과 120냥은 서로 같다.〔주: 양변에서 각각 7근을 빼서 2근을 얻고 또 각각 36냥을 더하여 120냥을 얻는다.〕

1근과 60냥은 반드시 서로 같다. 곧, 은 전체의 무게이다.

法借一根爲人數 七根多四兩爲共銀數〔註: 每人七兩分之則餘四兩故以一根乘七兩得七根内加四兩爲共銀數〕

九根少一十二兩又爲共銀數〔註: 每人九兩分之則少一十二兩故以一根乘九兩得九根内減一十二兩又爲共銀數〕

七根多四兩與九根少一十二兩相等 二根與一十六兩相等〔註: 兩邊各減七根得二根又各加一十二兩得一十六兩〕

一根必與八相等前旣借一根爲人數故八爲人數

又借一根爲共銀數 一根少四兩爲人數之七倍〔註: 每人七兩分之而餘四兩則當以七兩除一根而不除故一根少四兩爲人數之七倍〕

一根多一十二兩爲人數之九倍〔註: 每人九兩分之而少一十二兩則當以九兩除一根而不除故一根多一十二兩爲人數之九倍〕

九根少三十六兩爲人數之六十三倍〔註: 以九兩乘一根少四兩得九根少三十六兩而一根少四兩原是人數之七倍又以九兩乘之故爲六十三倍〕

七根多八十四兩又爲人數之六十三倍〔註: 以七兩乘一根多一十二兩得七根多八十四兩而一根多一十二兩原是人數之九倍又以七兩乘之故爲六十三倍〕

九根少三十六兩與七根多八十四兩相等 二根與一百二十兩相等〔註: 兩邊各

減七根得二根又各加三十六兩得一百二十兩〕
一根必與六十兩相等卽共銀數

주해

사람의 수를 x라고 하자. 각 사람에게 7냥씩 나누어주면 4냥이 남으므로, 은 전체의 무게는 7냥$\times x+$4냥$=7x+$4냥이다.
각 사람에게 9냥씩 나누어주면 12냥이 모자라므로, 은 전체의 무게는
9냥$\times x-$12냥$=9x-$12냥이다.
$7x+$4냥$=9x-$12냥에서 $2x=$16냥, 즉 $x=8$이다.

또 은 전체의 무게를 y라고 하자. 사람 수의 7배는 $y-$4냥이고, 사람 수의 9배는 $y+$12냥이다. $7\times 9=63$이므로 사람 수의 63배는 각각
$(y-$4냥$)\times 9=9y-$36냥과 $(y+$12냥$)\times 7=7y+$84냥이다.
$9y-$36냥$=7y+$84냥에서 $2y=$120냥, 즉 $y=$60냥이다.

【선 63】 단자(비단의 한 가지로, 바탕이 곱고 광택이 있으며 두꺼움)가 한 필 있는데, 새로 휘장을 1가 만들려고 한다. 먼저 6폭으로 접어 만든 매 폭은 옛날에 만든 것보다 1자 2치가 길고, 후에 7폭으로 접어 만든 매 폭은 옛날에 만든 것보다 2치가 길다면, 단자의 길이 및 옛날 휘장의 길이는 각각 얼마인가?
設如有縀58)一疋欲作新帳幔一架59)先摺作六幅每幅比舊制長一尺二寸後摺作七幅每幅比舊制長二寸問縀之長及舊帳之長各若干

풀이

1근을 옛날 휘장의 길이라고 하자. 6근에 7자 2치를 더한 것은 단자의 길이이다. 〔주: 6폭으로 접어 만든 매 폭은 옛날에 만든 것보다 1자 2치가 길므로, 6폭을 1자 2치에 곱해서 얻은 7자 2치는60) 단자의 길이이다.〕
7근에 1자 4치를 더한 것은 또 단자의 길이이다. 〔주: 7폭으로 접어 만든 매 폭은 옛날에 만든 것보다 2치가 길므로 7폭을 2치에 곱하여

58) '縀'은 '緞'의 오기인 듯함.
59) '가(架)'는 받침대가 있는 물건이나 기계 따위를 세는 단위임.
60) 62)에 의하여 '는'은 '에 6근을 더한 것은'으로 바로 잡아야 한다.

얻은 1자 4치는[61] 또 단자의 길이이다.〕
6근에 7자 2치를 더한 것과 7근에 1자 4치를 더한 것은 서로 같다. 1근과 5자 8치는 반드시 서로 같다. 곧, 옛날 휘장의 길이이다. 〔주: 양변에서 각각 6근을 빼서 1근을 얻고 또 각각 1자 4치를 빼서 5자 8치를 얻는다.〕

또 1근을 단자의 길이라고 하자. 1근에서 7자 2치를 뺀 것은 옛날 휘장 길이의 6배이다. 〔주: 마땅히 6폭으로 1근을 나누어야 하나 나누지 않았으므로, 1근에서 7자 2치를 뺀 것은 옛날 휘장 길이의 6배이다.〕
1근에서 1자 4치를 뺀 것은 옛날 휘장 길이의 7배이다. 〔주: 마땅히 7폭으로 1근을 나누어야 하나 나누지 않았으므로, 1근에서 1자 4치를 뺀 것은 옛날 휘장 길이의 7배이다.〕
7근에서 50자 4치를 뺀 것은 옛날 휘장 길이의 42배이다. 〔주: 1근에서 7자 2치를 뺀 것은 본래 옛날 휘장 길이의 6배이고 또 7폭을 곱한 고로 42배로 된다.〕
6근에서 8자 4치를 뺀 것은 또 옛날 휘장 길이의 42배이다. 〔주: 1근에서 1자 4치를 뺀 것은 본래 옛날 휘장 길이의 7배이고 또 6폭을 곱한 고로 또 42배로 된다.〕
7근에서 50자 4치를 뺀 것과 6근에서 8자 4치를 뺀 것은 서로 같다. 1근과 42자는 반드시 서로 같다. 곧, 단자의 길이이다. 〔주: 양변에서 각각 6근을 빼서 1근을 얻고 또 각각 50자 4치를 더하여 42자를 얻는다. 곧, 단자의 길이이다.〕

法借一根爲舊帳之長數 六根多七尺二寸爲緞之長數〔註: 摺作六幅每幅比舊制長一尺二寸故以六幅乘一尺二寸得七尺二寸[62]爲緞之長數〕
七根多一尺四寸又爲緞之長數〔註: 摺作七幅每幅比舊制長二寸故以七幅乘二寸得一尺四寸[63]又爲緞之長數〕
六根多七尺二寸與七根多一尺四寸相等 一根必與五尺八寸相等卽舊帳之長數〔註: 兩邊各減六根得一根又各減一尺四寸得五尺八寸〕

又借一根爲緞之長數 一根少七尺二寸爲舊帳長數之六倍〔註: 當以六幅除一

61) 63)에 의하여 '는'은 '에 7근을 더한 것은'으로 바로 잡아야 한다.
62) '七尺二寸'은 '七尺二寸多六根'의 오기임.
63) '一尺四寸'은 '一尺四寸多七根'의 오기임.

根而不除故一根少七尺二寸爲舊帳尺數之六倍〕
一根少一尺四寸爲舊帳長數之七倍〔註: 當以七幅除一根而不除故一根少一尺四寸爲舊帳尺數之七倍〕
七根少五十尺四寸爲舊帳長數之四十二倍〔註: 一根少七尺二寸原是舊帳長數之六倍而又以七幅乘之故爲四十二倍〕
六根少八尺四寸又爲舊帳長數之四十二倍〔註: 一根少一尺四寸原是舊帳長數之七倍而又以六幅乘之故又爲四十二倍〕
七根少五十尺四寸與六根少八尺四寸相等 一根必與四十二尺相等卽緞之長數〔註: 兩邊各減六根得一根又各加五十尺四寸得四十二尺卽緞之長數〕

주해

옛날 휘장의 길이를 x라고 하자. 먼저, 6폭으로 접어 만든 매 폭은 x+1자 2치이므로, 단자의 길이는 (x+1자 2치)×6=6x+7자 2치이다.
후에 7폭으로 접어 만든 매 폭은 x+2치이므로,
단자의 길이는 (x+2치)×7=7x+1자 4치이다.
6x+7자 2치=7x+1자 4치에서 x=5자 8치이다.

또 단자의 길이를 y라고 하자. 먼저 6폭으로 접어 만들 때 옛날 휘장 길이의 6배는 y−7자 2치이고, 후에 7폭으로 접어 만들 때 옛날 휘장 길이의 7배는 y−1자 4치이므로, 옛날 휘장의 길이의 42배는
(y−7자 2치)×7=7y−50자 4치와 (y−1자 4치)×6=6y−8자 4치이다.
7y−50자 4치=6y−8자 4치에서 y=42자이다.

【선 64】 베와 바꿀 쌀이 있는데, 쌀의 수량도 알지 못하고 또 베의 수량도 알지 못한다고 한다. 다만 베 20필과 바꾸면 쌀이 1섬이 모자라고, 베 16필과 바꾸면 여전히 쌀이 2말이 모자란다면, 쌀의 수량과 베의 수량은 각각 얼마인가?
設如有米易布不知米數亦不知布數但云易布二十疋則米少一石易布一十六疋則米仍少二斗問米數及布數各若干

풀이

1근을 쌀의 수량이라고 하자. 1근에 1섬을 더한 것은 베 20필과 바꾸게 되는 쌀의 수량이다. 〔주: 베 20필과 바꾸면 쌀이 1섬 모자라므로,

1근에 1섬을 더한 것은 베 20필과 바꿀 알맞은 수이다.]
1근에 2말을 더한 것은 베 16필과 바꾸게 되는 쌀의 수량이다. [주: 베 16필과 바꾸면 쌀이 2말 모자라므로, 1근에 2말을 더한 것은 베 16필과 바꿀 알맞은 수이다.]
16근에 16섬을 더한 것은 베 320필과 바꾸게 되는 쌀의 수량이다. [주: 바꿀 베 20필과 16필 두 수는 서로 같지 않으므로, 서로 곱하여 그 몫을 서로 같게 한다. 16을 1근에 1섬을 더한 것에 곱하여 16근에 16섬을 더한 것을 얻는다.]
20근에 4섬을 더한 것은 또 베 320필과 바꾸게 되는 쌀의 수량이다. [주: 20을 1근에 2말을 더한 것에 곱하여 20근에 4섬을 더한 것을 얻는다.]
16근에 16섬을 더한 것과 20근에 4섬을 더한 것은 서로 같다. 4근과 12섬은 서로 같다. [주: 양변에서 각각 16근을 빼서 4근을 얻고 또 각각 4섬을 빼서 12섬을 얻는다.]
1근과 3섬은 반드시 서로 같다. 곧, 쌀의 수량이다.

또 1근을 베의 수량이라고 하자. 20필에서 1근을 뺀 것은 쌀 1섬과 바꾸게 되는 베의 수량이다. 16필에서 1근을 뺀 것은 쌀 2말과 바꾸게 되는 베의 수량이다. 40필에서 2근을 뺀 것은 쌀 2섬과 바꾸게 되는 베의 수량이다. [주: 2말을 20필에서 1근을 뺀 것에 곱한다.]
160필에서 10근을 뺀 것은 쌀 2섬과 바꾸게 되는 베의 수량이다. [주: 10말을 16필에서 1근을 뺀 것에 곱한다.]
40필에서 2근을 뺀 것과 160필에서 10근을 뺀 것은 서로 같다. 8근과 120필은 서로 같다. [주: 양변에 각각 10근을 더하여 8근을 얻고 또 각각에서 40필을 빼서 120필을 얻는다.]
1근과 15필은 반드시 서로 같다. 곧, 베의 수량이다.

法借一根爲米數 一根多一石爲布二十疋所易之米數 [註: 易布二十疋則米少一石故一根多一石爲易布二十疋相當之數]
一根多二斗爲布一十六疋所易之米數 [註: 易布一十六疋則米少二斗故一根多二斗爲易布一十六疋相當之數]
一十六根多一十六石爲布三百二十疋所易之米數 [註: 易布之二十疋與一十六疋兩數不均故互乘以齊其分以一十六乘一根多一石得一十六根多一十六石]

二十根多四石又爲布三百二十疋所易之米數〔註: 以二十乘一根多二斗得二十根多四石〕
一十六根多一十六石與二十根多四石相等 四根與一十二石相等〔註: 兩邊各減一十六根得四根又各減四石得一十二石〕
一根必與三石相等卽米數

又借一根爲布數 二十疋少一根爲米一石所易之布數 一十六疋少一根爲米二斗所易之布數 四十疋少二根爲米二石所易之布數〔註: 以二斗乘二十疋少一根〕
一百六十疋少一十根爲米二石所易之布數〔註: 以一十斗乘十六疋少一根〕
四十疋少二根與一百六十疋少一十根相等 八根與一百二十疋相等〔註: 兩邊各加一十根得八根又各減四十疋得一百二十疋〕
一根必與一十五疋相等卽布數

주해

쌀의 수량을 x라고 하자. 베 20필과 바꾸면 알맞은 쌀은 x+1섬이고, 베 16필과 바꾸면 알맞은 쌀은 x+2말이다.
20과 16을 서로 바꾸어 곱하면 베 320필과 바꾸게 되는 쌀은 각각
(x+1섬)×16=16x+16섬과 (x+2말)×20=20x+40말=20x+4섬이다.
16x+16섬=20x+4섬에서 4x=12섬, 즉 x=3섬이다.

또 베의 수량을 y라고 하자. 쌀 2말과 바꾸면 알맞은 베는 16필−y이고,
쌀 2섬과 바꾸면 알맞은 베는 (20필−y)×2=40필−2y이다.
(16필−y)×10=160필−10y는 쌀 20말(2섬)과 바꾸게 되는 베의 수량이므로
160필−10y=40필−2y에서 8y=120필, 즉 y=15필이다.

【선 65】 깊이를 알지 못하는 우물이 있는데, 길이를 알지 못하는 노끈이 있다고 한다. 다만 노끈을 3번 접어 우물에 넣으면 8자가 남고, 노끈을 5번 접어 우물에 넣으면 알맞다고 한다면, 우물의 깊이와 노끈의 길이는 각각 얼마인가?
設如有井不知其深有繩不知其長只云將繩作三摺入井長八尺將繩作五摺入井適足問井深繩長各若干

풀이

1근을 우물의 깊이라고 하자. 3근에 2장 4자를 더한 것은 노끈의 길이이다. 〔주: 3번 접어 우물에 넣어 8자가 남으면 3번 접은 것을 1근과 8자에 곱하여 얻은 3근에 2장 4자를 더한 것은 노끈의 길이이다.〕
5근은 또 노끈의 길이이다. 〔주: 5번 접어 우물에 넣으면 알맞으므로 5근은 또 노끈의 길이이다.〕
5근과 3근에 2장 4자를 더한 것은 서로 같다. 2근과 2장 4자는 서로 같다. 〔주: 양변에서 각각 3근을 빼서 2근을 얻는다.〕
1근과 1장 2자는 반드시 서로 같다. 곧, 우물의 깊이이다.

또 1근을 노끈의 길이라고 하자. 1근에서 2장 4자를 뺀 것은 우물 깊이의 3배이다. 〔주: 3번 접어 우물에 넣어 8자가 남으면 마땅히 3번 접은 것으로 1근을 나누어야 하나 나누지 않았으므로, 1근에서 2장 4자를 뺀 것은 우물 깊이의 3배이다.〕
1근은 우물 깊이의 5배이다. 〔주: 5번 접어 우물에 넣어 알맞으면 마땅히 5번 접은 것으로 1근을 나누어야 하나 나누지 않았으므로, 1근은 우물 깊이의 5배이다.〕
5근에서 12장을 뺀 것은 우물 깊이의 15배이다. 〔주: 5번 접은 것을 1근에서 2장 4자를 뺀 것에 곱하여 얻은 5근에서 12장을 뺀 것은 1근에서 2장 4자를 뺀 것이 본래 우물 깊이의 3배이고, 또 5를 곱하였으므로 15배이다.〕
3근은 또 우물 깊이의 15배이다. 〔주: 1근은 본래 우물 깊이의 5배이고, 또 3을 곱하였으므로 3근은 또 15배이다.〕
5근에서 12장을 뺀 것과 3근은 서로 같다. 2근과 12장은 서로 같다. 〔주: 양변에서 각각 3근을 빼서 2근을 얻는다.〕
1근과 6장은 반드시 서로 같다. 곧, 노끈의 길이이다.

法借一根爲井深數 三根多二丈四尺爲繩長數〔註: 三摺入井長八尺則以三摺乘一根與八尺得三根多二丈四尺爲繩長數〕
五根又爲繩長數〔註: 五摺入井適足故五根又爲繩長數〕
五根與三根多二丈四尺相等 二根與二丈四尺相等〔註: 兩邊各減三根得二根〕
一根必與一丈二尺相等卽井深數

又借一根爲繩長數 一根少二丈四尺爲井深數之三倍〔註: 三摺入井長八尺則當以三摺除一根而不除故一根少二丈四尺爲井深數之三倍〕
一根爲井深數之五倍〔註: 五摺入井適足則當以五摺除一根而不除故一根爲井深數之五倍〕
五根少一十二丈爲井深數之一十五倍〔註: 以五摺乘一根少二丈四尺得五根少一十二丈而一根少二丈四尺原是井深三倍之數又以五乘之故爲一十五倍〕
三根又爲井深數之一十五倍〔註: 一根原是井深數之五倍又以三乘之故三根又爲一十五倍〕
五根少一十二丈與三根相等 二根與一十二丈相等〔註: 兩邊各減三根得二根〕
一根必與六丈相等卽繩長數

주해

우물의 깊이를 x라고 하자. 3번 접은 것을 우물에 넣고 8자가 남았으므로,
노끈의 길이는 (x+8자)×3=3x+24자=3x+2장 4자이다.
한편, 5번 접어 우물에 넣으면 알맞으므로 노끈의 길이는 5x이다.
3x+2장 4자=5x에서 2x=2장 4자, 즉 x=1장 2자이다.

또 노끈의 길이를 y라고 하자. 노끈의 길이는 우물의 깊이에 남은 8자를 더하여 3배한 것이므로, 우물 깊이의 3배는 y−8자×3=y−24자=y−2장 4자이다.
한편, 5번 접어 우물에 넣으면 알맞으므로 우물 깊이의 5배는 y이다.
우물 깊이의 15배는 3배의 5배와 5배의 3배이므로 각각
(y−2장 4자)×5=5y−10장 20자=5y−12장과 y×3=3y이다.
5y−12장=3y에서 2y=12장, 즉 y=6장이다.

【선 66】 길을 떠나면서 일수를 계산하려고 하는데, 일수를 알지 못하고 길의 이(里)수도 알지 못한다고 한다. 다만 매일 55리 가면 이르고자 하는 지점까지 모두 60리 못 미치고, 매일 60리 가는 것이 알맞게 된다면, 일수 및 길의 이수는 각각 얼마인가?
設如計日登程不知日數亦不知路程只云每日行五十五里則離所欲至之地共差六十里每日行六十里適足問日數及路程各若干

풀이

1근을 일수라고 하자. 55근에 60리를 더한 것은 총 이수이다. 〔주: 하

루 55리 가는 것이 60리를 못 미치므로, 55근에 60리를 더한 것은 총 이수이다.〕
60근은 또 총 이수이다. 〔주: 하루 60리 가는 것이 알맞으므로, 60근은 또 총 이수이다.〕
55근에 60리를 더한 것과 60근은 서로 같다. 5근과 60리는 서로 같다. 〔주: 양변에서 각각 55근을 빼서 5근을 얻는다.〕
1근과 12는 반드시 서로 같다. 앞에서 이미 1근을 일수라 하였으므로 12는 일수이다.

또 1근을 길의 이수라고 하자. 1근에서 60리를 뺀 것은 일수의 55배이다. 1근은 일수의 60배이다. 60근에서 3,600리를 뺀 것은 일수의 3,300배이다. 55근은 또 일수의 3,300배이다. 60근에서 3,600리를 뺀 것과 55근은 서로 같다. 5근과 3,600리는 서로 같다. 〔주: 양변에서 각각 55근을 빼서 5근을 얻고 또 각각 3,600리를 더하여 양수 3,600리를 얻는다.〕
1근과 720리는 반드시 서로 같다. 곧, 길의 이수이다.

法借一根爲日數 五十五根多六十里爲總里數〔註: 日行五十五里差六十里故五十五根多六十里爲總里數〕
六十根又爲總里數〔註: 日行六十里適足故六十根又爲總里數〕
五十五根多六十里與六十根相等 五根與六十里相等〔註: 兩邊各減五十五根得五根〕
一根必與一十二相等前旣借一根爲日數故一十二爲日數

又借一根爲路程數 一根少六十里爲日數之五十五倍 一根爲日數之六十倍 六十根少三千六百里爲日數之三千三百倍 五十五根又爲日數之三千三百倍 六十根少三千六百里與五十五根相等 五根與三千六百里相等〔註: 兩邊各減五十五根得五根又各加三千六百里得多三千六百里〕
一根必與七百二十里相等卽路程數

주해

일수를 x라고 하자. 하루 55리 가면 60리 못 미치므로 총 이수는 $55x+60$리이다. 하루 60리 가면 알맞게 되므로 총 이수는 $60x$이다.
$55x+60$리$=60x$에서 $5x=60$리, 즉 $x=12$이다.

또 길의 이수를 y라고 하자. 일수의 55배는 $y-60$리이고, 일수의 60배는 y이다.
그러므로 55와 60을 서로 바꾸어 곱하면, 일수의 3,300배는 각각
$(y-60리)\times 60=60y-3{,}600$리와 $55y$이므로 $60y-3{,}600리=55y$이다.
$5y=3{,}600$리에서 $y=720$리이다.

【선 67】 많은 사람이 모두 은을 지출하여 물건을 사는데, 사람 수를 알지 못하고 또 물가도 알지 못한다고 한다. 다만 매 8인이 은을 7냥씩 지출하면 4냥 5전이 남고, 매 9인이 은을 6냥씩 지출하면 3냥이 모자란다면, 사람 수 및 물가는 각각 얼마인가?
設如衆人共出銀買物不知人數亦不之物價只云每八人出銀七兩則盈四兩五錢每九人出銀六兩則朒三兩問人數及物價各若干

풀이

1근을 사람 수라고 하자. 7근에서 36냥을 뺀 것은 물가의 8배이다. 〔주: 매 8인으로 사람 수 1근을 나누면 $\frac{1}{8}$근을 얻는다. 지출한 은 7냥을 곱하여 얻은 $\frac{7}{8}$근에서 남은 4냥 5전을 뺀 것은 물가이다. 거듭 8몫을 곱하였으므로 물가의 8배이다.〕
6근에 27냥을 더한 것은 물가의 9배이다. 〔주: 매 9인으로 사람 수 1근을 나누면 $\frac{1}{9}$근을 얻는다. 지출한 은 6냥을 곱하여 얻은 $\frac{6}{9}$근에 모자란 3냥을 더한 것은 물가이다. 거듭 9몫을 곱한 것은 물가의 9배이다.〕
63근에서 320냥을 뺀 것은 물가의 72배이다. 48근에 216냥을 더한 것은 또 물가의 72배이다. 〔주: 8배, 9배를 몫이 서로 같게 서로 곱하여 각각 72배를 얻는다.〕
63근에서 324냥을 뺀 것과 48근에 216냥을 더한 것은 서로 같다. 15근과 540냥은 서로 같다. 〔주: 양변에서 각각 48근을 빼서 15근을 얻고 각각 324냥을 더하여 540냥을 얻는다.〕
1근과 36은 반드시 서로 같다. 앞에서 이미 1근을 사람 수라 하였으므로 36은 사람 수이다.

또 1근을 물가라고 하자. 8근에 36냥을 더한 것은 사람 수의 7배이다. 〔주: 물가 1근에 남은 4냥 5전을 더하면 곧 매 8인이 은 7냥을 지출하게 되는 수이므로 8인을 곱한 것은 사람 수의 7배이다.〕
9근에서 27냥을 뺀 것은 사람 수의 6배이다. 〔주: 물가 1근에서 모자라는 3냥을 빼면 곧 매 9인이 은 6냥을 지출하게 되는 수이므로 9인을 곱한 것은 사람 수의 6배가 된다.〕
48근에 216냥을 더한 것은 사람 수의 42배이다. 63근에서 189냥을 뺀 것은 또 사람 수의 42배이다. 〔주: 7배와 6배를 몫이 서로 같게 서로 곱하여 각각 42배를 얻는다.〕
48근에 216냥을 더한 것과 63근에서 189냥을 뺀 것은 서로 같다. 15근과 405냥은 서로 같다. 〔주: 양변에서 각각 48근을 빼서 15근을 얻고, 또 각각 189냥을 더하여 405냥을 얻는다.〕
1근과 27냥은 반드시 서로 같다. 곧, 물가이다.

法借一根爲人數 七根少三十六兩爲物價之八倍〔註: 以每八人除人數一根得八分根之一以出銀七兩乘之得八分根之七内減盈四兩五錢爲物價仍以八分乘之故爲物價之八倍〕
六根多二十七兩爲物價之九倍〔註: 以每九人除人數一根得九分根之一以出銀六兩乘之得九分根之六加朒三兩爲物價仍以九分乘之爲物價之九倍〕
六十三根少三百二十四兩爲物價之七十二倍 四十八根多二百一十六兩又爲物價之七十二倍〔註: 八倍九倍互乘齊分各得七十二倍〕
六十三根少三百二十四兩與四十八根多二百一十六兩相等 一十五根與五百四十兩相等〔註: 兩邊各減四十八根得一十五根各加三百二十四兩得五百四十兩〕
一根必與三十六相等前旣借一根爲人數故三十六爲人數

又借一根爲物價 八根多三十六兩爲人數之七倍〔註: 物價一根加盈四兩五錢則爲每八人出銀七兩之數故以八人乘之爲人數之七倍〕
九根少二十七兩爲人數之六倍〔註: 物價一根内減朒三兩則爲每九人出銀六兩之數故以九人乘之爲人數之六倍〕
四十八根多二百一十六兩爲人數之四十二倍 六十三根少一百八十九兩又爲人數之四十二倍〔註: 以七倍六倍互乘齊分各得四十二倍〕
四十八根多二百一十六兩與六十三根少一百八十九兩相等 一十五根與四百零

五兩相等〔註: 兩邊各減四十八根得一十五根又各加一百八十九兩得四百零五兩〕
一根必與二十七兩相等卽物價

주해

사람 수를 x라고 하자. 매 8인이 7냥씩 지출하므로 매 1인은 $\frac{7}{8}$냥 지출한다.

x인은 $\frac{7}{8}x$ 지출하고 4냥 5전이 남으므로

물가는 $\frac{7}{8}x-4$냥 5전이고 물가의 8배는 $7x-36$냥이다.

매 9인이 6냥을 지출하므로 매 1인은 $\frac{6}{9}$냥 지출한다.

x인은 $\frac{6}{9}x$ 지출하고 3냥이 모자라므로

물가는 $\frac{6}{9}x+3$냥이고 물가의 9배는 $6x+27$냥이다.

물가의 8배에는 9를 곱하고, 9배에는 8을 곱하면, 물가의 72배는
$(7x-36$냥$)\times9=63x-324$냥과 $(6x+27$냥$)\times8=48x+216$냥이다.
$63x-324$냥$=48x+216$냥에서 $15x=540$냥, 즉 $x=36$이다.

또 물가를 y라고 하자. 매 8인이 7냥씩 지출하므로 매 1인은 $\frac{7}{8}$냥 지출한다.

사람 수에 $\frac{7}{8}$냥을 곱하면 $y+4$냥 5전이고

사람 수의 7배는 $(y+4$냥 5전$)\times8=8y+36$냥이다.

매 9인이 6냥을 지출하였으므로 매 1인은 $\frac{6}{9}$냥 지출한다.

사람 수에 $\frac{6}{9}$냥을 곱하면 $y-3$냥이고

사람 수의 6배는 $(y-3$냥$)\times9=9y-27$냥이다.
사람 수의 7배에는 6을 곱하고, 6배에는 7을 곱하면 사람 수의 42배는 $(8y+36$냥$)\times6=48y+216$냥과 $(9y-27$냥$)\times7=63y-189$냥이다.
$48y+216$냥$=63y-189$냥에서 $15y=405$냥, 즉 $y=27$냥이다.

【선 68】 많은 사람이 당직을 교대 근무하는데, 사람 수도 알지 못하고 또 일수도 알지 못한다고 한다. 다만 매 4인이 5일씩 당직을 하면

20일이 남고, 매 8인이 9일씩 당직을 하면 여전히 8일이 남는다면, 사람 수 및 일수는 각각 얼마인가?
設如衆人輪班值日不知人數亦不知日數只云每四人值五日則盈二十日每八人值九日仍盈八日問人數及日數各若干

풀이

1근을 사람 수라고 하자. $1\frac{1}{4}$근에서 20일을 뺀 것은 일수이다. 〔주: 매 4인으로 사람 수 1근을 나누면 $\frac{1}{4}$근을 얻는다. 당직 5일을 곱하여 얻은 $1\frac{1}{4}$근에서 남은 20일을 뺀 것은 일수이다.〕
$1\frac{1}{8}$근에서 8일을 뺀 것은 또 일수이다. 〔주: 매 8인으로 사람 수 1근을 나누면 $\frac{1}{8}$근을 얻는다. 당직 9일을 곱하여 얻은 $1\frac{1}{8}$근에서 남은 8일을 뺀 것은 일수이다.〕
$1\frac{1}{4}$근에서 20일을 뺀 것과 $1\frac{1}{8}$근에서 8일을 뺀 것은 서로 같다. $\frac{1}{8}$근과 12일은 서로 같다. 〔주: 양변에서 각각 $1\frac{1}{8}$근을 빼서 $\frac{1}{8}$근을 얻고, 각각 20일을 더해서 양수 12일을 얻는다.〕
1근과 96은 반드시 서로 같다. 앞에서 이미 1근은 사람 수라 하였으므로 96은 사람 수이다.

또 1근을 일수라고 하자. 4근에 80일을 더한 것은 사람 수의 5배이다. 〔주: 일수 1근에 남은 20일을 더하면 매 4인이 당직 5일 하는 수가 되므로 4인을 곱한 것은 사람 수의 5배가 된다.〕
8근에 64일을 더한 것은 사람 수의 9배이다. 〔주: 일수 1근에 남은 8일을 더하면 곧 매 8인이 당직 9일 하는 수가 되므로 8인을 곱한 것은 사람 수의 9배가 된다.〕
36근에 720일을 더한 것은 사람 수의 45배이다. 40근에 320일을 더한 것은 또 사람 수의 45배이다. 〔주: 5배, 9배를 묶이 서로 같게 서로 곱하여 각각 45배를 얻는다.〕
36근에 720일을 더한 것과 40근에 320일을 더한 것은 서로 같다. 4

근과 400일은 서로 같다. 〔주: 양변에서 각각 360근을 빼서 4근을 얻고 또 각각 320일을 빼서 400일을 얻는다.〕
1근과 100일은 반드시 서로 같다. 곧, 당직 일수이다.

法借一根爲人數 一根又四分根之一少二十日爲日數〔註: 以每四人除人數一根得四分根之一以值五日乘之得一根又四分根之一內減盈二十日爲日數〕
一根又八分根之一少八日又爲日數〔註: 以每八人除人數一根得八分根之一以值九日乘之得一根又八分根之一內減盈八日爲日數〕
一根又四分根之一少二十日與一根又八分根之一少八日相等 八分根之一與一十二日相等〔註: 兩邊各減一根又八分根之一得八分根之一各加二十日得多一十二日〕
一根必與九十六相等前旣借一根爲人數故九十六爲人數

又借一根爲值日數 四根多八十日爲人數之五倍〔註: 日數一根加盈二十日則爲每四人値五日之數故以四人乘之爲人數之五倍〕
八根多六十四日爲人數之九倍〔註: 日數一根加盈八日則爲每八人值九日之數故以八人乘之爲人數之九倍〕
三十六根多七百二十日爲人數之四十五倍 四十根多三百二十日又爲人數之四十五倍〔註: 五倍九倍互乘齊分各得四十五倍〕
三十六根多七百二十日與四十根多三百二十日相等 四根與四百日相等〔註: 兩邊各減三十六根得四根又各減三百二十日得四百日〕
一根必與一百日相等卽值日數

주해

사람 수를 x라고 하자. 매 4인이 5일씩 당직하므로 매 1인은 $\frac{5}{4}$일 당직한다.

x인은 $\frac{5}{4}x$일씩 당직하고 20일이 남으므로, 일수는 $\frac{5}{4}x-20$일$=1\frac{1}{4}x-20$일이다.

매 8인이 9일씩 당직하므로 매 1인은 $\frac{9}{8}$일 당직한다.

x인은 $\frac{9}{8}x$일 당직하고 8일이 남으므로 일수는 $\frac{9}{8}x-8$일$=1\frac{1}{8}x-8$일이다.

$1\frac{1}{4}x-20$일$=1\frac{1}{8}x-8$일에서 $\frac{1}{8}x=12$일, 즉 $x=96$이다.

또 일수를 y라고 하자. 매 1인은 $\frac{5}{4}$일씩 당직하므로 사람 수의 $\frac{5}{4}$배는 $y+20$일이고, 사람 수의 5배는 $(y+20\text{일})\times4=4y+80$일이다.
매 1인은 $\frac{9}{8}$일씩 당직하므로 사람 수의 $\frac{9}{8}$배는 $y+8$일이고
사람 수의 9배는 $(y+8\text{일})\times8=8y+64$일이다.
사람 수의 5배에는 9를 곱하고, 9배에는 5를 곱하면 사람 수의 45배는
$(4y+80\text{일})\times9=36y+720$일과 $(8y+64\text{일})\times5=40y+320$일이다.
$36y+720\text{일}=40y+320$일에서 $4y=400$일, 즉 $y=100$일이다.

【선 69】 명주를 나누어 가질 사람들이 있는데, 몫은 다하지 않는다고 한다. 다만 매 3인이 5필씩이면 20필이 모자라고, 매 6인이 9필씩이면 10필이 모자란다면, 사람 수 및 명주의 수량은 각각 얼마인가?
設如有人分絹分之不盡只云每三人五疋少二十疋每六人九疋少一十疋問人數及絹數各若干

풀이

1근을 사람 수라고 하자. 5근에서 60필을 뺀 것은 명주 수량의 3배이다. 〔주: 3인으로 1근을 나누어 $\frac{1}{3}$근을 얻는다. 나눌 명주 5필을 곱하여 얻은 $\frac{5}{3}$근에서 20필을 뺀 것은 명주 수량이다. 거듭 3몫을 곱하여 얻은 5근에서 60필을 뺀 것은 명주 수량의 3배이다.〕
9근에서 60필을 뺀 것은 명주 수량의 6배이다. 〔주: 6인으로 1근을 나누면 $\frac{1}{6}$근을 얻는다. 나눌 명주 9필을 곱하여 얻은 $\frac{9}{6}$근에서 10필을 뺀 것은 명주 수량이다. 거듭 6몫을 곱하여 얻은 9근에서 60필을 뺀 것은 명주 수량의 6배이다.〕
30근에서 360필을 뺀 것은 명주 수량의 18배이다. 〔주: 5근에서 60필을 뺀 것을 6배하여 얻은 30근에서 360필을 뺀 것은 명주 수량의 18배이다.〕
27근에서 180필을 뺀 것은 또 명주 수량의 18배이다. 〔주: 9근에서 60필을 뺀 것을 3배하여 얻은, 27근에서 180필을 뺀 것은 명주 수량

의 18배이다.〕
30근에서 360필을 뺀 것과 27근에서 180필을 뺀 것은 서로 같다.
30근과 27근에 180필을 더한 것은 서로 같다. 〔주: 양변에 각각 360필을 더하면 모자라는 음수 180필에 보태어 여전히 양수 180필이다.〕
3근과 180필은 서로 같다. 〔주: 양변에서 각각 27근을 빼면 4근[64]을 얻는다.〕
1근과 60은 반드시 서로 같다. 앞에서 이미 1근을 사람 수라고 하였으므로 60은 곧 사람 수이다.

또 1근을 명주의 수량이라고 하자. 3근에 60필을 더한 것은 사람 수의 5배이다. 〔주: 5필로 1근을 나누면 $\frac{1}{5}$근을 얻는다. 3인을 곱하여 얻은 $\frac{3}{5}$근에 20필을 더한 것은 사람 수이다. 거듭 5몫을 곱하여 얻은 3근에 60필을 더한 것은 사람 수의 5배이다.〕
6근에 60필을 더한 것은 사람 수의 9배이다. 〔주: 9필로 1근을 나누면 $\frac{1}{9}$근을 얻는다. 6인을 곱하여 얻은 $\frac{6}{9}$근에 10필을 더한 것은 사람 수이다. 거듭 9몫을 곱하여 얻은 6근에 60필을 더한 것은 사람 수의 9배이다.〕
27근에 540필을 더한 것은 사람 수의 45배이다. 〔주: 3근에 60필을 더한 것을 9배하므로 곧 45배이다.〕
30근에 300필을 더한 것은 또 사람 수의 45배이다. 〔주: 6근에 60필을 더한 것을 5배하므로 곧 45배이다.〕
27근에 540필을 더한 것과 30근에 300필을 더한 것은 서로 같다.
30근과 27근에 240필을 더한 것은 서로 같다. 〔주: 양변에서 각각 300필을 뺀다.〕
3근과 240필은 서로 같다. 〔주: 양변에서 각각 27근을 빼서 3근을 얻는다.〕
1근과 80필을 반드시 서로 같다. 곧, 명주의 수량이다.

法借一根爲人數 五根少六十疋爲絹數之三倍 〔註: 以三人除一根得三分根之

64) 65)에 의하여 '4근'은 '3근'으로 바로 잡아야 한다.

一以分絹五疋乘之得三分根之五內減二十疋爲絹數仍以三分乘之得五根少六十疋爲絹數之三倍〕

九根少六十疋爲絹數之六倍〔註: 以六人除一根得六分根之一以分絹九疋乘之得六分根之九內減一十疋爲絹數仍以六分乘之得九根少六十疋爲絹數之六倍〕

三十根少三百六十疋爲絹數之一十八倍〔註: 五根少六十疋六倍之得三十根少三百六十疋爲絹數之一十八倍〕

二十七根少一百八十疋又爲絹數之一十八倍〔註: 九根少六十疋三倍之得二十七根少一百八十疋爲絹數之一十八倍〕

三十根少三百六十疋與二十七根少一百八十疋相等 三十根與二十七根多一百八十疋相等〔註: 兩邊各加三百六十疋則補足少一百八十疋仍多一百八十疋〕

三根與一百八十疋相等〔註: 兩邊各減二十七根得四根65)〕

一根必與六十相等前旣借一根爲人數故六十卽人數

又借一根爲絹數 三根多六十疋爲人數之五倍〔註: 以五疋除一根得五分根之一以三人乘之得五分根之三加二十疋爲人數仍以五分乘之得三根多六十疋爲人數之五倍〕

六根多六十疋爲人數之九倍〔註: 以九疋除一根得九分根之一以六人乘之得九分根之六加一十疋爲人數仍以九分乘之得六根多六十疋爲人數之九倍〕

二十七根多五百四十疋爲人數之四十五倍〔註: 三根多六十疋九倍之故爲四十五倍〕

三十根多三百疋又爲人數之四十五倍〔註: 六根多六十疋五倍之故爲四十五倍〕

二十七根多五百四十疋與三十根多三百疋相等 三十根與二十七根多二百四十疋相等〔註: 兩邊各減三百疋〕

三根與二百四十疋相等〔註: 兩邊各減二十七根得三根〕

一根必與八十疋相等卽絹數

주해

사람 수를 x라고 하자. 매 3인이 5필씩이면 매 1인은 $\frac{5}{3}$필씩이다. x인은 $\frac{5}{3}x$필

65) '四根'은 '三根'의 오기임.

씩 나누면 20필이 모자라므로, 명주 수량은 $\frac{5}{3}x-20$필이고 명주 수량의 3배는 $(\frac{5}{3}x-20$필$)\times3=5x-60$필이다.

매 6인이 9필씩이면 매 1인은 $\frac{9}{6}$필씩이다. x인은 $\frac{9}{6}x$필씩 나누면 10필이 모자라므로, 명주 수량은 $\frac{9}{6}x-10$필이고 명주 수량의 6배는 $(\frac{9}{6}x-10$필$)\times6=9x-60$필이다.

명주 수량의 3배에 6을 곱하고, 6배에 3을 곱하면 명주 수량의 18배는
$(5x-60$필$)\times6=30x-360$필과 $(9x-60$필$)\times3=27x-180$필이다.
$30x-360$필$=27x-180$필에서 $30x=27x+180$필, $3x=180$필, 즉 $x=60$이다.

또 명주 수량을 y라고 하자. 매 3인이 5필씩이면 매 1인은 $\frac{5}{3}$필이다.

사람 수에 $\frac{5}{3}$필을 곱하면 $y+20$필이다.

사람 수의 5배는 $(y+20$필$)\times3=3y+60$필이다.

매 6인이 9필씩이면 매 1인은 $\frac{9}{6}$필이다. 사람 수에 $\frac{9}{6}$필을 곱하면 $y+10$필이다.

사람 수의 9배는 $(y+10$필$)\times6=6y+60$필이다.
사람 수의 5배에 9를 곱하고, 9배에 5를 곱하면 사람 수의 45배는
$(3y+60$필$)\times9=27y+540$필과 $(6y+60$필$)\times5=30y+300$필이다.
$27y+540$필$=30y+300$필에서 $30y=27y+240$필, $3y=240$필, 즉 $y=80$필이다.

【선 70】 많은 사람이 양식을 수령한다고 한다. 매 3인이 9섬씩 수령하면 54섬이 남고, 매 4인이 14섬씩 수령하면 알맞다면, 사람 수와 양식 수량은 각각 얼마인가?
設如衆人支糧每三人支九石盈五十四石每四人支一十四石適足問人數與糧數各若干

풀이

1근을 사람 수라고 하자. 3근에 54섬을 더한 것은 양식의 수량이다. 〔주: 매 3인으로 사람 수 1근을 나누어 $\frac{1}{3}$근을 얻는다. 수령할 9섬을

곱하여 $\frac{9}{3}$근을 얻는다. 3몫으로 나누어 얻은 3근에 남는 54섬을 더한 것은 양식 수량이다.]
3근 반은 또 양식의 수량이다. [주: 매 4인으로 사람 수 1근을 나누어 $\frac{1}{4}$근을 얻는다. 수령할 14섬을 곱하여 $\frac{14}{4}$근을 얻는다. 4몫으로 나누어 얻은 3근 반은 또 양식의 수량이다.]
3근에 54섬을 더한 것과 3근 반은 서로 같다. 반근과 54섬은 서로 같다. [주: 양변에서 각각 3근을 빼서 반근을 얻는다.]
1근과 108은 반드시 서로 같다. 앞에서 이미 1근은 사람 수라고 하였으므로 108은 사람 수이다.

또 1근을 양식의 수량이라고 하자. 3근에서 162섬을 뺀 것은 사람 수의 9배이다. [주: 양식의 수량 1근에서 54섬을 뺀 것은 매 3인이 9섬을 수령하는 수이므로 3인을 곱한 것은 사람 수의 9배이다.]
4근은 사람 수의 14배이다. [주: 양식의 수량 1근 곧 매 4인이 14섬을 수령하는 수이므로 4인을 곱한 것은 사람 수의 14배이다.]
42근에서 2,268섬을 뺀 것은 사람 수의 126배이다. 36근은 사람 수의 126배이다. [주: 9배와 14배를 몫이 서로 같게 서로 곱하여 126배를 얻는다.]
42근에서 2,268섬을 뺀 것과 36근은 서로 같다. 6근과 2,268섬은 서로 같다. [주: 양변에서 각각 36근을 빼면 6근을 얻는다.]
1근과 378섬은 반드시 서로 같다. 곧, 양식의 수량이다.

法借一根爲人數 三根多五十四石爲糧數 [註: 以每三人除人數一根得三分根之一以支九石乘之得三分根之九以三分除之得三根加盈五十四石爲糧數]
三根半又爲糧數 [註: 以每四人除人數一根得四分根之一以支一十四石乘之得四分根之十四以四分除之得三根半又爲糧數]
三根多五十四石與三根半相等 半根與五十四石相等 [註: 兩邊各減三根得半根]
一根必與一百零八相等前旣借一根爲人數故一百零八爲人數

又借一根爲糧數 三根少一百六十二石爲人數之九倍 [註: 糧數一根內減少五十四石爲每三人支九石之數故以三人乘之爲人數之九倍]

四根爲人數之一十四倍〔註: 糧數一根卽每四人支一十四石之數故以四人乘之爲人數之一十四倍〕
四十二根少二千二百六十八石爲人數之一百二十六倍 三十六根爲人數之一百二十六倍〔註: 九倍一十四倍互乘齊分各得一百二十六倍〕
四十二根少二千二百六十八石與三十六根相等 六根與二千二百六十八石相等〔註: 糧邊各減三十六根得六根〕
一根必與三百七十八石相等卽糧數

주해

사람 수를 x라고 하자. 매 3인이 9섬씩 수령하면, 매 1인은 $\frac{9}{3}$섬=3섬을 수령한다. x인은 $3x$섬씩 수령하면 54섬이 남으므로, 양식 수량은 $3x+54$섬이다.
매 4인이 14섬씩 수령하면, 매 1인은 $\frac{14}{4}$섬$=3\frac{1}{2}$섬을 수령한다.
x인이 $3\frac{1}{2}x$섬을 수령하면 알맞으므로, 양식 수량은 $3\frac{1}{2}x$이다.
$3x+54$섬$=3\frac{1}{2}x$에서 $\frac{1}{2}x=54$섬, 즉 $x=108$이다.

또 양식의 수량을 y라고 하자. 매 3인이 9섬씩 수령하면, 매 1인은 $\frac{9}{3}$섬=3섬을 수령한다. 사람 수에 3섬을 곱하면 $y-54$섬이다.
사람 수의 9배는 $(y-54$섬$)\times 3=3y-162$섬이다.
매 4인이 14섬을 수령하면, 매 1인은 $\frac{14}{4}$섬을 수령한다.
사람 수에 $\frac{14}{4}$섬을 곱하면 y이다. 사람 수의 14배는 $y\times 4=4y$이다.
사람 수의 9배에는 14를 곱하고, 14배에는 9를 곱하면, 사람 수의 126배는 $(3y-162$섬$)\times 14=42y-2{,}268$섬과 $4y\times 9=36y$이다.
$42y-2{,}268$섬$=36y$에서 $6y=2{,}268$섬, 즉 $y=378$섬이다.

【선 71】 수레로 쌀을 운반한다고 한다. 매 4수레에 60섬씩 실으면 쌀이 60섬 모자라고, 매 3수레에 40섬씩 실으면 쌀이 알맞다면, 수레의 수와 쌀의 수량은 각각 얼마인가?
設如以車運米每四車載六十石則米少六十石每三車載四十石則米適足問車數與米數各若干

풀이

1근을 수레의 수라고 하자. 15근에서 60섬을 뺀 것은 쌀의 수량이다. 〔주: 매 4수레로 수레 수 1근을 나누어 $\frac{1}{4}$근을 얻는다. 실을 60섬을 곱하여 얻은 15근에서 60섬을 뺀 것은 쌀 수량이다.〕

$13\frac{1}{3}$근은 또 쌀의 수량이다. 〔주: 매 3수레로 수레 수 1근을 나누어 $\frac{1}{3}$근을 얻는다. 실을 40섬을 곱하여 $13\frac{1}{3}$근을 얻는다.〕

15근에서 60섬을 뺀 것과 $13\frac{1}{3}$근은 서로 같다. $1\frac{2}{3}$근과 60섬은 서로 같다. 〔주: 양변에서 각각 $13\frac{1}{3}$근을 빼서 $1\frac{2}{3}$근을 얻고 각각 60섬을 더해서 양수 60섬을 얻는다.〕

1근과 36은 반드시 서로 같다. 앞에서 이미 1근은 수레의 수라고 하였으므로 36은 수레의 수이다.

또 1근을 쌀의 수량이라고 하자. 4근에 240섬을 더한 것은 수레 수의 60배이다. 〔주: 쌀의 수량 1근에 음수 60섬을 더하면 매 4수레에 60섬을 실은 수가 된다. 4수레를 곱한 것은 수레 수의 60배이다.〕

3근은 수레 수의 40배이다. 〔주: 쌀 수량 1근은 곧 매 3수레에 40섬을 실은 수이므로 3수레를 곱한 것은 수레 수의 40배이다.〕

160근에 9,600섬을 더한 것은 수레 수의 2,400배이다. 180근은 또 수레 수의 2,400배이다. 〔주: 60배, 40배를 묶이 서로 같게 서로 곱하여 각각 2,400배를 얻는다.〕

160근에 9,600섬을 더한 것과 180근은 서로 같다. 20근과 9,600섬은 서로 같다. 양변에서 각각 160근을 빼서 20근을 얻는다.〕

1근과 480섬은 반드시 서로 같다. 곧, 쌀의 수량이다.

法借一根爲車數 一十五根少六十石爲米數〔註: 以每四車除車數一根得四分根之一以載六十石乘之得一十五根内減少六十石爲米數〕

一十三根又三分根之一又爲米數〔註: 以每三車除車數一根得三分根之一以載四十石乘之得一十三根又三分根之一〕

一十五根少六十石與一十三根又三分根之一相等 一根又三分根之二與六十石

相等〔註: 兩邊各減一十三根又三分根之一得一根又三分根之二各加六十石得多六十石〕
一根必與三十六相等前旣借一根爲車數故三十六爲車數

又借一根爲米數 四根多二百四十石爲車數之六十倍〔註: 米數一根加少六十石則爲每四車載六十石之數以四車乘之爲車數之六十倍〕
三根爲車數之四十倍〔註: 米數一根卽每三車載四十石之數故以三車乘之爲車數之四十倍〕
一百六十根多九千六百石爲車數之二千四百倍 一百八十根又爲車數之二千四百倍〔註: 六十倍四十倍互乘齊分各得二千四百倍〕
一百六十根多九千六百石與一百八十根相等 二十根與九十六百石相等〔註: 兩邊各減一百六十根得二十根〕
一根必與四百八十石相等卽米數

주해

수레의 수를 x라고 하자. 매 4수레가 60섬씩 실으면, 매 1수레는 $\frac{60}{4}$섬$=15$섬을 싣는다. x수레는 $15x$섬을 실으면 60섬이 모자라므로, 쌀 수량은 $15x-60$섬이다.
매 3수레가 40섬씩 실으면, 매 1수레는 $\frac{40}{3}$섬$=13\frac{1}{3}$섬을 싣는다.

x수레는 $13\frac{1}{3}x$섬을 실으면 알맞으므로 쌀의 수량은 $13\frac{1}{3}x$이다.

$15x-60$섬$=13\frac{1}{3}x$에서 $1\frac{2}{3}x=60$섬, 즉 $x=36$이다.

또 쌀의 수량을 y라고 하자. 매 4수레가 60섬씩 실으면 매 1수레는 $\frac{60}{4}$섬을 실으므로, 수레 수에 $\frac{60}{4}$섬을 곱하면 $y+60$섬이다.
수레 수의 60배는 $(y+60$섬$)\times 4=4y+240$섬이다.
매 3수레가 40섬씩 실으면 매 1수레는 $\frac{40}{3}$섬을 실으므로,

수레 수에 $\frac{40}{3}$섬을 곱하면 y이다. 수레 수의 40배는 $y\times 3=3y$이다.
수레 수의 60배에는 40을 곱하고, 40배에는 60을 곱하면, 수레 수의 2,400배는 $(4y+240$섬$)\times 40=160y+9{,}600$섬과 $3y\times 60=180y$이다.
$160y+9{,}600$섬$=180y$에서 $20y=9{,}600$섬, 즉 $y=480$섬이다.

【선 72】 말 4필과 소 6두의 값을 합치면 48냥이고, 말 3필과 소 5두의 값을 합치면 38냥이라고 한다. 말과 소의 값은 각각 얼마인가?
設如馬四匹[66]牛六頭[67]共價四十八兩馬三匹牛五頭共價三十八兩問馬牛各價幾何

풀이

1근을 말 1필의 값이라고 하자. 48냥에서 4근을 뺀 것은 소 6두의 값이다. 〔주: 48냥에서 말 4필 값 4근을 빼고 남은 것은 소 6두의 값이다.〕
38냥에서 3근을 뺀 것은 소 5두의 값이다. 〔주: 38냥에서 말 3필의 값 3근을 빼고 남은 것은 소 5두의 값이다.〕
240냥에서 20근을 뺀 것은 소 30두의 값이다. 228냥에서 18근을 뺀 것은 또 소 30두의 값이다. 〔주: 6두와 5두를 몫이 서로 같게 서로 곱하여 각각 30두를 얻는다.〕
240냥에서 20근을 뺀 것과 228냥에서 18근을 뺀 것은 서로 같다. 2근과 12냥은 서로 같다. 〔주: 양변에서 각각 228냥을 빼서 12냥을 얻고 각각 20근을 더해서 양수 2근을 얻는다.〕
1근과 6냥은 반드시 서로 같다. 곧, 말 1필의 값이다.

또 1근을 소 1두의 값이라고 하자. 48냥에서 6근을 뺀 것은 말 4필의 값이다. 38냥에서 5근을 뺀 것은 말 3필의 값이다. 144냥에서 18근을 뺀 것은 말 12필의 값이다. 152냥에서 20근을 뺀 것은 또 말 12필의 값이다. 38냥에서 5근을 뺀 것은 말 3필의 값이다. 144냥에서 18근을 뺀 것과 152냥에서 20근을 뺀 것은 서로 같다. 2근과 8냥은 서로 같다. 1근과 4냥은 반드시 서로 같다. 곧, 소 1두의 값이다.

法借一根爲馬一匹價 四十八兩少四根爲牛六頭價〔註: 四十八兩內減馬四匹價四根則餘爲牛六頭價〕
三十八兩少三根爲牛五頭價〔註: 三十八兩內減馬三匹價三根則餘爲牛五頭價〕
二百四十兩少二十根爲牛三十頭價 二百二十八兩少一十八根又爲牛三十頭價

66) '필(匹)'은 필[말・노새 따위의 가축을 세는 단위].
67) '두(頭)'는 두, 마리[소・당나귀・노새・돼지 따위의 가축을 세는 단위].

〔註: 六頭五頭互乘齊分各得三十頭〕
二百四十兩少二十根與二百二十八兩少一十八根相等 二根與一十二兩相等
〔註: 兩邊各減二百二十八兩得一十二兩各加二十根得多二根〕
一根必與六兩相等卽馬一匹價

又借一根爲牛一頭價 四十八兩少六根爲馬四匹價 三十八兩少五根爲馬三匹價 一百四十四兩少一十八根爲馬一十二匹價 一百五十二兩少二十根又爲馬一十二匹價 一百四十四兩少一十八根與一百五十二兩少二十根相等 二根與八兩相等 一根必與四兩相等卽牛一頭價

주해

말 1필의 값을 x라고 하자.
소 6두의 값은 48냥$-4x$이고, 소 5두의 값은 38냥$-3x$이다.
소 6두 값의 5배와 5두 값의 6배는 모두 30두 값이므로
소 30두 값은 (48냥$-4x$)$\times 5=$240냥$-20x$와 (38냥$-3x$)$\times 6=$228냥$-18x$이다.
240냥$-20x=$228냥$-18x$에서 $2x=$12냥, 즉 $x=$6냥이다.

또 소 1두의 값을 y라고 하자.
말 4필의 값은 48냥$-6y$이고 말 3필의 값은 38냥$-5y$이다.
말 4필 값의 3배와 3필 값의 4배는 모두 12필 값이므로
말 12필의 값은 (48냥$-6y$)$\times 3=$144냥$-18y$와 (38냥$-5y$)$\times 4=$152냥$-20y$이다.
144냥$-18y=$152냥$-20y$에서 $2y=$8냥, 즉 $y=$4냥이다.

【선 73】 벼루 7개는 붓 3자루보다 값이 480문 더 비싸고, 또 벼루 3개는 붓 9자루보다 값이 180문 더 싸다고 한다. 벼루와 붓의 값은 각각 얼마인가?
設如硯七方[68]比筆三枝[69]價多四百八十文又硯三方比筆九枝價少一百八十文問硯筆價各若干

풀이

1근을 벼루 1개의 값이라고 하자. 7근에서 480문을 뺀 것은 붓 3자루

68) '방(方)'은 개, 장[모난 물건을 세는 단위].
69) '지(枝)'는 자루(양초, 연필, 붓), 정(소총), 대(담배), 가지(나무)[가늘고 긴 물건을 세는 단위].

값이다. 〔주: 벼루 7개는 붓 3자루의 값에 480문을 더한 것과 서로 같으므로, 7근에서 480문을 뺀 것은 붓 3자루의 값이다.〕
3근에 180문을 더한 것은 붓 9자루의 값이다. 〔주: 벼루 3개는 붓 9자루의 값에서 180문을 뺀 것과 서로 같으므로 3근에 180문을 더한 것은 붓 9자루의 값이다.〕
21근에서 1,440문을 뺀 것은 또 붓 9자루의 값이다. 〔주: 붓 3자루의 값인 7근에서 480문을 뺀 것을 3배한 것은 또 붓 9자루의 값이다.〕
3근에 180문을 더한 것과 21근에서 1,440문을 뺀 것은 서로 같다. 18근과 1,620문은 서로 같다. 〔주: 양변에서 각각 3근을 빼서 18근을 얻고, 또 각각 1,440문을 더하여 1,620문을 얻는다.〕
1근과 90문은 반드시 서로 같다. 곧, 벼루 1개의 값이다.

또 1근을 붓 1자루의 값이라고 하자. 3근에 480문을 더한 것은 벼루 7개의 값이다. 9근에서 180문을 뺀 것은 벼루 3개의 값이다. 21근에서 420문을 뺀 것은 또 벼루 7개의 값이다. 〔주: 벼루 3개의 값인 9근에서 180문을 뺀 것에 7을 곱하고 3으로 나눈 것은 또 벼루 7개의 값이다.〕
3근에 480문을 더한 것과 21근에서 420문을 뺀 것은 서로 같다. 18근과 900문은 서로 같다. 〔주: 양변에서 각각 3근을 빼서 18근을 얻고, 또 각각 420문을 더하여 900문을 얻는다.〕
1근과 50문은 반드시 서로 같다. 곧, 붓 1자루의 값이다.

法借一根爲硯每一方價 七根少四百八十文爲筆三枝價〔註: 硯七方比筆三枝價多四百八十文故七根内少四百八十文爲筆三枝價〕
三根多一百八十文爲筆九枝價〔註: 硯三方比筆九枝價少一百八十文故三根多一百八十文爲筆九枝價〕
二十一根少一千四百四十文又爲筆九枝價〔註: 筆三枝價七根少四百八十文以三倍之又爲筆九枝價〕
三根多一百八十文與二十一根少一千四百四十文相等 一十八根與一千六百二十文相等〔註: 兩邊各減三根得一十八根又各加一千四百四十文得一千六百二十文〕
一根必與九十文相等卽硯每一方價

又借一根爲筆每一枝價　三根多四百八十文爲硯七方價　九根少一百八十文爲硯三方價　二十一根少四百二十文又爲硯七方價〔註: 硯三方價九根少一百八十文七因三歸又爲硯七方價〕
三根多四百八十文與二十一根少四百二十文相等　一十八根與九百文相等〔註: 兩邊各減三根得一十八根又各加四百二十文得九百文〕
一根必與五十文相等卽筆每一枝價

주해

벼루 1개의 값을 x라고 하자.
붓 3자루 값은 $7x-480$문이다. 붓 9자루 값은 $3x+180$문이다.
붓 9자루 값은 3자루 값의 3배이므로 $(7x-480$문$)\times 3=21x-1,440$문이다.
$3x+180$문$=21x-1,440$문에서 $18x=1,620$문, 즉 $x=90$문이다.

또 붓 1자루의 값을 y라고 하자.
벼루 7개 값은 $3y+480$문이다. 벼루 3개 값은 $9y-180$문이다.
$\frac{7}{3}$을 곱하면 벼루 7개 값은 $(9y-180$문$)\times\frac{7}{3}=21y-420$문이다.
$3y+480$문$=21y-420$문에서 $18y=900$문, 즉 $y=50$문이다.

【선 74】 크고 작은 두 가지 돌이 있는데, 그 무게는 알지 못한다고 한다. 다만 2개의 큰 돌은 7개의 작은 돌보다 30근만큼 가볍고, 3개의 큰 돌과 2개의 작은 돌은 합쳐서 330근이라면, 큰 돌과 작은 돌의 무게는 각각 얼마인가?
設如有大小二石不知其重只云二大石比七小石少三十斤三大石二小石共三百三十斤問大小石各重幾何

풀이

1근을 큰 돌의 무게라고 하자. 2근에 30근(斤)을 더한 것은 7개의 작은 돌의 무게이다. 〔주: 2개의 큰 돌은 7개의 작은 돌에서 30근(斤)을 뺀 것과 같으므로, 큰 돌 2근에 30근(斤)을 더하면 7개의 작은 돌 무게이다.〕
330근(斤)에서 3근을 뺀 것은 2개의 작은 돌의 무게이다. 〔주: 3개의 큰 돌과 2개의 작은 돌을 합친 무게 330근(斤)에서 3개의 큰 돌인 3

근을 빼고 남은 것은 2개의 작은 돌의 무게이다.〕
1,155근(斤)에서 10근 반을 뺀 것은 또 7개의 작은 돌의 무게이다.
〔주: 330근(斤)에서 3근을 뺀 것에 7을 곱하고 2로 나눈 것은 7개의 작은 돌의 무게이다.〕
2근에 30(斤)을 더한 것과 1,155근(斤)에서 10근 반을 뺀 것은 서로 같다. 12근 반과 1,125근(斤)은 서로 같다. 〔주: 양변에 각각 10근 반을 더하여 12근 반을 얻고 또 각각 30근(斤)을 빼서 1,125근(斤)을 얻는다.〕
1근과 90근(斤)은 반드시 서로 같다. 곧, 1개의 큰 돌의 무게이다.

또 1근을 작은 돌의 무게라고 하자. 7근에서 30근(斤)을 뺀 것은 2개의 큰 돌의 무게이다. 330근(斤)에서 2근을 뺀 것은 3개의 큰 돌의 무게이다. 10근 반에서 45근(斤)을 뺀 것은 또 3개의 큰 돌의 무게이다. 330근(斤)에서 2근을 뺀 것과 10근 반에서 45근(斤)을 뺀 것은 서로 같다. 12근 반과 375근(斤)은 서로 같다. 〔주: 양변에 각각 2근을 더하여 12근 반을 얻고 또 각각 45근(斤)을 더하여 375근(斤)을 얻는다.〕
1근과 30근(斤)은 반드시 서로 같다. 곧, 작은 돌의 무게이다.

法借一根爲大石重數 二根多三十斤爲七小石重數〔註: 二大石比七小石少三十斤故大石二根加三十斤則爲七小石重數〕
三百三十斤少三根爲二小石重數〔註: 三大石二小石共三百三十斤內減三大石之三根餘爲二小石重數〕
一千一百五十五斤少一十根半又爲七小石重數〔註: 三百三十斤少三根七因二歸爲七小石重數〕
二根多三十斤與一千一百五十五斤少一十根半相等 一十二根半與一千一百二十五斤相等〔註: 兩邊各加一十根半得一十二根半又各減三十斤得一千一百二十五斤〕
一根必與九十斤相等卽一大石重數

又借一根爲小石重數 七根少三十斤爲二大石重數 三百三十斤少二根爲三大石重數 一十根半少四十五斤又爲三大石重數 三百三十斤少二根與一十根半少四十五斤相等 一十二根半與三百七十五斤相等〔註: 兩邊各加二根得一十

二根半又各加四十五斤得三百七十五斤〕
一根必與三十斤相等卽一小石重數

주해

큰 돌의 무게를 x라고 하자.
작은 돌 7개의 무게는 $2x+30$근이다. 작은 돌 2개의 무게는 330근$-3x$이다.
작은 돌 2개의 무게에 7을 곱하고 2로 나누면 작은 돌 7개의 무게
(330근$-3x$)$\times\frac{7}{2}=$1,155근$-10\frac{1}{2}x$이다.

$2x+30$근$=$1,155근$-10\frac{1}{2}x$에서 $12\frac{1}{2}x=$1,155근, 즉 $x=90$근이다.

또 작은 돌의 무게를 y라 하자.
큰 돌 2개의 무게는 $7y-30$근이다. 큰 돌 3개의 무게는 330근$-2y$이다.
큰 돌 2개의 무게에 3을 곱하고 2로 나누면 큰 돌 3개의 무게
($7y-30$근)$\times\frac{3}{2}=10\frac{1}{2}y-45$근이다.

330근$-2y=10\frac{1}{2}y-45$ 근에서 $12\frac{1}{2}y=375$근, 즉 $y=30$근이다.

【선 75】 은이 1,640냥 있는데, 이를 나누어 가질 두 형제 각자의 몫은 알지 못한다고 한다. 다만 형의 $\frac{1}{4}$과 동생의 $\frac{1}{6}$은 더해서 350냥이라면, 형제 각자 몫의 은은 얼마인가?
設如有銀一千六百四十兩兄弟二人分之各不知數只兄云[70]之四分之一弟之六分之一共三百五十兩問兄弟各分銀幾何

풀이

1근을 형 몫의 은이라고 하자. 1,640냥에서 1근을 뺀 것은 동생 몫의 은이다. 〔주: 1,640냥에서 형 몫의 은 1근을 빼고 남은 것은 동생 몫의 은이다.〕
$\frac{1}{4}$근은 형 몫의 $\frac{1}{4}$이다. $273\frac{2}{6}$냥에서 $\frac{1}{6}$근을 뺀 것은 동생 몫의 $\frac{1}{6}$이

70) '兄云'은 '云兄'의 오기임.

다. $273\frac{2}{6}$냥에 $\frac{2}{24}$근을 더한 것과 350냥은 서로 같다. 〔주: 두 수를 서로 더한다. 양수 $\frac{1}{4}$근을 모자라는 음수 $\frac{1}{6}$근에 보태어 양수 $\frac{2}{24}$근이 넉넉하다.〕

1,640냥에 반근을 더한 것과 2,100냥은 서로 같다. 〔주: 6몫을 $273\frac{2}{6}$냥에 $\frac{2}{24}$근을 더한 것과 350냥에 곱한다.〕

460냥과 반근은 서로 같다. 〔주: 양변에서 각각 1,640냥을 빼서 460냥을 얻는다.〕

1근과 920냥은 반드시 서로 같다. 곧, 형 몫의 은이다.

또 1근을 동생 몫의 은이라고 하자. 1,640냥에서 1근을 뺀 것은 형 몫의 은이다. $\frac{1}{6}$근은 동생 몫의 $\frac{1}{6}$이다. 410냥에서 $\frac{1}{4}$근을 뺀 것은 형 몫의 $\frac{1}{4}$이다. 410냥에 $\frac{2}{24}$근을 더한[71] 것과 350냥은 서로 같다.

1,640냥에 $\frac{1}{3}$근을 더한[72] 것과 1,400냥은 서로 같다. 〔주: 4몫을 410냥에 $\frac{2}{24}$근을 더한[73] 것과 350냥에 곱한다.〕

240냥과 $\frac{1}{3}$근은 서로 같다. 〔주: 양변에서 각각 1,400냥을 빼서 240냥을 얻는다.〕

1근과 720냥은 반드시 서로 같다. 곧, 동생 몫의 은이다.

法借一根爲兄所分銀 一千六百四十兩少一根爲弟所分銀 〔註: 一千六百四十兩內減兄所分銀一根餘爲弟所分銀〕

---

71) 74)에 의하여 '410냥에 $\frac{2}{24}$근을 더한'을 '410냥에서 $\frac{2}{24}$근을 뺀'으로 바로 잡아야 한다.

72) 75)에 의하여 '1,640냥에 $\frac{1}{3}$근을 더한'을 '1,640냥에서 $\frac{1}{3}$근을 뺀'으로 바로 잡아야 한다.

73) 76)에 의하여 '410냥에 $\frac{2}{24}$근을 더한'을 '410냥에서 $\frac{2}{24}$근을 뺀'으로 바로 잡아야 한다.

四分根之一爲兄所分四分之一 二百七十三兩又六分兩之二少六分根之一爲弟所分六分之一 二百七十三兩又六分兩之二多二十四分根之二與三百五十兩相等〔註: 兩數相倂以多四分根之一補足少六分根之一仍多二十四分根之二〕
一千六百四十兩多半根與二千一百兩相等〔註: 以六分乘二百七十三兩又六分兩之二多二十四分根之二與三百五十兩〕
四百六十兩與半根相等〔註: 兩邊各減一千六百四十兩得四百六十兩〕
一根必與九百二十兩相等卽兄所分銀

又借一根爲弟所分銀 一千六百四十兩少一根爲兄所分銀 六分根之一爲弟所分六分之一 四百一十兩少四分根之一爲兄所分四分之一 四百一十兩多[74]二十四分根之二與三百五十兩相等 一千六百四十兩多[75]三分根之一與一千四百兩相等〔註: 以四分乘四百一十兩多[76]二十四分根之二與三百五十兩〕
二百四十兩與三分根之一相等〔註: 兩邊各減一千四百兩得二百四十兩〕
一根必與七百二十兩相等卽弟所分銀

주해

형 몫의 은을 x라고 하자. 동생 몫의 은은 1,640냥$-x$이다.

형 몫의 $\frac{1}{4}$은 $\frac{1}{4}x$이고 동생 몫의 $\frac{1}{6}$은 (1,640냥$-x$)$\times\frac{1}{6}=273\frac{2}{6}$냥$-\frac{1}{6}x$이다.

$\frac{1}{4}x+(273\frac{2}{6}$냥$-\frac{1}{6}x)=350$냥에서 $273\frac{2}{6}$냥$+\frac{2}{24}x=350$냥이다.

양변에 6을 곱하여 1,640냥$+\frac{1}{2}x=2,100$냥이므로,

460냥$=\frac{1}{2}x$에서 $x=920$냥이다.

또 동생 몫의 은을 y라고 하자. 형 몫의 은은 1,640냥$-y$이다.

동생 몫의 $\frac{1}{6}$은 $\frac{1}{6}y$이고 형 몫의 $\frac{1}{4}$은 (1,640냥$-y$)$\times\frac{1}{4}=410$냥$-\frac{1}{4}y$이다.

$\frac{1}{6}y+(410$냥$-\frac{1}{4}y)=350$냥에서 410냥$-\frac{2}{24}y=350$냥이다.

양변에 4를 곱하면 1,640냥$-\frac{1}{3}y=1,400$냥이다.

240냥$=\frac{1}{3}y$에서 $y=720$냥이다.

74) '多'는 '少'의 오기임.
75) '多'는 '少'의 오기임.
76) '多'는 '少'의 오기임.

【선 76】 갑과 을 두 사람이 과실을 나누어 가지려고 하는데, 각자의 몫은 알지 못한다고 한다. 다만 갑이 을에게 9개를 주면 을과 갑은 같고, 을이 갑에게 9개를 주면 갑의 1배와 을의 2배가 서로 같다면, 갑과 을 몫의 과실은 각각 얼마인가?
設如甲乙二人分果不知其數只云甲予乙九枚[77]則乙與甲等乙予甲九枚則一甲與二乙等問甲乙分果各幾何

풀이

1근을 갑 몫의 과실 수라고 하자. 1근에서 18개를 뺀 것은 을 몫의 과실 수이다. 〔주: 갑이 을에게 주지 않으면 갑은 9개 많다. 곧, 을은 9개 적으므로 1근에서 18개를 뺀 것은 을 몫의 과실 수이다.〕
1근에서 27개를 뺀 것은 을의 남은 과실 수이다. 〔주: 을은 과실을 주면 을 몫의 과실 1근에서 18개를 뺀 것에서 또 9개를 빼므로, 1근에서 27개를 뺀 것은 을의 남은 과실 수이다.〕
1근에 9개를 더한 갑 몫의 1배의 과실 수와 2근에서 54개를 뺀 을 몫의 2배의 과실 수는 서로 같다. 1근과 63개는 반드시 서로 같다. 곧, 갑 몫의 과실 수이다. 〔주: 양변에서 각각 1근을 빼서 1근을 얻고 또 각각 54개를 더하여 63개를 얻는다.〕

또 1근을 을 몫의 과실 수라고 하자. 1근에 18개를 더한 것은 갑 몫의 과실 수이다. 1근에서 9개를 뺀 것은 을의 남은 과실 수이다. 〔주: 을은 갑에게 준 후 반드시 9개 적어지므로 1근에서 9개를 뺀 것은 을의 남은 과실 수이다.〕
1근에 27개를 더한 1배의 갑 몫의 과실 수와 2근에서 18개를 뺀 2배의 을 몫의 과실 수는 서로 같다. 〔주: 을은 갑에게 주므로 갑의 1배는 1근에 27개를 더한 것이며 을의 남은 과실을 배하여 얻은 2근에서 18개를 뺀 것은 을 몫의 2배의 과실 수이다.〕
1근과 45개는 반드시 서로 같다. 곧, 을 몫의 과실 수이다.

法借一根爲甲分果數 一根少一十八枚爲乙分果數 〔註: 甲不予乙則甲多九枚卽乙少九枚故一根少一十八枚爲乙分果數〕

77) '매(枚)'는 매, 장, 개[주로 형체가 작고 둥글 납작한 물건을 세는 단위].

一根少二十七枚爲乙餘果數〔註: 乙予果則乙分果一根少一十八枚又少九枚故一根少二十七枚爲乙餘果數〕
一根多九枚爲一甲分果數與二根少五十四枚爲二乙分果數相等 一根必與六十三枚相等卽甲分果數〔註: 兩邊各減一根得一根又各加五十四枚得六十三枚〕

又借一根爲乙分果數 一根多一十八枚爲甲分果數 一根少九枚爲乙餘果數〔註: 乙予甲後必少九枚故一根少九枚爲乙餘果數〕
一根多二十七枚爲一甲分果數與二根少一十八枚爲二乙分果數相等〔註: 乙予甲故一甲爲一根多二十七枚而乙餘果倍之得二根少一十八枚爲二乙分果數〕
一根必與四十五枚相等卽乙分果數

주해

갑 몫의 과실 수를 x라고 하자. 을 몫의 과실 수에 9개를 더하면 $x-9$개와 서로 같으므로, 을 몫의 과실 수는 $x-18$개이다.
을이 갑에게 9개를 주면 갑은 $x+9$개가 되고
을은 $(x-18$개$)-9$개$=x-27$개가 남는다.
갑은 을의 남은 것의 2배와 서로 같으므로, $x+9$개$=(x-27$개$)\times2$이다.
$x+9$개$=2x-54$에서 $x=63$개이다.

또 을 몫의 과실 수를 y라고 하자. 갑 몫의 과실 수에서 9개를 빼면 $y+9$개와 서로 같으므로, 갑 몫의 과실 수는 $y+18$개다.
을이 갑에게 9개를 주면 을은 $y-9$개가 남고
갑은 $(y+18$개$)+9$개$=y+27$개가 된다.
갑은 을의 남은 것의 2배와 서로 같으므로, $y+27$개$=(y-9$개$)\times2$이다.
$y+27$개$=2y-18$개에서 $y=45$개이다.

【선 77】 쌀을 말, 소, 노새 세 종류를 이용해서 실으려고 하는데, 각각이 실을 수 있는 수량은 알지 못한다고 한다. 다만 2마리 소와 3마리 말 및 4마리 노새에는 합쳐서 8섬을 싣고, 3마리 말과 3마리 노새에는 3마리 소와 서로 같게 싣고, 4마리 소와 1마리 말에는 8마리 노새보다 3섬 더 많이 싣는다면, 각각 얼마를 싣는가?
設如有米用牛馬騾三色載之各不知數只云牛二馬三騾四共載八石馬三騾三與牛三所載相等牛四馬一比騾八所載多三石問各載幾何

풀이

1근을 1마리 소에 싣는 수량이라고 하자. 8섬에서 2근을 빼고 또 3마리 말을 뺀 것은 4마리 노새에 싣는 수량이다. 〔주: 모두 8섬 실은 데에서 소 2근과 3마리 말을 뺀 나머지는 4마리 노새에 싣는 수량이다.〕

3근에서 3마리 말을 뺀 것은 3마리 노새에 싣는 수량이다. 〔주: 3마리 말과 3마리 노새에는 3마리 소에 서로 같게 실으므로, 소 3근에서 3마리 말을 빼고 남은 것은 3마리 노새에 싣는 수량이다.〕

4근에서 3섬을 빼고 1마리 말을 더한 것은 8마리 노새에 싣는 수량이다. 〔주: 4마리 소와 1마리 말에는 8마리 노새보다 3섬 더 많이 실으므로, 소 4근에서 3섬을 빼고 다시 1마리의 말을 더하여 남은 것은 8마리 노새에 싣는 수량이다.〕

4근에서 4마리 말을 뺀 것은 4마리 노새에 싣는 수량〔주: 3마리 노새에 싣는 3근에서 3마리 말을 뺀 것에 4를 곱하고 3으로 나누어 얻은 4근에서 4마리 말을 뺀 것은 또 4마리 노새에 싣는 수량이다.〕과 8섬에서 2근을 빼고 또 3마리 말을 뺀 것은 서로 같다. 16섬에서 4근을 빼고 또 6마리 말을 뺀 것은 8마리 노새에 싣는 수량〔주: 4마리 노새에 싣는 8섬에서 2근을 빼고 또 3마리 말을 뺀 것에 1배를 더하여 얻은 16섬에서 4근을 빼고 또 6마리 말을 뺀 것은 또 8마리 노새에 싣는 수량이다.〕과 4근에서 3섬을 빼고 1마리 말을 더한 것은 서로 같다.

6근에서 8섬을 뺀 것은 1마리 말에 싣는 수량이다. 〔주: 8섬에서 2근을 빼고 또 3마리 말을 뺀 것과 4근에서 4마리 말을 뺀 것은 모두 4마리 노새에 싣는 수량이므로, 양변에 각각 2근을 더하여 6근을 얻고 각각 8섬을 빼서 음수 8섬을 얻고 또 각각 3마리 말을 더하여 1마리 말을 얻으므로 6근에서 8섬을 뺀 것은 1마리 말에 싣는 수량이다.〕

19섬에서 8근을 뺀 것은 7마리 말에 싣는 수량이다. 〔주: 16섬에서 4근을 빼고 또 6마리 말을 뺀 것과 4근에서 3섬을 빼고 1마리 말을 더한 것은 모두 8마리 노새에 싣는 수량이므로, 양변에 각각 3섬을 더하여 19섬을 얻고 또 각각 4근을 빼서 음수 8근을 얻고 또 각각에 6마리 말을 더하여 7마리 말을 얻는다. 얻은 19섬에서 8근을 뺀 것은 7마리 말에 싣는 수량이다.〕

42근에서 56섬을 뺀 것은 7마리 말에 싣는 수량이다. 〔주: 1마리 말에 싣는 6근에서 8섬을 뺀 것을 7배하여 얻은 42근에서 56섬을 뺀

것은 7마리 말에 실는 수량이다.〕

42근에서 56섬을 뺀 것과 19섬에서 8근을 뺀 것은 서로 같다. 50근과 75섬은 서로 같다. 〔주: 양변에 각각 8근을 더하여 50근을 얻고 또 각각에 56섬을 더하여 75섬을 얻는다.〕

1근과 1섬 5말은 반드시 서로 같다. 곧, 1마리 소에 실는 수량이다.

또 1근을 1마리 말에 실는 수량이라고 하자. 8섬에서 3근을 빼고 또 4마리 노새를 뺀 것은 2마리 소에 실는 수량이다. 3근에 3마리 노새를 더한 것은 3마리 소에 실는 수량이다. 3섬에서 1근을 빼고 또 8마리 노새를 더한 것은 4마리 소에 실는 수량이다. 12섬에서 4근 반을 빼고 또 6마리 노새를 뺀 것은 3마리 소에 실는 수량이다. 〔주: 8섬에서 3근을 빼고 또 4마리 노새를 뺀 것에 3을 곱하고 2로 나눈 것은 3마리 소에 실는 수량이다.〕

4근에 4마리 노새를 더한 것은 4마리 소에 실는 수량이다. 〔주: 3근에 3마리 노새를 더한 것에 4를 곱하고 3으로 나눈 것은 4마리 소에 실는 수량이다.〕

3근에 3마리 노새를 더한 것과 12섬에서 4근 반을 빼고 또 6마리 노새를 뺀 것은 서로 같다. 3섬에서 1근을 빼고 또 8마리 노새를 더한 것과 4근에 8[78]마리 노새를 더한 것은 서로 같다. 〔주: 모두 3[79]마리 소에 실는 수량으로 이어지므로 다 서로 같다.〕

12섬에서 7근 반을 뺀 것은 9마리 노새에 실는 수량이다. 5근에서 3섬을 뺀 것은 4마리 노새에 실는 수량이다. 48섬에서 30근을 뺀 것인 36마리 노새에 실는 수량과 45근에서 27섬을 뺀 것인 또 36마리 노새에 실는 수량은 서로 같다. 75근과 75섬은 서로 같다. 1근과 1섬은 반드시 서로 같다. 곧, 1마리 말에 실는 수량이다.

또 1근을 1마리 노새에 실는 수량이라고 하자. 8섬에서 4근을 빼고 또 2마리 소를 뺀 것은 3마리 말에 실는 수량이다. 3마리 소에서 3근을 뺀 것은 3마리 말에 실는 수량이다. 8근에 3섬을 더하고 4마리 소를 뺀 것은 1마리 말에 실는 수량이다. 1마리 소에서 1근을 뺀 것은 1마리 말에 실는 수량이다. 〔주: 3마리 소에서 3근을 뺀 것을 3으로 나누

78) 80)에 의하여 '8'은 '4'로 바로 잡아야 한다.
79) 81)에 의하여 '3'은 '4'로 바로 잡아야 한다.

면 1마리 말에 싣는 수량을 얻는다.]
8섬에서 4근을 빼고 또 2마리 소를 뺀 것과 3마리 소에서 3근을 뺀 것은 서로 같다. 8근에 3섬을 더하고 4마리 소를 뺀 것과 1마리 소에서 1근을 뺀 것은 서로 같다. 8섬에서 1근을 뺀 것은 5마리 소에 싣는 수량이 되고, 9근에 3섬을 더한 것도 또 5마리 소에 싣는 수량이 되어 서로 같다. 10근과 5섬은 서로 같다. 1근과 5말은 반드시 서로 같다. 곧, 1마리 노새에 싣는 수량이다.

法借一根爲牛一所載數 八石少二根又少馬三爲騾四所載數〔註: 共載八石內減牛二根馬三餘爲騾四所載數〕
三根少馬三爲騾三所載數〔註: 馬三騾三與牛三所載相等則牛三根內減馬三餘爲騾三所載數〕
四根少三石多馬一爲騾八所載數〔註: 牛四馬一比騾八所載多三石則牛四根內減三石再加馬一餘爲騾八所載數〕
四根少馬四爲騾四所載數〔註: 騾三所載三根少馬三四因三歸得四根少馬四又爲騾四所載數〕與八石少二根又少馬三相等 一十六石少四根又少馬六爲騾八所載數〔註: 騾四所載八石少二根又少馬三加一倍得一十六石少四根又少馬六又爲騾八所載數〕與四根少三石多馬一相等 六根少八石爲馬一所載數〔註: 八石少二根又少馬三與四根少馬四俱爲騾四所載數故兩邊各加二根得六根各減八石得少八石又各加馬三得馬一故六根少八石爲馬一所載數〕
一十九石少八根爲馬七所載數〔註: 一十六石少四根又少馬六與四根少三石多馬一俱爲騾八所載數故兩邊各加三石得一十九石又各減四根得少八根又各加馬六得馬七得一十九石少八根爲馬七所載數〕
四十二根少五十六石爲馬七所載數〔註: 馬一所載六根少八石七倍之得四十二根少五十六石爲馬七所載數〕
四十二根少五十六石與一十九石少八根相等 五十根與七十五石相等〔註: 兩邊各加八根得五十根又各加五十六石得七十五石〕
一根必與一石五斗相等卽牛一所載數

又借一根爲馬一所載數 八石少三根又少騾四爲牛二所載數 三根多騾三爲牛三所載數 三石少一根又多騾八爲牛四所載數 一十二石少四根半又少騾六爲牛三所載數〔註: 八石少三根又少騾四三因二歸爲牛三所載數〕
四根多騾四爲牛四所載數〔註: 三根多騾三四因三歸爲牛四所載數〕

三根多騾三與一十二石少四根半又少騾六相等 三石少一根又多騾八與四根多騾八[80]相等〔註: 俱係牛三[81]所載數故皆相等〕
一十二石少七根半爲騾九所載數 五根少三石爲騾四所載數 四十八石少三十根爲騾三十六所載數與四十五根少二十七石又爲騾三十六所載數相等 七十五根與七十五石相等 一根必與一石相等卽馬一所載數

又借一根爲騾一所載數 八石少四根又少牛二爲馬三所載數 牛三少三根爲馬三所載數 八根多三石少牛四爲馬一所載數 牛一少一根爲馬一所載數〔註: 牛三少三根三歸得馬一所載數〕
八石少四根又少牛二與牛三少三根相等 八根多三石少牛四與牛一少一根相等 八石少一根爲牛五所載數與九根多三石又爲牛五所載數相等 一十根與五石相等 一根必與五斗相等卽騾一所載數

주해

1마리 소에 싣는 수량을 x라고 하자.
4마리 노새에 싣는 수량은 8섬$-2x-$(3마리 말에 싣는 수량)이고,
3마리 노새에 싣는 수량은 $3x-$(3마리 말에 싣는 수량)이며,
8마리 노새에 싣는 수량은 $4x-$3섬$+$(1마리 말에 싣는 수량)이다.
4마리 노새에 싣는 수량은 3마리 노새에 싣게 되는 수의 $\frac{4}{3}$이므로,
$\{3x-$(3마리 말에 싣는 수량)$\}\times\frac{4}{3}=4x-$(4마리 말에 싣는 수량)이다.
$4x-$(4마리 말에 싣는 수량)$=$8섬$-2x-$(3마리 말에 싣는 수량)에서
(1마리 말에 싣는 수량)$=6x-$8섬이다.
8마리 노새에 싣는 수량은 4마리 노새에 싣는 수량의 배이므로,
{8섬$-2x-$(3마리 말에 싣는 수량)$\}\times 2=$16섬$-4x-$(6마리 말에 싣는 수량)이다.
16섬$-4x-$(6마리 말에 싣는 수량)$=4x-$3섬$+$(1마리 말에 싣는 수량)에서
(7마리 말에 싣는 수량)$=$19섬$-8x$이다.
이는 1마리 말에 싣는 수량의 7배와 같으므로, $(6x-$8섬$)\times 7=$19섬$-8x$이다.
$42x-$56섬$=$19섬$-8x$에서 $50x=$75섬, 즉 $x=$1섬 5말이다.

또 1마리 말에 싣는 쌀의 수량을 y라고 하자.
2마리 소에 싣는 수량은 8섬$-3y-$(4마리 노새에 싣는 수량)이고,
3마리 소에 싣는 수량은 $3y+$(3마리 노새에 싣는 수량)이며,

80) '八'은 '四'의 오기임.
81) '三'은 '四'의 오기임.

4마리 소에 싣는 수량은 3섬$-y+$(8마리 노새에 싣는 수량)이다.
3마리 소에 싣는 수량은 2마리 소에 싣는 수량의 $\frac{3}{2}$이므로,

$\{8$섬$-3y-$(4마리 노새에 싣는 수량)$\}\times\frac{3}{2}$

$=12$섬$-4\frac{1}{2}y-$(6마리 노새에 싣는 수량)이다.

$3y+$(3마리 노새에 싣는 수량)$=12$섬$-4\frac{1}{2}y-$(6마리 노새에 싣는 수량)에서
(9마리 노새에 싣는 수량) $=12$섬$-y$이다.
4마리 소에 싣는 수량은 3마리 소에 싣는 수량의 $\frac{4}{3}$이므로,

$\{3y+$(3마리 노새에 싣는 수량)$\}\times\frac{4}{3}=4y+$(4마리 노새에 싣는 수량)이다.
3섬$-y+$(8마리 노새에 싣는 수량)$=4y+$(4마리 노새에 싣는 수량)에서
(4마리 노새에 싣는 수량)$=5y-3$섬이다.
9마리 노새에 싣는 수량의 4배와 4마리 노새에 싣는 수량의 9배는 모두 36마리 노새에 싣는 수량이므로 (12섬$-7\frac{1}{2}y)\times4=(5y-3$섬$)\times9$이다.
48섬$-30y=45y-27$섬에서 $75y=75$섬, 즉 $y=1$섬이다.

또 1마리 노새에 싣는 쌀의 수량을 z라고 하자.
3마리 말에 싣는 수량은 8섬$-4z-$(2마리 소에 싣는 수량)이고
3마리 말에 싣는 수량은 (3마리 소에 싣는 수량)$-3z$이므로,
8섬$-4z-$(2마리 소에 싣는 수량)$=$(3마리 소에 싣는 수량)$-3z$이고
(5마리 소에 싣는 수량)$=8$섬$-z$이다.
1마리 말에 싣는 수량은 $8z+3$섬$-$(4마리 소에 싣는 수량)이고
1마리 말에 싣는 수량은 3마리 말에 싣는 수량의 $\frac{1}{3}$이므로
(1마리 소에 싣는 수량)$-z$,
$8z+3$섬$-$(4마리 소에 싣는 수량)$=$(1마리 소에 싣는 수량)$-z$,
(5마리 소에 싣는 수량)$=9z+3$섬이다.
8섬$-z=9z+3$섬에서 $10z=5$섬, 즉 $z=5$말이다.

【선 78】 4등급의 사람에게 상으로 줄 은이 있는데, 각각의 무게는 알지 못한다고 한다. 다만 1등 1인, 2등 2인, 3등 3인, 4등 4인의 상을 모두 합치면 은 30냥이다. 또 1등 2인, 2등 3인, 3등 4인, 4등 5인

의 상을 모두 합치면 은 44냥이다. 또 1등 4인, 2등 5인, 3등 7인, 4등 8인의 상을 모두 합치면 은 77냥이다. 또 1등 6인, 2등 5인, 3등 4인, 4등 2인의 상을 모두 합치면 은 66냥이다. 매 등급 사람의 상은 각각 은으로 얼마인가?

設如有銀賞四等人各不知數只云一等一人二等二人三等三人四等四人共賞銀三十兩又一等二人二等三人三等四人四等五人共賞銀四十四兩又一等四人二等五人三等七人四等八人共賞銀七十七兩又一等六人二等五人三等四人四等二人共賞銀六十六兩問每等人各賞銀幾何

풀이

1근을 1등급 사람이 상으로 받을 은의 무게라고 하자. 30냥에서 1근을 빼고 또 3등 3인, 4등 4인을 뺀 것은 2등 2인이 상으로 받을 은의 무게이다. 〔주: 1등 1인, 2등 2인, 3등 3인, 4등 4인이 상으로 받을 은은 모두 30냥이므로, 30냥에서 1등 1근, 3등 3인, 4등 4인의 수를 빼고 남은 것은 2등 2인이 상으로 받을 은의 무게이다.〕

45냥에서 1근 반을 빼고 또 3등 4인 반, 4등 6인을 뺀 것은 2등 3인의 수이다. 〔주: 2등 2인이 상으로 받을 은의 무게인 30냥에서 1근을 빼고 또 3등 3인, 4등 4인을 뺀 것에 3을 곱하고 2로 나누어 얻은 45냥에서 1근 반을 빼고 또 3등 4인 반, 4등 6인 수를 빼고 남은 것은 2등 3인이 상으로 받을 은의 무게이다.〕

44냥에서 2근을 빼고 또 3등 4인, 4등 5인을 뺀 것은 또 2등 3인의 수이다. 〔주: 1등 2인, 2등 3인, 3등 4인, 4등 5인이 상으로 받을 은은 모두 44냥이므로, 44냥에서 1등 2근, 3등 4인, 4등 5인의 수를 빼고 남은 것은 2등 3인이 상으로 받을 은의 무게이다.〕

1냥에 반근을 더한 것과 3등 반인, 4등 1인과 서로 같다. 〔주: 양변에서 각각 44냥을 빼고 각각 2근을 더하여 오른쪽에 양수 1냥에 반근을 더한 것을 얻고, 각각 3등 4인반, 4등 6인을 더하여 왼쪽에 양수 3등 반인, 4등 1인을 얻는다.〕

이를 왼쪽에 두자. 또 77냥에서 4근을 빼고 또 3등 7인, 4등 8인을 뺀 것은 2등 5인의 수이다. 〔주: 1등 4인, 2등 5인, 3등 7인, 4등 8인이 상으로 받을 은은 모두 77냥이므로, 77냥에서 1등 4근, 3등 7인, 4등 8인의 수를 빼고 남은 것은 2등 5인이 상으로 받을 은의 무게

이다.]

66냥에서 6근을 빼고 또 3등 4인, 4등 2인을 뺀 것은 또 2등 5인의 수이다. [주: 1등 6인, 2등 5인, 3등 4인, 4등 2인이 상으로 받을 은은 모두 66냥이므로, 66냥에서 1등 6근, 3등 4인, 4등 2인의 수를 빼고 남은 것은 2등 5인이 상으로 받을 은의 무게이다.]

11냥에 2근을 더한 것과 3등 3인, 4등 6인은 서로 같다. [주: 양변에서 각각 66냥을 빼고 각각 6근을 더하여 오른쪽에 양수 11냥에 2근을 더한 것을 얻고, 각각 3등 7인, 4등 8인을 더하여 왼쪽에 양수 3등 3인, 4등 6인을 얻는다.]

6냥에 3근을 더한 것과 3등 3인, 4등 6인은 또 서로 같다. [주: 왼쪽에 둔 1냥에 반근을 더한 것에 6을 곱하여 얻은 6냥에 3근을 더한 것은 3등 3인과 4등 6인의 합한 수이다.]

11냥에 2근을 더한 것과 6냥에 3근을 더한 것은 서로 같다. 1근과 5냥은 반드시 서로 같다. [주: 양변에서 각각 6냥을 빼서 5냥을 얻고, 각각 2근을 빼서 1근을 얻는다.]

곧, 1등급의 1인이 상으로 받을 은의 무게이다.

또 1근을 4등급 사람이 상으로 받을 은의 무게라고 하자. 120냥에서 16근을 빼고 또 2등 8인, 3등 12인을 뺀 것은 1등 4인의 수이다. [주: 1등 1인, 2등 2인, 3등 3인, 4등 4인이 상으로 받을 은이 모두 30냥이면, 1등 4인, 2등 8인, 3등 12인, 4등 16인이 상으로 받을 은은 모두 반드시 120냥이다. 그러므로 120냥에서 4등 16근, 2등 8인, 3등 12인의 수를 빼고 남은 것은 1등 4인의 수이다.]

88냥에서 10근을 빼고 또 2등 6인, 3등 8인을 뺀 것은 또 1등 4인의 수이다. [주: 1등 2인, 2등 3인, 3등 4인, 4등 5인이 상으로 받을 은이 모두 44냥이면, 1등 4인, 2등 6인, 3등 8인, 4등 10인이 상으로 받을 은은 모두 반드시 88냥이다. 그러므로 88냥에서 4등 10근, 2등 6인, 3등 8인의 수를 빼고 남은 것은 1등 4인의 수이다.]

32냥에서 6근을 뺀 것과 2등 2인, 3등 4인은 서로 같다. [주: 양변에서 각각 88냥을 빼고 각각 10근을 더하여 오른쪽에 32냥에서 6근을 뺀 것을 얻고, 각각 2등 8인, 3등 12인을 더하여 왼쪽에 양수 2등 2인, 3등 4인을 얻는다.]

이를 왼쪽에 두자. 132냥에서 15근을 빼고 또 2등 9인, 3등 12인을 뺀 것은 1등 6인의 수이다. [주: 1등 2인, 2등 3인, 3등 4인, 4등 5인이 상으로 받을 은이 모두 44냥이면, 1등 6인, 2등 9인, 3등 12인, 4등 15인이 상으로 받을 은은 모두 반드시 132냥이다. 그러므로 132냥에서 4등 15근, 2등 9인, 3등 12인의 수를 빼고 남은 것은 1등 6인의 수이다.]

66냥에서 2근을 빼고 또 2등 5인, 3등 4인을 뺀 것은 또 1등 6인의 수이다. [주: 1등 6인, 2등 5인, 3등 4인, 4등 2인이 상으로 받을 은은 모두 66냥이므로, 66냥에서 4등 2근, 2등 5인, 3등 4인의 수를 빼고 남은 것은 1등 6인의 수이다.]

66냥에서 13근을 뺀 것과 2등 4인, 3등 8인은 서로 같다. [주: 양변에서 각각 66냥을 빼고 각각 2근을 더하여 오른쪽에 양수 66냥에서 13근을 뺀 것을 얻고 각각 2등 9인, 3등 12인을 더하여 왼쪽에 양수 2등 4인, 3등 8인을 얻는다.]

66[82]냥에서 12근을 뺀 것과 2등 4인, 3등 8인은 서로 같다. [주: 왼쪽에 둔 32냥에서 6근을 뺀 것을 배하여 얻은 64냥에서 12근을 뺀 것은 2등 4인, 3등 8인의 합한 수이다.]

66냥에서 13근을 뺀 것과 64냥에서 12근을 뺀 것은 서로 같다. 1근과 2냥은 반드시 서로 같다. [주: 양변에서 각각 64냥을 빼서 양수 2냥을 얻고, 각각 13근을 더하여 양수 1근을 얻는다.]

곧, 4등급의 1인이 상으로 받을 은의 무게이다. [주: 44냥에서 1등 2인이 상으로 받을 은 10냥, 4등 5인이 상으로 받을 은 10냥을 빼고 남은 24냥은 2등 3인, 3등 4인이 상으로 받을 은을 합한 무게이다. 또 66냥에서 1등 6인이 상으로 받을 은 30냥, 4등 2인이 상으로 받을 은 40냥을 빼고 남은 32냥은 2등 5인, 3등 4인이 상으로 받을 은을 합한 무게이고, 24냥을 빼면 남은 8냥은 2등 2인이 상으로 받을 은의 무게이다. 2로 나누어 얻은 4냥은 2등 1인이 상으로 받을 은의 무게이고, 또 30냥에서 1등 1인이 상으로 받을 은 5냥, 2등 2인이 상으로 받을 은 8냥, 4등 4인이 상으로 받을 은 8냥 빼고 남은 9냥은 3등 3인이 상으로 받을 은의 무게이다. 3으로 나누어 얻은 3냥은 3등 1인이 상으로 받을 은의 무게이다.]

---

82) 83)에 의하여 '66'은 '64'로 바로 잡아야 한다.

法借一根爲一等人賞銀數 三十兩少一根又少三等三人四等四人爲二等二人賞銀數〔註: 一等一人二等二人三等三人四等四人共賞銀三十兩故三十兩内減一等一根三等三人四等四人數餘爲二等二人賞銀數〕
四十五兩少一根半又少三等四人半四等六人爲二等三人數〔註: 以二等二人賞銀數三十兩少一根又少三等三人四等四人三因二歸得四十五兩少一根半又少三等四人半四等六人數餘爲二等三人賞銀數〕
四十四兩少二根又少三等四人四等五人又爲二等三人數〔註: 一等二人二等三人三等四人四等五人共賞銀四十四兩故四十四兩内減一等二根三等四人四等五人數餘爲二等三人賞銀數〕
一兩多半根與三等半人四等一人相等〔註: 兩邊各減四十四兩各加二根得多一兩多半根於右各加三等四人半四等六人得多三等半人四等一人於左〕
寄左 又七十七兩少四根又少三等七人四等八人爲二等五人數〔註: 一等四人二等五人三等七人四等八人共賞銀七十七兩故七十七兩内減一等四根三等七人四等八人數餘爲二等五人賞銀數〕
六十六兩少六根又少三等四人四等二人又爲二等五人數〔註: 一等六人二等五人三等四人四等二人共賞銀六十六兩故六十六兩内減一等六根三等四人四等二人數餘爲二等五人賞銀數〕
一十一兩多二根與三等三人四等六人相等〔註: 兩邊各減六十六兩各加六根得多一十一兩多二根於右各加三等七人四等八人得多三等三人四等六人於左〕
六兩多三根又與三等三人四等六人相等〔註: 以寄左一兩多半根六因之得六兩多三根爲三等三人四等六人之共數〕
一十一兩多二根與六兩多三根相等 一根必與五兩相等〔註: 兩邊各減六兩得五兩各減二根得一根〕
卽一等一人賞銀數

又借一根爲四等人賞銀數 一百二十兩少一十六根又少二等八人三等一十二人爲一等四人數〔註: 一等一人二等二人三等三人四等四人共賞銀三十兩則一等四人二等八人三等一十二人四等一十六人共賞銀必爲一百二十兩故一百二十兩内減四等一十六根二等八人三等一十二人數餘爲一等四人數〕
八十八兩少一十根又少二等六人三等八人又爲一等四人數〔註: 一等二人二等三人三等四人四等五人共賞銀四十四兩則一等四人二等六人三等八人四等一十人共賞銀必爲八十八兩故八十八兩内減四等一十根二等六人三等八人數餘爲一等四人數〕

三十二兩少六根與二等二人三等四人相等〔註: 兩邊各減八十八兩各加一十根得多三十二兩少六根於右各加二等八人三等一十二人得多二等二人三等四人於左〕

寄左 一百三十二兩少一十五根又少二等九人三等一十二人爲一等六人數〔註: 一等二人二等三人三等四人四等五人共賞銀四十四兩則一等六人二等九人三等一十二人四等一十五人共賞銀必爲一百三十二兩故一百三十二兩內減四等一十五根二等九人三等一十二人數餘爲一等六人數〕

六十六兩少二根又少二等五人三等四人又爲一等六人數〔註: 一等六人二等五人三等四人四等二人共賞銀六十六兩故六十六兩內減四等二根二等五人三等四人數餘爲一等六人數〕

六十六兩少一十三根與二等四人三等八人相等〔註: 兩邊各減六十六兩各加二根得多六十六兩少一十三根於右各加二等九人三等一十二人得多二等四人三等八人於左〕

六十六[83]兩少一十二根與二等四人三等八人相等〔註: 以寄左三十二兩少六根倍之得六十四兩少一十二根爲二等四人三等八人之共數〕

六十六兩少一十三根與六十四兩少一十二根相等 一根必與二兩相等〔註: 兩邊各減六十四兩得多二兩各加一十三根得多一根〕

卽四等一人賞銀數〔註: 四十四兩內減一等二人賞銀一十兩四等五人賞銀一十兩餘二十四兩爲二等三人三等四人共賞銀數又六十六兩內減一等六人賞銀三十兩四等二人賞銀四兩餘三十二兩爲二等五人三等四人共賞銀數內減二十四兩餘八兩爲二等二人賞銀數二歸得四兩爲二等一人賞銀數又三十兩內減一等一人賞銀五兩二等二人賞銀八兩四等四人賞銀八兩餘九兩爲三等三人賞銀數三歸得三兩爲三等一人賞銀數〕

주해

1등급 사람이 상으로 받을 은의 무게를 x라고 하자. 2등 2인이 상으로 받을 은의 무게는 30냥$-x-$(3등 3인의 상)$-$(4등 4인의 상)이고,

2등 3인이 상으로 받을 은의 무게는 2등 2인이 상으로 받을 은의 무게의 $\frac{3}{2}$이므로, 45냥$-1\frac{1}{2}x-$(3등 $4\frac{1}{2}$인의 상)$-$(4등 6인의 상)이다.

또 44냥$-2x-$(3등 4인의 상)$-$(4등 5인의 상)이므로,

83) '六十六'은 '六十四'의 오기임.

44냥 $-2x-$(3등 4인의 상)$-$(4등 5인의 상)
$=$45냥$-1\frac{1}{2}x-$(3등 $4\frac{1}{2}$인의 상)$-$(4등 6인의 상)에서
(3등 $\frac{1}{2}$인의 상)$+$(4등 1인의 상)$=$1냥$+\frac{1}{2}x$이다.
2등 5인이 상으로 받을 은의 무게는 77냥$-4x-$(3등 7인의 상)$-$(4등 8인의 상)
이고, 또 66냥$-6x-$(3등 4인의 상)$-$(4등 2인의 상)이므로,
66냥$-6x-$(3등 4인의 상)$-$(4등 2인의 상)
$=$77냥$-4x-$(3등 7인의 상)$-$(4등 8인의 상)에서
(3등 3인의 상)$+$(4등 6인의 상)$=$11냥$+2x$이다.
{(3등 $\frac{1}{2}$인의 상)$+$(4등 1인의 상)}$\times 6=$(1냥$+\frac{1}{2}x$)$\times 6$에서
(3등 3인의 상)$+$(4등 6인의 상)$=$6냥$+3x$이므로,
11냥$+2x=$6냥$+3x$에서 $x=$5냥이다.

또 4등급 사람이 상으로 받을 은의 무게를 y라고 하자.
(1등 1인의 상)$+$(2등 2인의 상)$+$(3등 3인의 상)$+4y=$30냥이다.
양변에 4를 곱하면 1등 4인이 상으로 받을 은의 무게는
120냥$-16y-$(2등 8은의 상)$-$(3등 12인의 상)이고,
(1등 2인의 상)$+$(2등 3인의 상)$+$(3등 4인의 상)$+5y=$44냥이다.
양변에 2를 곱하면 1등 4인이 상으로 받을 은의 무게는
또 88냥$-10y-$(2등 6인의 상)$-$(3등 8인의 상)이므로,
88냥$-10y-$(2등 6인의 상)$-$(3등 8인의 상)
$=$120냥$-16y-$(2등 8인의 상)$-$(3등 12인의 상)에서
(2등 2인의 상)$+$(3등 4인의 상)$=$32냥$-6y$이다.
(1등 2인의 상)$+$(2등 3인의 상)$+$(3등 4인의 상)$+5y=$44냥이다.
양변에 3을 곱하여 1등 6인이 상으로 받을 은의 무게는
132냥$-15y-$(2등 9인의 상)$-$(3등 12인의 상)이고
(1등 6인의 상)$+$(2등 5인의 상)$+$(3등 4인의 상)$+2y=$66냥에서
1등 6인이 상으로 받을 은의 무게는 또
66냥$-2y-$(2등 5인의 상)$-$(3등 4인의 상)이므로,
66냥$-2y-$(2등 5인의 상)$-$(3등 4인의 상)
$=$132냥$-15y-$(2등 9인의 상)$-$(3등 12인의 상)에서
(2등 4인의 상)$+$(3등 8인의 상)$=$66냥$-13y$이고,
{(2등 2인의 상)$+$(3등 4인의 상)}$\times 2=$(32냥$-6y$)$\times 2$에서
(2등 4인의 상)$+$(3등 8인의 상)$=$64냥$-12y$이므로
66냥$-13y=$64냥$-12y$에서 $y=$2냥이다.

또 (1등 2인의 상)+(2등 3인의 상)+(3등 4인의 상) +(4등 5인의 상)=44냥에서 (2등 3인의 상)+(3등 4인의 상)=44냥$-2x-5y=$24냥이고,
(1등 6인의 상)+(2등 5인의 상)+(3등 4인의 상)+(4등 2인의 상)=66냥에서
(2등 5인의 상)+(3등 4인의 상)=66냥$-6y-2y=$32냥이다.
그러므로 (2등 2인의 상)=32냥−24냥=8냥이고,
2등인 사람이 상으로 받을 은의 무게는 4냥이다.
(1등 1인의 상)+(2등 2인의 상)+(3등 3인의 상)+(4등 4인의 상)=30냥에서
(3등 3인의 상)=30냥$-x-$4냥$\times 2-4y=$9냥이다.
따라서 3등급 사람이 상으로 받을 은의 무게는 3냥이다.

차근방몽구 곤

(借根方蒙求 坤)

면류(面類)

【면 1】 사람이 588명 있는데, 여러 배에 고르게 나누어 타려고 한다. 그 배의 수와 매 배에 타는 사람 수를 더한 것은, 배의 수보다 $\frac{3}{4}$이 많다면, 배의 수와 매 배에 타는 사람 수는 얼마인가?
設如有五百八十八人用船均載其船數與每船所載人數相加比船數多四分之三問船數與每船所載人數幾何

풀이

1근을 배의 수라고 하자. 3근은 사람 수이다. 〔주: 배의 수와 사람 수를 더한 것은 배의 수보다 $\frac{3}{4}$이 많으므로, 배의 수는 1근이고 사람의 수는 3근이다.〕
3평방과 588사람은 서로 같다. 〔주: 1근에 3근을 곱하여 3평방을 얻는다.〕
이차방정식을 풀어〔주: 3평방을 상법[1]으로 구하면〕 14를 얻는다. 곧, 배의 수이다. 배의 수를 3배하면 42를 얻는다. 곧, 사람 수이다.

法借一根爲船數 三根爲人數〔註: 船數與人數相加比船數多四分之三則船數爲一根人數爲三根〕
三平方與五百八十八人相等〔註: 一根乘三根得三平方〕
以平方開之〔註: 以三平方爲常法開之〕得十四卽船數船數三倍之得四十二卽人數

주해

배의 수를 x라고 하자.

$x+$(매 배에 타는 사람 수)$=x+\{x+$(매 배에 타는 사람 수)$\}\times\frac{3}{4}$이므로,

매 배에 타는 사람 수는 $3x$이다.

1) '상법(常法)'은 그 계수가 양을 나타낸다.

$3x \times x = 588$인에서 $3x^2 = 588$인, 즉 $x^2 = 196$인이다.
여기서 196의 양의 제곱근[2]을 구하면 $x = 14$이다.
매 배에 타는 사람의 수는 $3x = 42$이다.

【면 2】 돈이 4,760문 있고 과일나무를 사려고 하는데, 그루 수는 알지 못한다고 한다. 다만 나무 전체의 그루 수와 한 그루의 값을 더하여 174를 얻는다는 것을 안다면, 나무 그루 수와 값은 각각 얼마인가?
設如有錢四千七百六十文買果樹不知數但知樹之共數與每株之價相加得一百七十四問樹數及價各幾何

풀이

1근을 나무 그루 수라고 하자. 174에서 1근을 뺀 것은 한 그루의 값이다. 〔주: 나무 전체의 그루 수와 한 그루의 값을 더하여 얻은 174에서 나무 전체의 그루 수 1근을 뺀 나머지인 174에서 1근을 뺀 것은 한 그루의 값이다.〕
174근에서 1평방을 뺀 것과 4,760문은 서로 같다. 〔주: 나무 그루 수 1근을 한 그루의 값 174에서 1근을 뺀 것에 곱한다.〕

---

2) '개평방법(開平方法)'은 1867년에 출간된 남병길(南秉吉, 1820~1869)이 편찬(編撰)하고 이상혁이 교정한 『산학정의』(算學正義) 상편에 기록되어 있으며, 정사각형의 넓이가 주어졌을 때 한 변의 길이를 구하는 것이라 하였다.
예를 들면, 4,096의 제곱근은 넓이가 4,096인 정사각형의 한 변의 길이이고, 정수 부분은 2자리이므로 다음과 같이 계산한다.

(i) 갑은 넓이가 4,000 이하인 정사각형 중에서, 일의 자리가 0인 두 자리 정수를 한 변의 길이로 하는 것 중에서 가장 큰 것 $60 \times 60 = 3{,}600$으로 한다.
(ii) 직사각형 을은 세로가 60이고 병은 가로가 60이므로, 을과 병의 넓이의 합은 120에 정사각형 정의 한 변을 곱한 것이다.
(iii) $120 \times$(정의 한 변)$+$(정의 한 변)$^2 = 496 (= 4{,}096 - 3{,}600)$인 정의 한 변을 구하는데 $120 \times$(정의 한 변)< 496을 만족시키는 가장 큰 것(정의 한 변)을 구하면 정의 한 변은 4이다.
(iv) 4,096의 제곱근은 $60 + 4 = 64$이다.

종화평방[3])을 풀어〔주: 174는 합한 수이다.〕 34를 얻는다. 곧, 나무 수이다. 34를 174에서 뺀 나머지는 140이다. 곧, 한 그루의 값이다.

法借一根爲樹數 一百七十四少一根爲每株價〔註: 樹共數與每株價相加得一百七十四内減樹共數一根餘爲一百七十四少一根爲每株價〕
一百七十四根少一平方與四千七百六十文相等〔註: 以樹數一根乘每株價一百七十四少一根〕
以縱和平方開之〔註: 以一百七十四爲和數〕得三十四卽樹數以三十四減一百七十四餘爲一百四十卽每株價

---

3) '대종평방법(帶縱平方法)'은 『산학정의』 상편에서 다음과 같이 설명하였다. 대종평방이란 직사각형이다. 대종평방법은 변으로 넓이를 구하는데, 두 변(長 : 긴 변, 闊 : 짧은 변)의 곱이다. 넓이로 변을 구하는 데 반드시 직사각형의 두 변의 차 또는 두 변의 합을 알아야만 하고 그 다음 방정식을 풀 수 있다. 그러므로 이를 대종이라 한다.

넓이 및 장과 활의 차를 알 때 이차방정식을 '종교평방(縱較平方)'이라 하고, 넓이 및 장과 활의 합을 알 때 이차방정식을 '종화평방(縱和平方)'이라고 한다. 대종평방법은 이차방정식, 종교평방과 종화평방을 푸는 방법이다.

이 문제에서 x와 $174-x$를 직사각형의 두 변이라고 생각하면 직사각형의 넓이 $x\times(174-x)=4{,}760$과 두 변의 합 $x+(174-x)=174$를 아는 경우이므로 종화평방을 푸는 문제가 된다. 풀이 방법이 다음을 포함해서 몇 가지 기록되어 있다.

(ⅰ) 고법(古法)

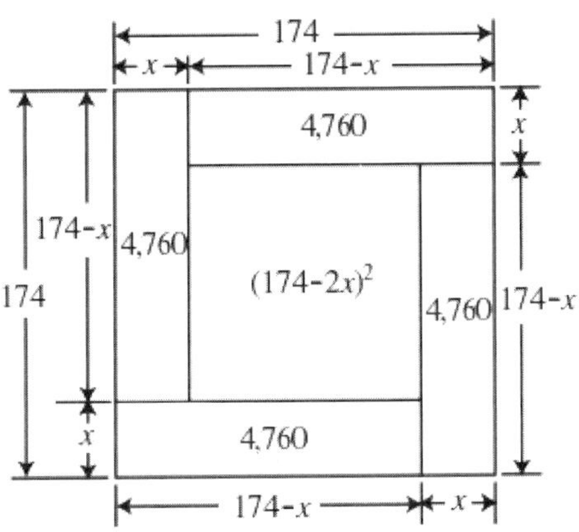

위의 그림에서 가장 큰 정사각형의 넓이를 두 가지로 나타낸 것은 서로 같으므로 $4{,}760\times4+(174-2x)^2=174^2$이다. $(174-2x)^2=11{,}236$에서 $(174-2x)^2=106^2$이고 $174-2x>0$이므로, $174-2x=106$, 즉 $x=34$이다.

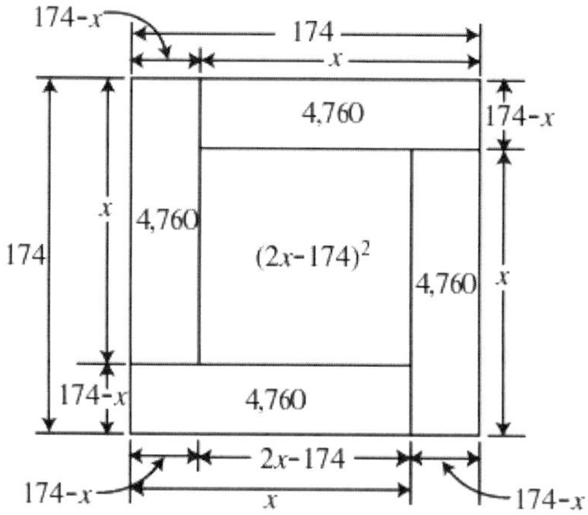

또 위의 그림에서 가장 큰 정사각형의 넓이를 두 가지로 나타낸 것은 서로 같으므로 $4{,}760\times4+(2x-174)^2=174^2$이다. $(2x-174)^2=11{,}236$에서 $(2x-174)^2=106^2$이고 $2x-174>0$이므로, $2x-174=106$, 즉 $x=140$이다.

따라서 나무 그루 수가 34일 때 한 그루의 값은 140문이고, 나무 그루 수가 140일 때 한 그루의 값은 34문이다.

(ii) 증승개방법(增乘開方法)

이차방정식 $174x-x^2=4{,}760$을 증승개방법으로 푸는 과정을 현대적인 방법으로 표현하면 다음과 같다.

$p(x)=x^2-174x+4{,}760(=0)$으로 두고 초상(初商, 처음 근사값)을 30이라고 하면 다음을 얻는다.

1	−174	4,760	(30
	30	−4,320	
1	−144	440	
	30		
1	−114		

차상(次商)을 4라고 하면 다음을 얻는다.

1	−114	440	(4
	4	−440	
1	−110	0	

그러므로 초상과 차상의 합 $30+4=34$가 해이다.

이는 $p(x)=(x-30)(x-144)+440$이고 $x-144=(x-30)\times1-114$이므로 $p(x)=(x-30)^2-114(x-30)+440$이고, 또 $p(x)=(x-30-4)(x-30-110)+0=(x-34)(x-140)$임을 유도하여 $x=34$를 구한 것이다.

주해

나무 그루 수를 x라고 하자. 한 그루의 값은 $174-x$이다.
나무 전체의 값은 $(174-x)\times x=174x-x^2$이다.
$174x-x^2=4{,}760$문에서 $x=34$ 또는 $x=140$이다.[4]
$x=34$일 때 한 그루의 값은 $174-34=140$(문)이고,
$x=140$일 때 한 그루의 값은 $174-140=34$(문)이다.

【면 3】 크고 작은 두 정사각형의 넓이를 더하면 410자라고 한다. 큰 정사각형의 변은 작은 정사각형의 변보다 6자 크다면, 두 정사각형의 변 및 넓이는 각각 얼마인가?
設如大小兩正方面積共四百一十尺[5]大正方邊比小正方邊多六尺問兩正方邊及面積各幾何

풀이

1근을 작은 정사각형의 변이라고 하자. 1근에 6자를 더한 것은 큰 정사각형의 변이다. 1평방은 작은 정사각형의 넓이이다. 〔주: 1근 제곱이다.〕
1평방에 12근을 더하고 또 36자를 더한 것은 큰 정사각형의 넓이이다. 〔주: 1근에 6자를 더한 것을 제곱한다.〕
2평방에 12근을 더하고 또 36자를 더한 것과 410자는 서로 같다. 〔주: 크고 작은 두 정사각형의 넓이를 서로 더한다.〕
2평방에 12근을 더한 것과 374자는 서로 같다. 〔주: 양변에서 각각 36자를 뺀다.〕
1평방에 6근을 더한 것과 187자는 서로 같다. 종교평방을 풀어〔주: 6근은 6자로 하여 종교평방을 풀어〕 11자를 얻는다. 곧, 작은 정사각형의 변이다. 제곱하여 얻은 121자는 작은 정사각형의 넓이이다. 〔주: 작은 정사각형의 한 변의 길이에 6자를 더하여 얻은 17자는 큰 정사각형의 변이고 제곱하여 얻은 289자는 큰 정사각형의 넓이이다.〕

---

4) $x=140$도 답이다. 그러나 구하지 않았다.
5) 길이, 넓이를 모두 자(尺), 치(寸), 푼(分), 리(釐), 호(毫)로 측정했지만 이들 사이의 환산은 길이의 경우는 10호=1리, 10리=1푼, 10푼=1치, 10치=1자로, 넓이의 경우는 100호=1리, 100리=1푼, 100푼=1치, 100치=1자로 하였다.

法借一根爲小正方邊 一根多六尺爲大正方邊 一平方爲小正方面積〔註: 一根自乘〕
一平方多十二根又多三十六尺爲大正方面積〔註: 一根多六尺自乘〕
二平方多十二根又多三十六尺與四百一十尺相等〔註: 大小正方面積相併〕
二平方多十二根與三百七十四尺相等〔註: 兩邊各減三十六尺〕
一平方多六根與一百八十七尺相等 以縱較平方開之〔註: 六根作六尺以縱較平方開之〕得十一尺卽小正方邊自乘得一百二十一尺爲小正方面積〔註: 小正方邊加六尺得十七尺爲大正方邊自乘得二百八十九尺爲大正方面積〕

주해

작은 정사각형의 한 변의 길이를 x라고 하자. 큰 정사각형의 한 변의 길이는 $x+6$자이다. 작은 정사각형의 넓이는 x^2이고, 큰 정사각형의 넓이는 $(x+6)^2=x^2+12x+36$자이다. 두 정사각형의 넓이의 합은 $x^2+(x^2+12x+36$자$)=410$자이므로 $2x^2+12x=374$자이다. 곧 $x^2+6x=187$자이다.
x와 $x+6$자를 직사각형의 두 변으로 생각하면, 직사각형 넓이 $x(x+6$자$)=187$자와 두 변의 차 $(x+6$자$)-x=6$자를 아는 경우이므로 종교평방을 푸는 문제이다.

다음 그림에서 직사각형 ABCD의 두 변은 x와 $x+6$자이다. 정사각형 AHID의 넓이는 x^2이므로 직사각형 HBCI의 넓이는 $6x$가 되어야 한다. 그런데 $\overline{BC}=x$이므로 $\overline{HB}=6$자이어야 한다. 곧, 직사각형 HBCI는 넓이를 $6x$로 하기 위하여 $\overline{HB}=6$자로 만들었다.

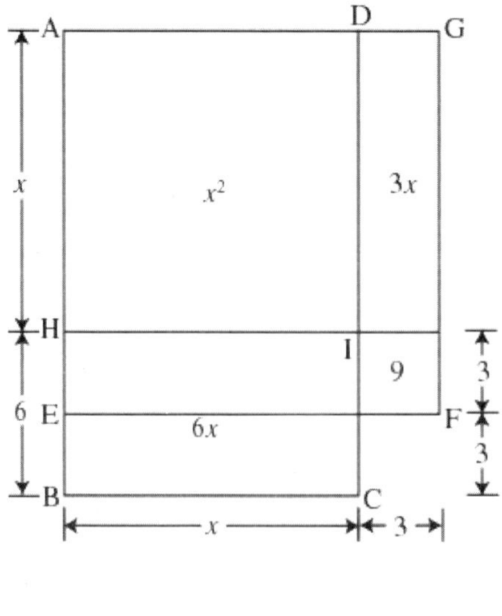

x^2+6x는 직사각형 ABCD의 넓이이다. 이것과 넓이가 비슷한 정사각형 AEFG를 택하면 그 넓이는 (ABCD의 넓이)+9자이므로, 정사각형 AEFG의 넓이는 $(x+3자)^2=187자+9자=196자$이다. 즉 $(x+3자)^2=14^2$자이다.
$x>0$ 이므로 $x+3자=14자$, 즉 $x=11$자이다.
작은 정사각형의 넓이는 $x^2=121$자이고, 큰 정사각형의 한 변의 길이는 $x+6자=17$자이며, 큰 정사각형의 넓이는 $(x+6자)^2=289$자이다.

【면 4】 크고 작은 두 정사각형의 넓이를 더하면 617자라고 한다. 크고 작은 두 정사각형의 변은 더해서 35자라면, 크고 작은 두 정사각형의 변 및 넓이는 각각 얼마인가?
設如大小兩正方面積共六百一十七尺大小兩正方邊共三十五尺問大小兩正方邊及面積各幾何

풀이

1근을 작은 정사각형의 변이라고 하자. 35자에서 1근을 뺀 것은 큰 정사각형의 변이다. [주: 35자에서 작은 정사각형의 변 1근을 뺀 나머지는 큰 정사각형의 변이다.]
1평방은 작은 정사각형의 넓이이다. 1,225자에서 70근을 빼고 1평방을 더한 것은 큰 정사각형의 넓이이다. 1,225자에서 70근을 빼고 2평방을 더한 것과 617자는 서로 같다. 608자와 70근에서 2평방을 뺀 것은 서로 같다. [주: 양변에 각각 음수 70근을 더하여 양수 70근을 얻고 또 각각 양수 2평방을 빼서 음수 2평방을 얻고 또 각각 617자를 빼서 608자를 얻는다.]
1평방에서 35근을 뺀 것[6]과 304자는 서로 같다. 종화평방을 풀어 [주: 35근을 35자로 하여 종화평방을 풀어] 16자를 얻는다. 곧, 작은 정사각형의 변이다. 제곱하여 얻은 256자는 작은 정사각형의 넓이이다. [주: 주어진 변의 합 35자에서 뺀 나머지 19자는 큰 정사각형의 변이고 제곱하여 얻은 360자[7]는 큰 정사각형의 넓이이다.]

---

6) 8)에 의하여 '1평방은 35근을 뺀 것'은 '35근에서 1평방을 뺀 것'으로 바로 잡아야 한다.
7) 9)에 의하여 '360자'는 '361자'로 바로 잡아야 한다.

法借一根爲小正方邊 三十五尺少一根爲大正方邊〔註: 三十五尺內減小正方邊一根餘爲大正方邊〕

一平方爲小正方積面 一千二百二十五尺少七十根多一平方爲大正方面積 一千二百二十五尺少七十根多二平方與六百一十七尺相等 六百零八尺與七十根少二平方相等〔註: 兩邊各加少七十根得多七十根又各減多二平方得少二平方又各減六百一十七尺得六百零八尺〕

一平方少三十五根[8])與三百零四尺相等 以縱和平方開之〔註: 三十五根作三十五尺以縱和平方開之〕得十六尺卽小正方邊自乘得二百五十六尺爲小正方面積〔註: 與共邊三十五尺相減餘十九尺爲大正方邊自乘得三百六十[9])尺爲大正方面積〕

주해

작은 정사각형의 한 변의 길이를 x라고 하자.

큰 정사각형의 한 변의 길이는 35자$-x$이다. 작은 정사각형의 넓이는 x^2이고,

큰 정사각형의 넓이는 (35자$-x$)^2=1225자$-70x+x^2$이다.

넓이의 합 x^2+(1225자$-70x+x^2$)=617자에서 608자=$70x-2x^2$이므로,

304자=$35x-x^2$이다.

x(35자$-x$)=304자이므로, 두 변이 x와 35자$-x$인 직사각형의 넓이 304자와 두 변의 합 x+(35자$-x$)=35자를 아는 경우이므로 종화평방이다.

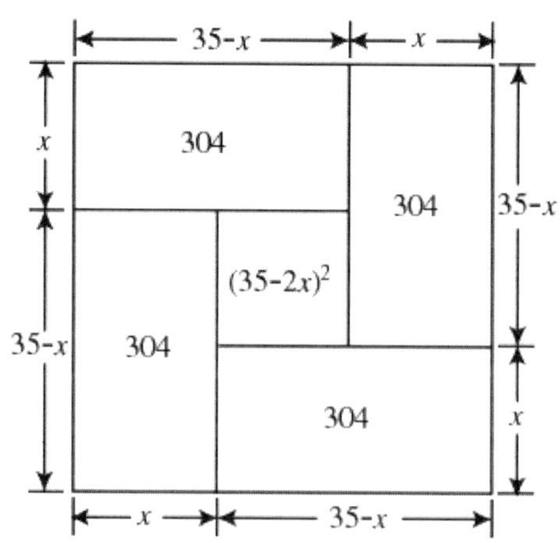

8) '一平方少三十五根'은 '三十五根少一平方'의 오기임.
9 '三百六十'은 '三百六十一'의 오기임.

위의 그림에서 큰 정사각형의 넓이는 $304자 \times 4 + (35자 - 2x)^2 = 35^2자$이다.
$(35자 - 2x)^2 = 9자$에서 $35자 - 2x = 3자$이면 $2x = 32자$이다.
$(35자 - 2x)^2 = (2x - 35자)^2$이므로 $2x - 35자 = 3자$이면 $2x = 38자$이다.
$x = 16자$ 또는 $x = 19자$.

$\begin{cases} x = 16자 \\ 35자 - x = 19자 \end{cases}$ 또는 $\begin{cases} x = 19자 \\ 35자 - x = 16자 \end{cases}$

x는 작은 정사각형의 한 변의 길이이므로 $x = 16자$이고, 작은 정사각형의 넓이는 $16^2 = 256자$이다.
큰 정사각형의 한 변의 길이는 19자이고 큰 정사각형의 넓이는 $19^2 = 361자$이다.

【면 5】 크고 작은 두 정사각형에서, 큰 정사각형의 변은 작은 정사각형의 변보다 7자 길다고 한다. 큰 정사각형의 넓이는 작은 정사각형의 넓이보다 343자 크다면, 크고 작은 두 정사각형의 변은 각각 얼마인가?
設如大小兩正方形大正方邊比小正方邊多七尺大正方積比小正方積多三百四十三尺問大小兩正方邊各幾何

풀이

1근을 작은 정사각형의 변이라고 하자. 1근에 7자를 더한 것은 큰 정사각형의 변이다. 1평방은 작은 정사각형의 넓이이다. 〔주: 1근을 제곱한다.〕
1평방에 14근을 더하고 또 49자를 더한 것은 큰 정사각형의 넓이이다. 〔주: 1근에 7방[10]을 더한 것을 제곱한다.〕
14근에 49자를 더한 것과 343자는 서로 같다. 〔주: 큰 정사각형의 넓이인 1평방에 14근을 더하고 49자를 더한 것에서 작은 정사각형의 넓이 1평방을 뺀 나머지는 14근에 49자를 더한 것이다.〕
14근과 294자는 서로 같다. 〔주: 양변에서 각각 49자를 뺀다.〕
1근은 21자와 반드시 서로 같다. 곧, 작은 정사각형의 변이다. 〔주: 7자를 더하여 얻은 28자는 큰 정사각형의 변이다.〕

法借一根爲小正方邊 一根多七尺爲大正方邊 一平方爲小正方面積〔註: 一

10) 11)에 의하여 '방'은 '자'로 바로 잡아야 한다.

根自乘〕
一平方多十四根又多四十九尺爲大正方面積〔註: 一根多七方[11]自乘〕
十四根多四十九尺與三百四十三尺相等 〔註: 大正方面積一平方多十四根多四十九尺內減小正方面積一平方餘爲十四根多四十九尺〕
十四根與二百九十四尺相等〔註: 兩邊各減四十九尺〕
一根必與二十一尺相等卽小正方邊〔註: 加七尺得二十八尺爲大正方邊〕

주해

작은 정사각형의 한 변의 길이를 x라고 하자. 큰 정사각형의 한 변의 길이는 $x+7$자이다. 작은 정사각형의 넓이는 x^2이고, 큰 정사각형의 넓이는 $(x+7\text{자})^2=x^2+14x+49$자이다.
$(x^2+14x+49)-x^2=343$자이므로 $14x=294$자이고, $x=21$자이다.
큰 정사각형의 한 변의 길이는 $x+7$자$=28$자이다.

【면 6】 크고 작은 두 정사각형의 넓이를 더하면 130자라고 한다. 큰 정사각형의 넓이는 작은 정사각형의 넓이보다 32자 크다면, 크고 작은 두 정사각형의 변은 각각 얼마인가?
設如大小兩正方形共積一百三十尺大正方積比小正方積多三十二尺問大小兩正方邊各幾何

풀이

1근을 작은 정사각형의 변이라고 하자. 1평방은 작은 정사각형의 넓이이다. 〔주: 1근을 제곱한다.〕
1평방에 32자를 더한 것은 큰 정사각형의 넓이이다. 〔주: 큰 정사각형의 넓이는 작은 정사각형이 넓이보다 32자 크므로, 1평방에 큰 것만큼 넓이를 더한 것은 큰 정사각형의 넓이이다.〕
2평방에 32자를 더한 것과 130자는 서로 같다. 2평방과 98자는 서로 같다. 〔주: 양변에서 각각 32자를 뺀다.〕
1평방과 49자는 서로 같다. 이차방정식을 풀어 7자를 얻는다. 곧, 작은 정사각형의 변이다. 〔주: 합한 넓이 130자에서 49자를 뺀 나머지는

11) '方'은 '尺'의 오기임.

81자이다. 이차방정식을 풀어 얻은 9자는 큰 정사각형의 변이다.]

法借一根爲小正方邊 一平方爲小正方面積〔註: 一根自乘〕
一平方多三十二尺爲大正方面積〔註: 大正方積比小正方積多三十二尺故一平方加所多之尺爲大正方積〕
二平方多三十二尺與一百三十尺相等 二平方與九十八尺相等〔註: 兩邊各減三十二尺〕
一平方與四十九尺相等 以平方開之得七尺卽小正方邊〔註: 共積一百三十尺內減四十九尺餘爲八十一尺以平方開之得九尺爲大正方邊〕

주해

작은 정사각형의 한 변의 길이를 x라고 하자. 작은 정사각형의 넓이는 x^2이고 큰 정사각형의 넓이는 x^2+32자이다. $x^2+(x^2+32\text{자})=130$자에서 $2x^2=98$자이다. 그러므로 $x^2=49$자에서 49의 양의 제곱근을 구하면 $x=7$자이다.
큰 정사각형의 넓이는 $130\text{자}-x^2=81$자이므로, 그 한 변의 길이는 9자이다.

【면 7】 서로 다른 세 정사각형의 넓이를 더하면 381자라고 한다. 큰 정사각형의 변은 둘째 정사각형의 변보다 3자 크고, 둘째 정사각형의 변은 작은 정사각형의 변보다 3자 크다면, 세 정사각형의 변은 각각 얼마인가?
設如不等三正方形共積三百八十一尺大方邊比次方邊多三尺次方邊比小方邊多三尺問三方邊各幾何[12]

풀이

1근을 작은 정사각형의 변이라고 하자. 1근에 3자를 더한 것은 둘째 정사각형의 변이고, 1근에 6자를 더한 것은 큰 정사각형의 변이다. 〔주: 큰 정사각형의 변은 둘째 정사각형의 변보다 3자 크므로, 큰 정사각형의 변은 작은 정사각형의 변보다 6자 크다.〕
1평방은 작은 정사각형의 넓이이다. 1평방에 6근을 더하고 또 9자를

12) 문제는 '세 정사각형의 변은 각각 얼마인가? 라고 물었으나 풀이에서는 세 정사각형의 넓이도 구하였다.

더한 것은 둘째 정사각형의 넓이이다. 1평방에 12근을 더하고 또 36자를 더한 것은 큰 정사각형의 넓이이다. 3평방에 18근을 더하고 또 45자를 더한 것과 381자는 서로 같다. 3평방에 18근을 더한 것과 336자는 서로 같다. 〔주: 양변에서 각각 45자를 뺀다.〕
1평방에 6근을 더한 것과 112자는 서로 같다. 종교평방을 풀어〔주: 6근을 6자로 종교평방을 풀어〕 8자를 얻는다. 곧, 작은 정사각형의 변이다. 제곱하여 얻은 64자는 작은 정사각형의 넓이이다. 〔주: 8자에 3자를 더하여 얻은 11자는 둘째 정사각형의 변이다. 제곱하여 얻은 121자는 둘째 정사각형의 넓이이다. 11자에 3자를 더하여 얻은 14자는 큰 정사각형의 변이다. 제곱하여 얻은 196자는 큰 정사각형의 넓이이다.〕

法借一根爲小正方邊　一根多三尺爲次正方邊　一根多六尺爲大正方邊〔註: 大方邊比次方邊多三尺則大方邊比小方邊多六尺〕
一平方爲小正方面積　一平方多六根又多九尺爲次正方面積　一平方多十二根又多三十六尺爲大正方面積 三平方多十八根又多四十五尺與三百八十一尺相等　三平方多十八根與三百三十六尺相等〔註: 兩邊各減四十五尺〕
一平方多六根與一百一十二尺相等　以縱較平方開之〔註: 六根作六尺以縱較平方開之〕得八尺卽小正方邊自乘得六十四尺爲小正方面積〔註: 八尺加三尺得十一尺爲次正方邊自乘得一百二十一尺爲次正方面積十一尺加三尺得十四尺爲大正方邊自乘得一百九十六尺爲大正方面積〕

주해

작은 정사각형의 한 변의 길이를 x라고 하자. 둘째 정사각형의 한 변의 길이는 $x+3$자이고, 큰 정사각형의 한 변의 길이는 $x+6$자이다.
작은 정사각형의 넓이는 x^2이고, 둘째 정사각형의 넓이는 $(x+3\text{자})^2=x^2+6x+9$자이며, 큰 정사각형의 넓이는 $(x+6\text{자})^2=x^2+12x+36$자이므로,
모두 합한 넓이는 $3x^2+18x+45\text{자}=381$자이다.
$3x^2+18x=336$자에서 $x^2+6x=112$자이다.
$x(x+6\text{자})=112$자이므로 두 변이 x와 $x+6$자인 직사각형의 넓이 112자와 두 변의 차 $(x+6\text{자})-x=6$자를 아는 경우이므로, 종교평방은 $(x+3\text{자})^2=112\text{자}+9\text{자}=121$자이다. $(x+3\text{자})^2=11^2$자에서 $x>0$이므로 $x+3\text{자}=11$자, 즉 $x=8$자이다.
둘째 정사각형의 한 변의 길이는 $x+3\text{자}=11$자이고, 큰 정사각형의 한 변의 길이는 $x+6\text{자}=14$자이다.

【면 8】 사다리꼴에서 넓이는 1,500자이고, 높이는 50자이며, 아래와 위 두 너비의 차는 20자라고 한다. 위 너비와 아래 너비는 각각 얼마인가?
設如梯形面積一千五百尺長五十尺上下兩闊相差之較二十尺問上闊下闊各幾何

풀이

1근을 위 너비라고 하자. 20자에 1근을 더한 것은 아래 너비이다. 20자에 2근을 더한 것은 아래와 위 너비를 합한 수이다. 1,000자에 100근을 더한 것과 3,000자는 서로 같다. 〔주: 사다리꼴의 위와 아래 너비를 서로 더한 것에 높이를 곱하면 주어진 넓이의 2배와 같으므로 위 너비 1근에 아래 너비 20자에 1근을 더한 것을 더한 것과 가운데 높이 50자 곱하여 얻은 1,000자에 100근을 더한 것은, 넓이를 배하여 얻은 3,000자와 비교하면 서로 같다.〕
2,000자와 100근은 서로 같다. 〔주: 양변에서 각각 1,000자를 빼서 2,000자를 얻는다.〕
1근과 20자는 반드시 서로 같다. 곧, 위 너비이다. 차 20자를 더하여 얻은 40자는 아래 너비이다.

法借一根爲上闊 二十尺多一根爲下闊 二十尺多二根爲上下闊相和之數 一千尺多一百根與三千尺相等〔註: 梯形之上下闊相加以長相乘則與面積之二倍相等故以上闊一根加下闊二十尺多一根與中長五十尺相乘得一千尺多一百根面積倍之得三千尺以比相等〕
二千尺與一百根相等〔註: 兩邊各減一千尺得二千尺〕
一根必與二十尺相等卽上闊加較二十尺得四十尺爲下闊

주해

위 너비를 x라고 하자. 아래 너비는 $x+20$자이고, 위와 아래 너비의 합은 $2x+20$자이다. 이에 높이 50자를 곱하면 넓이의 2배이므로
$(2x+20$자$)\times 50$자$=1{,}500$자$\times 2$이다.
$100x+1000$자$=3{,}000$자에서 $100x=2{,}000$자, 즉 $x=20$자이다.
아래 너비는 $x+20$자$=40$자이다.

【면 9】 네모진 고리의 넓이는 4,000자이고, 너비는 20자라고 한다. 안팎의 정사각형의 변은 각각 얼마인지 구하여라.
設如方環面積四千尺闊二十尺求內外方邊各幾何

풀이

1근을 바깔 정사각형의 변이라고 하자. 1근에서 40자를 뺀 것은 안쪽 정사각형의 변이다. 〔주: 너비 20자를 배하여 얻은 40자를 바깔 정사각형의 변 1근에서 뺀 것은 안쪽 정사각형의 변이다.〕
1평방은 바깔 정사각형의 넓이이다. 〔주: 1근을 제곱한다.〕
1평방에서 80근을 빼고 1,600자를 더한 것은 안쪽 정사각형의 넓이이다. 〔주: 1근에서 40자를 뺀 것을 제곱한다.〕
80근에서 1,600자를 뺀 것과 4,000자는 서로 같다. 〔주: 바깔 정사각형 넓이 1평방에서, 안쪽 정사각형 넓이인 1평방에서 80근을 빼고 1,600자를 더한 것을, 빼서 얻은 80근에서 1,600자를 뺀 것은, 주어진 네모진 고리의 넓이 4,000자와 서로 같다.〕
80근과 5,600자는 서로 같다. 〔주: 양변에 각각 1,600자를 더하여 얻은 5,600자와 80근은 서로 같다.〕
1근과 70자는 반드시 서로 같다. 곧, 바깔 정사각형의 변이다. 너비 20자를 배하여 얻은 40자를 70자에서 뺀 나머지 30자는 안쪽 정사각형의 변이다.

法借一根爲外方邊 一根少四十尺爲內方邊〔註: 闊二十尺倍之得四十尺以減於外方邊一根爲內方邊〕
一平方爲外方面積〔註: 一根自乘〕
一平方少八十根多一千六百尺爲內方面積〔註: 一根少四十尺自乘〕
八十根少一千六百尺與四千尺相等 〔註: 外方面積一平方內減內方面積一平方少八十根多一千六百尺得八十根少一千六百尺與方環面積四千尺相等〕
八十根與五千六百尺相等 〔註: 兩邊各加一千六百尺得五千六百尺與八十根相等〕
一根必與七十尺相等卽外方邊闊二十尺倍之得四十尺減於七十尺餘得三十尺爲內方邊

주해

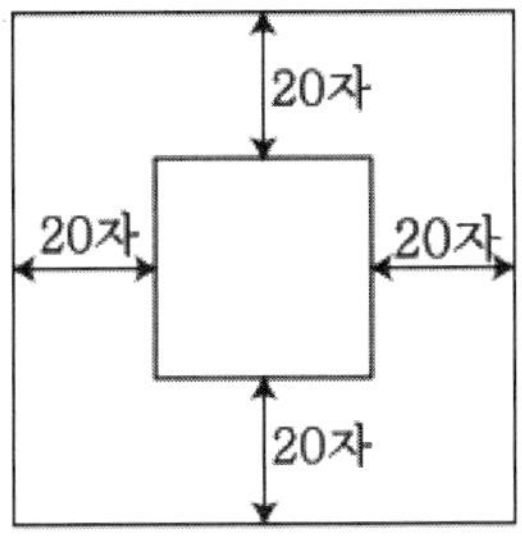

바깥 정사각형의 한 변의 길이를 x라고 하자. 안쪽 정사각형의 한 변의 길이는 $x-20$자$\times 2=x-40$자이다. 바깥 정사각형의 넓이는 x^2이고 안쪽 정사각형의 넓이는 $(x-40\text{자})^2=x^2-80x+1{,}600$자이다.
고리의 넓이는 $x^2-(x^2-80x+1600\text{자})=4{,}000$자이다.
$80x-1{,}600$자$=4{,}000$자에서 $80x=5{,}600$자, 즉 $x=70$자이다.
안쪽 정사각형의 한 변의 길이는 $x-40$자$=70$자-40자$=30$자이다.

【면 10】 (직각삼각형이 있는데) 구(勾)[13]는 5자이고 고(股)[14]는 12자라고 한다. 내접 정사각형의 변은 얼마인가?
設如有勾五尺股十二尺問内容方邊幾何

풀이

1근을 내접 정사각형의 변이라고 하자. 12자에서 1근을 뺀 것은 고와 정사각형의 변의 차이다. 〔주: 고 12자에서 정사각형의 변 1근을 뺀 나머지는 고와 정사각형의 변의 차이다.〕
5자에서 1근을 뺀 것은 구와 정사각형의 변의 차이다. 〔주: 구 5자에서 정사각형의 변 1근을 뺀 나머지는 구와 정사각형의 변의 차이다.〕
1평방은 내접하는 정사각형의 넓이이다. 60자에서 17근을 빼고 1평방을 더한 것은 두 차를 곱한 직사각형의 넓이〔주: 고와 정사각형의 변의 차에, 구와 정사각형의 변의 차를 곱하여 직사각형의 넓이를 얻는다.〕와 1평방은 서로 같다. 〔주: 내접 정사각형의 변을 제곱한 넓이는 곧 중률[15] 제곱이다. 두 변의 차를 곱한 넓이는 곧 수율과 말률의 곱이다.

13) '구(勾)'는 직각삼각형의 직각을 낀 두 변 중 작은 변을 말함.
14) '고(股)'는 직각삼각형의 직각을 낀 두 변 중 큰 변을 말함.

중률의 제곱은 본래 수율과 말률의 곱과 같으므로 정사각형의 넓이와 구 및 고와의 차를 곱한 직사각형의 넓이는 서로 같다.〕
60자와 17근은 서로 같다. 〔주: 양변에서 각각 1평방을 뺀다.〕
1근과 3자 5치 $2\frac{16}{17}$ 푼은 반드시 서로 같다. 곧, 내접 정사각형의 변이다.

法借一根爲内容方邊 十二尺少一根爲股與方邊差〔註: 股十二尺内減方邊一根餘爲股與方邊較〕
五尺少一根爲勾與方邊差〔註: 勾五尺内減方邊一根餘爲勾與方邊較〕
一平方爲内容方面積　六十尺少十七根多一平方爲兩差相乘長方面積〔註: 股與方邊勾與方邊兩差相乘得長方積〕與一平方相等〔註: 内容方邊自乘之面積卽中率自乘也兩邊差相乘之面積卽首末率相乘而中率自乘原同於首末率相乘故方邊面積與勾股差相乘之長方面積相等〕
六十尺與十七根相等〔註: 兩邊各減一平方〕
一根必與三尺五寸二分十七分之十六相等卽内容方邊

주해

구는 5자이고 고는 12자인 직각삼각형 ABC에 내접하는 정사각형 DECF의 한 변의 길이를 x라고 하자.

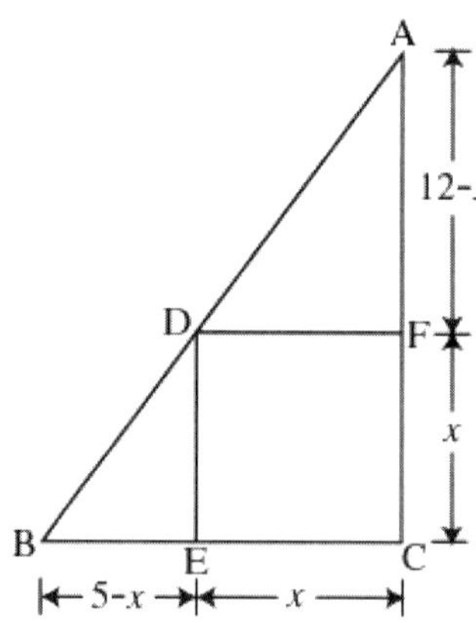

15) '연비례삼률(連比例三率)'은 중률제곱수(中率自乘數)와 수말률상승수(首末率相乘數)가 같음을 말한다. 따라서 중률제곱수, 곧 중률을 한 변으로 하는 정사각형의 넓이는 수율과 말률을 두 변으로 하는 직사각형의 넓이와 같다. 여기서 $a>b>c>0$, $a:b=b:c$일 때 a를 수율, b를 중률, c를 말률이라고 한다.

$\overline{AF}=12자-x$, $\overline{BE}=5자-x$이고, △ADF∽△DBE에서 $\overline{AF}:\overline{DF}=\overline{DE}:\overline{BE}$이다.
여기서 $\overline{DE}=\overline{DF}$이므로, 곧 $\overline{AF}:\overline{DF}=\overline{DF}:\overline{BE}$이다.
$\overline{AF}\cdot\overline{BE}=\overline{DF}^2$에 대입하면 $(12자-x)(5자-x)=x^2$이다.
(이때 좌변은 고와 정사각형의 변의 차 $12자-x$와, 구와 정사각형의 변의 차 $5자-x$를 두 변으로 하는 직사각형의 넓이이고, 우변은 한 변의 길이가 x인 정사각형의 넓이이다.)
$60자-17x+x^2=x^2$에서 $17x=60자$, 즉 $x=3$자 5치 $2\frac{16}{17}$푼이다.

【면 11】 직각삼각형과 내접 직사각형이 있는데, 직사각형의 활 대 직사각형의 장은 $\frac{1}{4}$이고, 구는 활보다 9자 크고, 고는 장보다 4자 크다고 한다. 직사각형의 장과 활 및 구와 고는 각각 얼마인가?
設如有勾股形内容長方形長方之闊比長方之長爲四分之一勾比闊多九尺股比長多四尺問長方之長闊及勾股各幾何

풀이

1근을 내접 직사각형의 활이라고 하자. 4근은 장이다. 4평방은 직사각형의 넓이이고 36자와 서로 같다. [주: 4자와 9자를 곱한다.]
이차방정식을 풀어 3자를 얻는다. 곧, 직사각형의 활이다. 4배하여 얻은 12자는 장이다. 3자에 9자를 더하여 얻은 12자는 구이다. 12자에 4자를 더하여 얻은 16자는 고이다.

法借一根爲内容長方之闊 四根爲長 四平方爲長方面積與三十六尺相等 [註: 四尺九尺相乘]
以平方開之得三尺卽長方之闊四倍之得十二尺爲長三尺加九尺得十二尺爲勾十二尺加四尺得十六尺爲股

주해

직각삼각형 ABC에 내접하는 직사각형을 DEFC라고 하자. 활 $\overline{DE}=x$라 하자.
$\overline{DC}=4x$이고 직사각형 DEFC의 넓이는 $4x^2$이다.
△AED∽△EBF이므로 $\overline{AD}:\overline{DE}=\overline{EF}:\overline{FB}$이다.

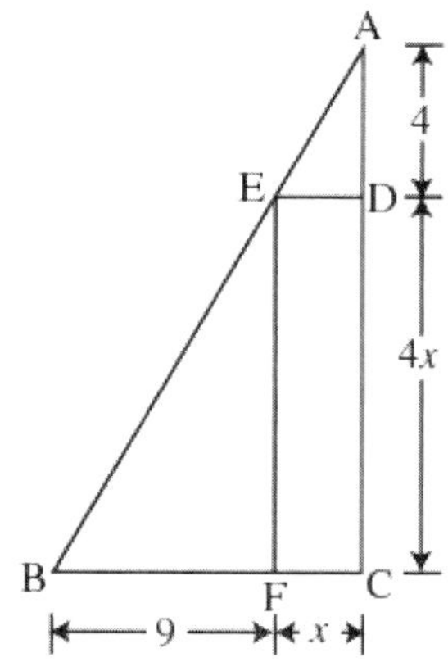

$\overline{DE} \cdot \overline{EF} = \overline{AD} \cdot \overline{FB}$에 대입하면 $x \times 4x = 4$자$\times 9$자이다.
$4x^2 = 36$자에서 $x = 3$자이다.
장 $\overline{DC}$는 $4x = 4 \times 3$자$= 12$자이고, 구 $\overline{AC}$는 $x + 9$자$= 12$자이며, 고 $\overline{BC}$는 $4x +$ 4자$= 16$자이다.

【면 12】 구는 15자이고 고와 현[16]의 차는 5자라고 한다. 고와 현은 각각 얼마인지 구하여라.
設如有勾十五尺股弦較五尺求股弦各幾何

풀이
1근을 고라고 하자. 1근에 5자를 더한 것은 현이다. 1평방은 고의 제곱이다. 〔주: 고 1근을 제곱한다.〕
1평방에 10근을 더하고 또 25자를 더한 것은 현의 제곱이다. 〔주: 현인 1근에 5자를 더한 것을 제곱한다.〕
1평방에 10근을 더하고 200자를 뺀 것〔주: 구 15자를 제곱하여 얻은 225자는 구의 제곱이다. 현의 제곱에서 빼면 1평방에 10근을 더하고 200자를 뺀 것을 얻는다.〕과 1평방은 서로 같다. 〔주: 구의 제곱과 고의 제곱을 더한 수는 본래 현을 제곱한 수와 같으므로 현의 제곱에서 구의 제곱을 뺀 나머지와 고의 제곱인 1평방은 서로 같다.〕

16) '현(弦)'은 직각삼각형(勾股形)의 빗변을 말함.

10근과 200자는 서로 같다. 〔주: 양변에서 각각 1평방을 빼고 또 각각 200자를 더하면 양수 200자를 얻는다.〕
1근과 20자는 반드시 서로 같다. 곧, 고이다. 차 5자를 더하여 얻은 25자는 현이다.

法借一根爲股 一根多五尺爲弦 一平方爲股積[17]〔註: 股一根自乘〕
一平方多十根又多二十五尺爲弦積〔註: 弦一根多五尺自乘〕
一平方多十根少二百尺〔註: 勾十五尺自乘得二百二十五尺爲勾積減於弦積得一平方多十根少二百尺〕與一平方相等〔註: 勾積股積相併之數原同於弦積之數[18]故於弦積内減勾積餘與股積一平方相等〕
十根與二百尺相等〔註: 兩邊各減一平方又各加二百尺得多二百尺〕
一根必與二十尺相等卽股加較五尺得二十五尺爲弦

주해

직각삼각형의 고의 길이를 x라고 하자. 현은 $x+5$자이고
고의 제곱은 x^2이며, 현의 제곱은 $(x+5\text{자})^2=x^2+10x+25$자이다.
현의 제곱에서 구의 제곱을 뺀 나머지는 고의 제곱과 서로 같으므로
$x^2+10x+25\text{자}-225\text{자}=x^2$이다.
$10x=200$자에서 $x=20$자이다.
현은 $x+5\text{자}=25$자이다.

【면 13】 구는 28자이고 고와 현의 합은 98자라고 한다. 고와 현은 각각 얼마인지 구하여라.
設如有勾二十八尺股弦和九十八尺求股弦各幾何

풀이

1근을 현이라고 하자. 98자에서 1근을 뺀 것은 고이다. 1평방은 현의

---

17) '구적(勾積), 고적(股積), 현적(弦績)'은 각각 직각삼각형의 구, 고, 현을 한 변으로 하는 정사각형의 넓이를 말하나 여기서는 '구의 제곱, 고의 제곱, 현의 제곱'이라 하겠다.
18) '勾積股積相併之數原同於弦積之數'는 '구의 제곱과 고의 제곱을 더한 수는 본래 현을 제곱한 수와 서로 같다.' 곧, 피타고라스 정리를 말한다.

제곱이다. 9,604자에서 196근을 빼고 1평방을 더한 것은 고의 제곱이다. 10,388자에서 196근을 빼고 1평방을 더한 것과 1평방은 서로 같다. 〔주: 고의 제곱에 구의 제곱 784자를 더한 것과 현의 제곱은 서로 같다.〕
196근과 10,388자는 서로 같다. 〔주: 양변에서 각각 1평방을 빼고 또 각각 196근을 더하여 양수 196근을 얻는다.〕
1근과 53자는 반드시 서로 같다. 곧, 현이다. 고와 현의 합 98자에서 53자를 뺀 나머지 45자는 고이다.

法借一根爲弦 九十八尺少一根爲股 一平方爲弦積 九千六百零四尺少一百九十六根多一平方爲股積 一萬零三百八十八尺少一百九十六根多一平方與一平方相等〔註: 股積内加勾積七百八十四尺與弦積相等〕
一百九十六根與一萬零三百八十八尺相等〔註: 兩邊各減一平方又各加一百九十六根得多一百九十六根〕
一根必與五十三尺相等卽弦於股弦和九十八尺内減五十三尺餘四十五尺爲股

주해

직각삼각형의 현의 길이를 x라고 하자. 고는 98자$-x$이다.
현의 제곱은 x^2이고, 구의 제곱은 784자이며,
고의 제곱은 (98자$-x)^2=$9,604자$-196x+x^2$이다.
고의 제곱과 구의 제곱의 합은 현의 제곱과 서로 같으므로
9,604자$-196x+x^2+$784자$=x^2$이다.
$196x=$10,388자에서 $x=$53자이다.
고는 98자$-x=$45자이다.

【면 14】 고는 32자이고 구와 현의 차는 16자라고 한다. 구와 현은 각각 얼마인지 구하여라.
設如有股三十二尺勾弦較十六尺求勾弦各幾何

풀이

1근을 현이라고 하자. 1근에서 16자를 뺀 것은 구이다. 1평방은 현의 제곱이다. 1평방에서 32근을 빼고 256자를 더한 것은 구의 제곱이다.

1평방에서 32근을 빼고 1,280자를 더한 것과 1평방은 서로 같다. 〔주: 고 32자를 제곱하여 얻은 1,024자인 고의 제곱과 구의 제곱을 더한 것과 현의 제곱은 서로 같다.〕
32근과 1,280자는 서로 같다. 〔주: 양변에서 각각 1평방을 빼고 또 각각 32근을 더하여 양수 32근을 얻는다.〕
1근과 40자는 반드시 서로 같다. 곧, 현이다. 현 40자에서 구와 현의 차 16자를 빼서 얻은 24자는 구이다.

法借一根爲弦 一根少十六尺爲勾 一平方爲弦積 一平方少三十二根多二百五十六尺爲勾積 一平方少三十二根多一千二百八十尺與一平方相等〔註: 股三十二尺自乘得一千零二十四尺爲股積與勾積相併與弦積相等〕
三十二根與一千二百八十尺相等〔註: 兩邊各減一平方又各加三十二根得多三十二根〕
一根必與四十尺相等卽弦於弦四十尺內減勾弦較十六尺得二十四尺爲勾

주해

직각삼각형의 현의 길이를 x라고 하자. 구는 $x-16$자이다.
현의 제곱은 x^2이고, 고의 제곱은 1,024자이며,
구의 제곱은 $(x-16\text{자})^2=x^2-32x+256$자이다.
고의 제곱과 구의 제곱의 합은 현의 제곱과 서로 같으므로
$1{,}024\text{자}+x^2-32x+256\text{자}=x^2$이다.
$32x=1{,}280$자에서 $x=40$자이다.
구는 $x-16\text{자}=24$자이다.

【면 15】 고는 8자이고 구와 현의 합은 16자라고 한다. 구와 현은 각각 얼마인지 구하여라.
設如有股八尺勾弦和十六尺求勾弦各幾何

풀이

1근을 구라고 하자. 16자에서 1근을 뺀 것은 현이다. 1평방은 구의 제곱이다. 256자에서 32근을 빼고 1평방을 더한 것은 현의 제곱이다. 192자에서 32근을 빼고 1평방을 더한 것〔주: 고 8자를 제곱하여 얻

은 64[19]는 고의 제곱이다. 현의 제곱에서 빼서 192자에서 32근을 빼고 1평방을 더한 것을 얻는다.]과 1평방은 서로 같다. 〔주: 현의 제곱에서 고의 제곱을 뺀 나머지와 구의 제곱은 서로 같다.〕
32근과 192자는 서로 같다. 〔주: 양변에서 각각 1평방을 빼고 또 각각 32근을 더하여 양수 32근을 얻는다.〕
1근과 6자는 반드시 서로 같다. 곧, 구이다. 구와 현의 합 16자에서 6자를 빼서 얻은 10자는 현이다.

法借一根爲勾 十六尺少一根爲弦 一平方爲勾積 二百五十六尺少三十二根多一平方爲弦積 一百九十二尺少三十二根多一平方〔註: 股八尺自乘得六十四[20]爲股積減於弦積得一百九十二尺少三十二根多一平方]與一平方相等 〔註: 弦積內減股積餘與勾積相等〕
三十二根與一百九十二尺相等 〔註: 兩邊各減一平方又各加三十二根得多三十二根〕
一根必與六尺相等卽勾於勾弦和十六尺內減六尺得十尺爲弦

주해

직각삼각형의 구의 길이를 x라고 하자. 현은 16자$-x$이다.
구의 제곱은 x^2이고, 고의 제곱은 64자이며,
현의 제곱은 (16자$-x)^2=$256자$-32x+x^2$이다.
현의 제곱에서 고의 제곱을 뺀 나머지는 구의 제곱과 서로 같으므로
256자$-32x+x^2-$64자$=x^2$이다.
$32x=$192자에서 $x=$6자이다.
현은 16자$-x=$10자이다.

【면 16】 현은 34자이고 구와 고의 차는 14자라고 한다. 구와 고는 각각 얼마인지 구하여라.
設如有弦三十四尺勾股較十四尺求勾股各幾何

풀이

---

19) 20)에 의하여 '64'는 '64자'로 바로 잡아야 한다.
20) '六十四'는 '六十四尺'의 오기임.

1근을 구라고 하자. 1근에 14자를 더한 것은 고이다. 1평방은 구의 제곱이다. 1평방에 28근을 더하고 196자를 더한 것은 고의 제곱이다. 960자에서 1평방을 빼고 또 28근을 뺀 것〔주: 현 34자를 제곱하여 얻은 1,156자는 현의 제곱이다. 고의 제곱을 빼서 960자에서 1평방을 빼고 또 28근을 뺀 것을 얻는다.〕과 1평방은 서로 같다. 〔주: 현의 제곱에서 고의 제곱을 뺀 나머지와 구의 제곱은 서로 같다.〕
2평방에 28근을 더한 것과 960자는 서로 같다. 〔주: 양변에 각각 1평방을 더하고 또 각각 28근을 더한다.〕
1평방에 14근을 더한 것과 480자는 서로 같다. 종교평방을 풀어〔주: 14근을 14자로 하여 종교평방을 풀어〕 16자를 얻는다. 곧, 구이다. 구와 고의 차 14자를 더하여 얻는 30자는 고이다.

法借一根爲勾 一根多十四尺爲股 一平方爲勾積 一平方多二十八根多一百九十六尺爲股積 九百六十尺少一平方又少二十八根〔註: 弦三十四尺自乘得一千一百五十六尺爲弦積内減股積得九百六十尺少一平方又少二十八根〕與一平方相等 〔註: 弦積内減股積餘與勾積相等〕
二平方多二十八根與九百六十尺相等〔註: 兩邊各加一平方又各加二十八根〕
一平方多十四根與四百八十尺相等 以縱較平方開之〔註: 十四根作十四尺以縱較平方開之〕得十六尺卽勾加勾股較十四尺得三十尺爲股

주해

직각삼각형의 구의 길이를 x라고 하자. 고는 $x+14$자이다.
구의 제곱은 x^2이고, 현의 제곱은 1,156자이며,
고의 제곱은 $(x+14\text{자})^2=x^2+28x+196$자이다.
현의 제곱에서 고의 제곱을 뺀 나머지는 구의 제곱과 서로 같으므로
$1156\text{자}-(x^2+28x+196\text{자})=x^2$이다.
$2x^2+28x=960$자에서 $x^2+14x=480$자이다.
$x(x+14\text{자})=480$자에서 두 변이 x와 $x+14$자인 직사각형의 넓이 480자와 두 변의 차 $(x+14\text{자})-x=14$자를 아는 경우이므로, 종교평방은 $(x+7\text{자})^2=23^2$자이다.
$x+7\text{자}>0$이므로 $x+7\text{자}=23$자에서 $x=16$자이다.
고는 $x+14\text{자}=30$자이다.

【면 17】 현은 39자이고 구와 고의 합은 51자라고 한다. 구와 고는 각각 얼마인지 구하여라.
設如有弦三十九尺勾股和五十一尺求勾股各幾何

풀이

1근을 고라고 하자. 51자에서 1근을 뺀 것은 구이다. 1평방은 고의 제곱이다. 2,601자에서 102근을 빼고 1평방을 더한 것은 구의 제곱이다. 2,601자에서 102근을 빼고 2평방을 더한 것과 1,521자는 서로 같다. 〔주: 현 39자를 제곱한 것은 현의 제곱이다.〕
102근에서 2평방을 뺀 것과 1,080자는 서로 같다. 〔주: 양변에서 각각 2평방을 빼서 음수 2평방을 얻고 또 각각 102근을 더하여 양수 102근을 얻고 또 각각 1,521자를 뺀다.〕
51근에서 1평방을 뺀 것과 540자는 서로 같다. 종화평방을 풀어〔주: 51근을 51자로 하여 종화평방을 풀어 구하면〕 36자를 얻는다. 곧, 고이다. 〔주: 종화평방을 풀어 구 15자를 얻으며, 앞에서 이미 근은 고라 하였으므로 번적[21] 때문에 일차항의 계수를 뒤집어서 풀어 얻은 36자는 고이다.〕
구와 고의 합 51자에서 고 36자를 빼서 얻은 15자는 구이다.

---

21) 『산학정의』에 종화평방 $ax-x^2=b\,(a,\ b>0)$를 푸는 방법을 예를 들어 설명하고 있는데, 증승개방법을 썼다. 현대적으로 표현하면 다음과 같다.
$p(x)=-x^2+ax-b\,(=0)$에서 초상을 α라 두면 다음을 얻는다.

-1	a	$-b$	$(\alpha$
	$-\alpha$	$a\alpha-\alpha^2$	
-1	$a-\alpha$	$-b+a\alpha-\alpha^2$	
	$-\alpha$		
-1	$a-2\alpha$		

만약 $-b+a\alpha-\alpha^2=p(\alpha)=0$이면 $x=\alpha$는 해이다.
만약 $p(\alpha)\neq 0$이면 $p(x)=-(x-\alpha)^2+(a-2\alpha)(x-\alpha)-b+a\alpha-\alpha^2$이다.
차상 β를 구한 후 다음과 같이 계산한다.

-1	$a-2\alpha$	$-b+a\alpha-\alpha^2$	$(\beta$
	$-\beta$	$a\beta-2\alpha\beta-\beta^2$	
-1	$a-2\alpha-\beta$	$-b+a(\alpha+\beta)-(\alpha+\beta)^2$	

곧, $p(x)=\{x-(\alpha+\beta)\}(-x+a-2\alpha-\beta)-b+a(\alpha+\beta)-(\alpha+\beta)^2$이다.
만약 $p(\alpha+\beta)=0$이면 $x=\alpha+\beta$는 해이다(이때 $x=a-2\alpha-\beta$도 해가 된다).
여기서 $-b<0$이므로 $-b+a\alpha-\alpha^2>0$일 때 번적(翻積)이라 한다.
또 $a>0$이므로 $a-2\alpha<0$일 때 번적이고 $x=\alpha+\beta\,(>a-2\alpha-\beta)$는 큰 근이다.

法借一根爲股 五十一尺少一根爲勾 一平方爲股積 二千六百零一尺少一百零二根多一平方爲勾積 二千六百零一尺少一百零二根多二平方與一千五百二十一尺相等〔註: 弦三十九尺自乘爲弦積〕
一百零二根少二平方與一千零八十尺相等〔註: 兩邊各減二平方得少二平方又各加一百零二根得多一百零二根又各減一千五百二十一尺〕
五十一根少一平方與五百四十尺相等 以縱和平方開之〔註: 五十一根作五十一尺以縱和平方開之〕得三十六尺卽股〔註: 以縱和平方開之得勾十五尺而前旣借根爲股故用翻積翻從法開之得三十六尺爲股〕
勾股和五十一尺內減股三十六尺得十五尺爲勾

주해

직각삼각형의 고의 길이를 x라고 하자. 구는 51자$-x$이다.
고의 제곱은 x^2, 구의 제곱은 2,601자$-102x+x^2$, 현의 제곱은 1,521자이다.
고의 제곱과 구의 제곱의 합은 현의 제곱과 서로 같으므로
2601자$-102x+2x^2=$1,521자이다.
$102x-2x^2=$1,080자에서 $51x-x^2=$540자이다.
51자$-x$와 x를 두 변으로 하는 직사각형의 넓이 540자와 두 변의 합 $(51-x)+x$ $=$51자를 아는 경우이므로, 종화평방 $-x^2+51x-$540자$(=0)$을 푼다.
일차항의 계수를 음으로 바꾸면 x^2-51x+540자$(=0)$이다.
초상을 30으로 두면 다음을 얻는다.

1	−51	540	(30
	30	−630	
1	−21	−90	
	30		
1	9		

여기서 540과 −90, −51과 9는 각각 부호가 다르므로 번적이다.
차상을 6으로 두면 다음을 얻는다.

1	9	−90	(6
	6	90	
1	15	0	

그러므로 $x=(30+6)$자$=$36자이다.
구는 51자$-x=$15자.

【면 18】 구와 현의 합은 24자이고 고와 현의 합은 27자라고 한다. 구, 고, 현은 각각 얼마인지 구하여라.
設如有勾弦和二十四尺股弦和二十七尺求勾股弦各幾何

풀이

1근을 구라고 하자. 24자에서 1근을 뺀 것은 현이다. 1근에 3자를 더한 것은 고이다. 〔주: 두 합을 변변 뺀 것은 곧, 구와 고의 차이므로 1근에 3자를 더한 것은 고이다.〕
1평방은 구의 제곱이다. 576자에서 48근을 빼고 1평방을 더한 것은 현의 제곱이다. 1평방에 6근을 더하고 또 9자를 더한 것은 고의 제곱이다. 567자에서 54근을 뺀 것과 1평방은 서로 같다. 〔주: 현의 제곱에서 고의 제곱을 뺀 나머지는 구의 제곱이므로 주어진 1평방과 서로 같다.〕
종교평방을 풀어 9자를 얻는다. 곧, 구이다. 구와 현의 합 24자에서 9자를 빼서 얻은 15자는 현이다. 고와 현의 합 27자에서 15자를 빼서 얻은 12자는 고이다.

法借一根爲勾 二十四尺少一根爲弦 一根多三尺爲股〔註: 兩和相減卽爲勾股較故一根多三尺爲股〕
一平方爲勾積 五百七十六尺少四十八根多一平方爲弦積 一平方多六根又多九尺爲股積 五百六十七尺少五十四根與一平方相等〔註: 弦積內減股積餘爲勾積故與一平方相等〕
以縱較平方開之得九尺卽勾於勾弦和二十四尺內減九尺得十五尺爲弦於股弦和二十七尺內減十五尺得十二尺爲股

주해

직각삼각형의 구의 길이를 x라고 하자. 현은 24자$-x$이다. $x+$(현)$=$24자를 (고)$+$(현)$=$27자에서 변변 빼면 (고)$-x=$3자이다. 고는 $x+$3자이다.
구의 제곱은 x^2, 현의 제곱은 576자$-48x+x^2$, 고의 제곱은 x^2+6x+9자이다.
현의 제곱에서 고의 제곱을 뺀 것은 구의 제곱과 서로 같으므로
(576자$-48x+x^2$)$-$(x^2+6x+9자)$=x^2$이다.
567자$-54x=x^2$에서 $x^2+54x=$567자이다.
x와 $x+$54자를 두 변으로 하는 직사각형의 넓이 567자와 두 변의 차 ($x+$54자)

$-x=54$자를 아는 경우이므로, 종교평방은 $(x+27자)^2=36^2$자이다.
$x>0$이므로 $x+27자=36$자에서 $x=9$자이다.
현은 $24자-x=15$자이고, 고는 $x+3자=12$자이다.

【면 19】 구와 고의 합은 21자이고 고와 현의 합은 27자라고 한다. 구, 고, 현은 각각 얼마인지 구하여라.
設如有勾股和二十一尺股弦和二十七尺求勾股弦各幾何

풀이

1근을 고라고 하자. 21자에서 1근을 뺀 것은 구이다. 27자에서 1근을 뺀 것은 현이다. 〔주: 구와 고의 합을 고와 현의 합에서 변변 뺀 것은 곧, 구와 현의 차이므로 구인 21자에서 1근을 뺀 것을 구와 현의 차 6자에 더하여 얻은 27자에서 1근을 뺀 것은 현이다.〕
1평방은 고의 제곱이다. 441자에서 42근을 빼고 1평방을 더한 것은 구의 제곱이다. 729자에서 54근을 빼고 1평방을 더한 것은 현의 제곱이다. 441자에서 42근을 빼고 2평방을 더한 것〔주: 구의 제곱과 고의 제곱을 더한다.〕과 729자에서 54근을 빼고 1평방을 더한 것은 서로 같다.
1평방에 12근을 더한 것과 288자는 서로 같다. 〔주: 양변에서 각각 1평방을 빼고 또 각각 54근을 더하고 또 각각 441자를 뺀다.〕
종교평방을 풀어 얻은 12자는 고이다. 21자에서 12자를 빼서 얻은 9자는 구이다. 27자에서 12자를 빼서 얻은 15자는 현이다.

法借一根爲股 二十一尺少一根爲勾 二十七尺少一根爲弦〔註: 勾股和股弦和相減卽勾弦較故勾之二十一尺少一根加勾弦較六尺得二十七尺少一根爲弦〕
一平方爲股積 四百四十一尺少四十二根多一平方爲勾積 七百二十九尺少五十四根多一平方爲弦積 四百四十一尺少四十二根多二平方〔註: 勾積股積相倂〕與七百二十九尺少五十四根多一平方相等
一平方多十二根與二百八十八尺相等〔註: 兩邊各減一平方又各加五十四根又各減四百四十一尺〕
以縱較平方開之得十二尺爲股二十一尺內減十二尺得九尺爲勾二十七尺內減

十二尺得十五尺爲弦

주해

직각삼각형의 고의 길이를 x라고 하자. 구는 21자$-x$이다.
(구)+(고)=21자를 (고)+(현)=27자에서 변변 빼면 (현)−(구)=6자이다.
현은 6자+(구)=27자$-x$이다.
고의 제곱은 x^2, 구의 제곱은 441자$-42x+x^2$, 현의 제곱은 729자$-54x+x^2$이다.
구의 제곱과 고의 제곱의 합은 현의 제곱과 서로 같으므로
441자$-42x+2x^2$=729자$-54x+x^2$이다. 그러므로 x^2+12x=288자이다.
x와 x+12자를 두 변으로 하는 직사각형의 넓이 288자와 두 변의 차 (x+12자)$-x$=12자를 아는 경우이므로, 종교평방은 (x+6자)^2=18^2자이다.
$x>0$이므로 x+6자=18자에서 x=12자이다.
구는 21자$-x$=9자이고, 현은 27자$-x$=15자이다.

【면 20】 구와 고의 합은 21자이고 구와 현의 합은 24자라고 한다. 구, 고, 현은 각각 얼마인지 구하여라.
設如有勾股和二十一尺勾弦和二十四尺求勾股弦各幾何

풀이

1근을 현이라고 하자. 24자에서 1근을 뺀 것은 구이다. 1근에서 3자를 뺀 것은 고이다. 〔주: 두 합을 상쇄한 것은 곧, 고와 현의 차이므로 1근에서 3자를 뺀 것은 고이다.〕
1평방은 현의 제곱이고, 576자에서 48근을 빼고 1평방을 더한 것은 구의 제곱이다. 1평방에서 6근을 빼고 9자를 더한 것은 고의 제곱이다. 2평방에서 54근을 빼고 585자를 더한 것〔주: 구의 제곱과 고의 제곱을 더한다.〕과 1평방은 서로 같다. 1평방에서 54근을 뺀[22] 것과 585자는 서로 같다. 〔주: 양변에서 각각 1평방을 뺀다.〕
종화평방을 풀어 15자를 얻는다. 곧, 현이다. 24자에서 15자를 빼서 얻은 9자는 구이다. 21자에서 9자를 빼서 얻은 12자는 고이다.

22) 23)에 의하여 '1평방에서 54근을 뺀'은 '54근에서 1평방을 뺀'으로 바로 잡아야 한다.

法借一根爲弦 二十四尺少一根爲勾 一根少三尺爲股〔註: 兩和相減卽股弦較故一根少三尺爲股〕
一平方爲弦積五百七十六尺少四十八根多一平方爲勾積 一平方少六根多九尺爲股積 二平方少五十四根多五百八十五尺〔註: 勾積股積相倂〕與一平方相等 一平方少五十四根[23])與五百八十五尺相等〔註: 兩邊各減一平方〕
以縱和平方開之得十五尺卽弦二十四尺內減十五尺得九尺爲勾二十一尺內減九尺得十二尺爲股

주해

직각삼각형의 현의 길이를 x라고 하자. 구는 24자$-x$이다. (구)+(고)=21자를 (구)+(현)=24자에서 변변 빼면 (현)$-$(고)=3자이다. 고는 $x-3$자이다.
현의 제곱은 x^2, 구의 제곱은 576자$-48x+x^2$, 고의 제곱은 x^2-6x+9자이다.
구의 제곱과 고의 제곱의 합은 현의 제곱과 서로 같으므로
$2x^2-54x+585$자$=x^2$이다. 그러므로 x(54자$-x$)=585자이다.
x와 54자$-x$를 두 변으로 하는 직사각형의 넓이 585자와 두 변의 합 $x+$(54자$-x$)=54자를 아는 경우이므로, 종화평방은 585자$\times 4+$(54자$-2x)^2=54^2$자이다.
(54자$-2x)^2=24^2$자에서 54자$-2x=24$자이면 $x=15$자이다.
(54자$-2x)^2=(2x-$54자$)^2$이므로 $2x-$54자=24자이면 $x=39$자이다.
구와 현의 합이 24자이므로 $x=15$자이다.
구는 24자$-x=9$자이고, 고는 $x-3$자=12자이다.

【면 21】 구와 현의 차는 9자이고 고와 현의 차는 2자라고 한다. 구, 고, 현은 각각 얼마인지 구하여라.
設如有勾弦較九尺股弦較二尺求勾股弦各幾何

풀이

1근을 구라고 하자. 1근에 9자를 더한 것은 현이다. 1근에 7자를 더한 것은 고이다. 〔주: 두 차를 상쇄한 것은 곧, 구와 고의 차이므로 1근에 7자를 더한 것은 고이다.〕
1평방은 구의 제곱이다. 1평방에 18근을 더하고 또 81자를 더한 것은 현의 제곱이다. 1평방에 14근을 더하고 또 49자를 더한 것은 고[24])이

23) '一平方少五十四根'은 '五十四根少一平方'의 오기임.

다. 2평방에 14근을 더하고 49자를 더한 것〔주: 구의 제곱과 고의 제곱을 더한다.〕과 1평방에 18근을 더하고 또 81자를 더한 것은 서로 같다. 1평방에서 4근을 뺀 것과 32자는 서로 같다. 〔주: 양변에서 각각 1평방을 빼고 또 각각 18근을 빼고 또 각각 49자를 뺀다.〕
종화[25]평방을 풀어 8자를 얻는다. 곧, 구이다. 9자를 더하여 얻은 17자는 현이다. 17자에서 2자를 빼서 얻은 15자는 고이다.

法借一根爲勾 一根多九尺爲弦 一根多七尺爲股 〔註: 兩較相減卽勾股較故一根多七尺爲股〕
一平方爲勾積 一平方多十八根又多八十一尺爲弦積 一平方多十四根又多四十九尺爲股[26] 二平方多十四根又多四十九尺〔註: 勾積股積相併〕與一平方多十八根又多八十一尺相等 一平方少四根與三十二尺相等 〔註: 兩邊各減一平方又各減十八根又各減四十九尺〕
以縱和[27]平方開之得八尺卽勾加九尺得十七尺爲弦十七尺內減二尺得十五尺爲股

주해

직각삼각형의 구의 길이를 x라고 하자. 현은 $x+9$자이다. (현)−(구)=9자에서 (현)−(고)=2자를 변변 빼면 (고)−(구)=7자이다. 고는 $x+7$자이다.
구의 제곱은 x^2, 현의 제곱은 $x^2+18x+81$자, 고의 제곱은 $x^2+14x+49$자이다.
구의 제곱과 고의 제곱의 합은 현의 제곱과 서로 같으므로
$2x^2+14x+49$자$=x^2+18x+81$자이다. 그러므로 $x^2-4x=32$자이다.
x와 $x-4$자를 두 변으로 하는 직사각형의 넓이 32자와 두 변의 차 $x-(x-4$자$)=4$자를 아는 경우이므로, 종교평방은 $(x-2$자$)^2=32$자$+4$자$=36$자이다.
$(x-2$자$)^2=6^2$자에서 $x-2$자$=6$자이면, $x=8$자이다.
$(x-2$자$)^2=(2$자$-x)^2$이므로 2자$-x=6$자이면 해가 없다.
현은 $x+9$자$=17$자이고, 고는 현에서 2자를 뺀 것, 곧 17자−2자=15자이다.

【면 22】 구와 고의 차는 34자이고 구와 현의 차는 36자라고 한다.

24) 26)에 의하여 '고'는 '고의 제곱'으로 바로 잡아야 한다.
25) 27)에 의하여 '화'는 '교'로 바로 잡아야 한다.
26) '股'는 '股積'의 오기임.
27) '和'는 '較'의 오기임.

구, 고, 현은 각각 얼마인지 구하여라.
設如有勾股較三十四尺勾弦較三十六尺求勾股弦各幾何

풀이

1근을 고라고 하자. 1근에서 34자를 뺀 것은 구이다. 1근에 2자를 더한 것은 현이다. 〔주: 두 차를 상쇄한 것은 곧, 고와 구의 차이므로 1근에 2자를 더한 것은 현이다.〕
1평방은 고의 제곱이다. 1평방에서 68근을 빼고 1,156자를 더한 것은 구의 제곱이다. 1평방에 4근을 더하고 4자를 더한 것은 현의 제곱이다. 2평방에서 68근을 빼고 1,156자를 더한 것〔주: 구의 제곱과 고의 제곱을 더한다.〕과 1평방에 4근을 더하고 또 4자를 더한 것은 서로 같다. 72근에서 1평방을 뺀 것과 1,152자는 서로 같다. 〔주: 양변에서 각각 2평방을 빼고 또 각각 68근을 더하고 또 각각 4자를 뺀다.〕
종화평방을 풀어〔주: 번적 때문에 일차항의 계수를 뒤집는다.〕 48자를 얻는다. 곧, 고이다. 34자를 빼서 얻은 14자는 구이다. 14자에 36자를 더하여 얻은 50자는 현이다.

法借一根爲股 一根少三十四尺爲勾 一根多二尺爲弦 〔註: 兩較相減卽股弦較故一根多二尺爲弦〕
一平方爲股積 一平方少六十八根多一千一百五十六尺爲勾積 一平方多四根多四尺爲弦積 二平方少六十八根多一千一百五十六尺〔註: 勾積股積相併〕與一平方多四根又多四尺相等 七十二根少一平方與一千一百五十二尺相等 〔註: 兩邊各減二平方又各加六十八根又各減四尺〕
以縱和平方開之〔註: 爲翻積翻從法〕得四十八尺卽股內減三十四尺得十四尺爲勾十四尺加三十六尺得五十尺爲弦

주해

직각삼각형의 고의 길이를 x라고 하자. 구는 $x-34$자이다. (고)−(구)=34자를 (현)−(구)=36자에서 변변 빼면 (현)−(고)=2자이므로 현은 $x+2$자이다.
고의 제곱은 x^2, 구의 제곱은 $x^2-68x+1{,}156$자, 현의 제곱은 x^2+4x+4자이다.
구의 제곱과 고의 제곱의 합은 현의 제곱과 서로 같으므로
$2x^2-68x+1{,}156$자$=x^2+4x+4$자이다. 그러므로 $72x-x^2=1{,}152$자이다.
$x(72$자$-x)=1{,}152$자에서 x와 72자$-x$를 두 변으로 하는 직사각형의 넓이 1,152

자와 두 변의 합 $x+(72자-x)=72자$를 아는 경우이므로, 종화평방 $-x^2+72x-1{,}152자(=0)$을 푼다.
일차항의 계수를 음으로 바꾸면 $x^2-72x+1{,}152자(=0)$이다.
초상을 40으로 두면 다음을 얻는다.

1	−72	1152	(40
	40	−1280	
1	−32	−128	
	40		
1	8		

여기서 1,152와 −128, −72와 8은 각각 부호가 다르므로 번적이다.
차상을 8로 두면 다음을 얻는다.

1	8	−128	(8
	8	128	
1	16	0	

그러므로 $x=(40+8)자=48자$이다.
구는 $x-34자=14자$이고, 현은 (구)+36자=50자이다.

【면 23】 구와 고의 차는 14자이고 고와 현의 차는 2자라고 한다. 구, 고, 현은 각각 얼마인지 구하여라.
設如有勾股較十四尺股弦較二尺求勾股弦各幾何

풀이

1근을 현이라고 하자. 1근에서 2자를 뺀 것은 고이다. 1근에서 16자를 뺀 것은 구이다. 〔주: 두 차를 서로 더한 것은 곧, 구와 현의 차이므로 1근에서 16자를 뺀 것은 구이다.〕
1평방은 현의 제곱이다. 1평방에서 4근을 빼고 4자를 더한 것은 고의 제곱이다. 1평방에서 32근을 빼고 256자를 더한 것은 구의 제곱이다. 2평방에서 36근을 빼고 260자를 더한 것〔주: 구의 제곱과 고의 제곱을 더한다.〕과 1평방은 서로 같다. 36근에서 1평방을 뺀 것과 260자는 서로 같다. 〔주: 양변에서 각각 2평방을 빼고 또 각각 36근을 더한다.〕

종화평방을 풀어〔주: 번적 때문에 일차항의 계수를 뒤집는다.〕 26자를 얻는다. 곧, 현이다. 2자를 빼서 얻은 24자는 고이다. 다시 14자를 빼서 얻은 10자는 구이다.

法借一根爲弦 一根少二尺爲股 一根少十六尺爲勾〔註: 兩較相併卽勾弦較故一根少十六尺爲勾〕
一平方爲弦積 一平方少四根多四尺爲股積 一平方少三十二根多二百五十六尺爲勾積 二平方少三十六根多二百六十尺〔註: 勾積股積相併〕與一平方相等 三十六根少一平方與二百六十尺相等〔註: 兩邊各減二平方又各加三十六根〕
以縱和平方開之〔註: 爲翻積翻從法〕得二十六尺卽弦內減二尺得二十四尺爲股再減十四尺得十尺爲勾

주해

직각삼각형의 현의 길이를 x라고 하자. 고는 $x-2$자이다. (고)−(구)=14자와 (현)−(고)=2자를 변변 더하면 (현)−(구)=16자이므로 구는 $x-16$자이다.
현의 제곱은 x^2, 고의 제곱은 x^2-4x+4자, 구의 제곱은 $x^2-32x+256$자이다.
구의 제곱과 고의 제곱의 합은 현의 제곱과 서로 같으므로
$2x^2-36x+260$자$=x^2$이다. 그러므로 $36x-x^2=260$자이다.
$x(36$자$-x)=260$자에서 x와 36자$-x$를 두 변으로 하고 직사각형의 넓이 260자와 두 변의 합 $x+(36$자$-x)=36$자를 아는 경우이므로, 종화평방 $-x^2+36x-260$자 $(=0)$을 푼다.
일차항의 계수를 음으로 바꾸면 $x^2-36x+260$자$(=0)$이다.
초상을 20으로 두면 다음을 얻는다.

1	−36	260	(20
	20	−320	
1	−16	−60	
	20		
1	4		

여기서 260과 −60, −36과 4는 각각 부호가 다르므로 번적이다.
차상을 6으로 두면 다음을 얻는다.

1	4	−60	(6
	6	60	

1　　10　　0

그러므로 $x=(20+6)$자$=26$자이다.
고는 $x-2$자$=24$자이고, 구는 (고)-14자$=10$자이다.

【면 24】 구와 현의 합은 24자이고 구와 고의 차는 3자라고 한다. 구, 고, 현은 각각 얼마인지 구하여라.
設如有勾弦和二十四尺勾股較三尺求勾股弦各幾何

풀이

1근을 구라고 하자. 24자에서 1근을 뺀 것은 현이다. 1근에 3자를 더한 것은 고이다. 1평방은 구의 제곱이다. 576자에서 48근을 빼고 1평방을 더한 것은 현의 제곱이다. 1평방에 6근을 더하고 9자를 더한 것은 고의 제곱이다. 2평방에 6근을 더하고 또 9자를 더한 것〔주: 구의 제곱과 고의 제곱을 더한다.〕과 576자에서 48근을 빼고 1평방을 더한 것은 서로 같다. 1평방에 54근을 더한 것과 567자는 서로 같다. 〔주: 양변에서 각각 1평방을 빼고 또 각각에 48근을 더하고 또 각각 9자를 뺀다.〕
종교평방을 풀어 9자를 얻는다. 곧, 구이다. 24자에서 9자를 빼서 얻은 15자는 현이다. 9자에 3자를 더하여 얻은 12자는 고이다.

法借一根爲勾　二十四尺少一根爲弦　一根多三尺爲股　一平方爲勾積　五百七十六尺少四十八根多一平方爲弦積　一平方多六根多九尺爲股積　二平方多六根又多九尺〔註: 勾積股積相倂〕與五百七十六尺少四十八根多一平方相等　一平方多五十四根與五百六十七尺相等〔註: 兩邊各減一平方又各加四十八根又各減九尺〕
以縱較平方開之得九尺卽勾二十四尺內減九尺得十五尺爲弦九尺加三尺得十二尺爲股

주해

직각삼각형의 구의 길이를 x라고 하자. 현은 24자$-x$이고 고는 $x+3$자이다.
구의 제곱은 x^2, 현의 제곱은 567자$-48x+x^2$, 고의 제곱은 x^2+6x+9자이다.

구의 제곱과 고의 제곱의 합은 현의 제곱과 서로 같으므로 $2x^2+6x+9$자$=576$자$-48x+x^2$이다. 그러므로 $x^2+54x=567$자이다.
x와 $x+54$자를 두 변으로 하는 직사각형의 넓이 567자와 두 변의 차 ($x+54$자) $-x=54$자를 아는 경우이므로 종교평방은 $(x+27$자$)^2=27^2$자$+567$자이다.
$(x+27$자$)^2=36^2$자에서 $x>0$이므로 $x+27$자$=36$자, $x=9$자이다.
현은 24자$-x=15$자이고, 고는 $x+3$자$=12$자이다.

【면 25】 구와 고의 합은 23자이고 구와 현의 차는 9자라고 한다. 구, 고, 현은 각각 얼마인지 구하여라.
設如有勾股和二十三尺勾弦較九尺求勾股弦各幾何

풀이
1근을 고라고 하자. 23자에서 1근을 뺀 것은 구이다. 32자에서 1근을 뺀 것은 현이다. 〔주: 합과 차를 서로 더한 것은 곧, 고와 현의 합이므로 32자에서 1근을 뺀 것은 현이다.〕
1평방은 고의 제곱이다. 529자에서 46근을 빼고 1평방을 더한 것은 구의 제곱이다. 1,024자에서 64근을 빼고 1평방을 더한 것은 현의 제곱이다. 529자에서 46근을 빼고 2평방을 더한 것〔주: 구의 제곱과 고의 제곱을 더한다.〕과 1,024자에서 64근을 빼고 1평방을 더한 것은 서로 같다. 1평방에 18근을 더한 것과 495자는 서로 같다. 〔주: 양변에서 각각 1평방을 빼고 또 각각 64근을 더하고 또 각각 529자를 뺀다.〕
종교평방을 풀어 15자를 얻는다. 곧, 고이다. 23자에서 15자를 빼서 얻은 8자는 구이다. 8자에 9자를 더하여 얻은 17자는 현이다.

法借一根爲股 二十三尺少一根爲勾 三十二尺少一根爲弦〔註: 和較相併卽股弦和故三十二尺少一根爲弦〕
一平方爲股積 五百二十九尺少四十六根多一平方爲勾積 一千零二十四尺少六十四根多一平方爲弦積 五百二十九尺少四十六根多二平方〔註: 勾積股積相併〕與一千零二十四尺少六十四根多一平方相等 一平方多十八根與四百九十五尺相等〔註: 兩邊各減一平方又各加六十四根又各減五百二十九尺〕
以縱較平方開之得十五尺卽股二十三尺內減十五尺得八尺爲勾八尺加九尺得

十七尺爲弦

주해

직각삼각형의 고의 길이를 x라고 하자. 구는 23자$-x$이다. (구)+(고)=23자와 (현)−(구)=9자를 변변 더한 것은 (현)+(고)=32자이므로 현은 32자$-x$이다. 고의 제곱은 x^2, 구의 제곱은 529자$-46x+x^2$, 현의 제곱은 1,024자$-64x+x^2$이다. 구의 제곱과 고의 제곱의 합은 현의 제곱과 서로 같으므로 529자$-46x+2x^2=$1024자$-64x+x^2$이다. 그러므로 $x^2+18x=$495자이다. x와 $x+$18자를 두 변으로 하는 직사각형의 넓이 495자와 두 변의 차 ($x+$18자)$-x=$18자를 아는 경우이므로, 종교평방은 ($x+$9자)$^2=$81자+495자이다. ($x+$9자)$^2=24^2$자에서 $x>0$이므로 $x+$9자=24자, 즉 $x=$15자이다. 구는 23자$-x=$8자이고, 현은 (구)+9자=17자이다.

【면 26】 구와 고의 합은 17자이고 고와 현의 차는 1자라고 한다. 구, 고, 현은 각각 얼마인지 구하여라.
設如有勾股和十七尺股弦較一尺求勾股弦各幾何

풀이

1근을 현이라고 하자. 1근에서 1자를 뺀 것은 고이다. 18자에서 1근을 뺀 것은 구이다. 〔주: 합과 차를 변변 더한 것은 곧, 구와 현의 합이므로 18자에서 1근을 뺀 것은 구이다.〕
1평방은 현의 제곱이다. 1평방에서 2근을 빼고 1자를 더한 것은 고의 제곱이다. 324자에서 36근을 빼고 1평방을 더한 것은 구의 제곱이다. 325자에서 38근을 빼고 2평방을 더한 것〔주: 구의 제곱과 고의 제곱을 더한다.〕과 1평방은 서로 같다. 38근에서 1평방을 뺀 것과 325자는 서로 같다. 〔주: 양변에서 각각 2평방을 빼고 또 각각 38근을 더한다.〕
종화평방을 풀어 13자를 얻는다. 곧, 현이다. 1자를 빼서 얻은 12자는 고이다. 17자에서 12자를 빼서 얻은 5자는 구이다.

法借一根爲弦 一根少一尺爲股 十八尺少一根爲勾〔註: 和較相併卽勾弦和故十八尺少一根爲勾〕

一平方爲弦積 一平方少二根多一尺爲股積 三百二十四尺少三十六根多一平方爲勾積 三百二十五尺少三十八根多二平方〔註: 勾積股積相併〕與一平方相等 三十八根少一平方與三百二十五尺相等〔註: 兩邊各減二平方又各加三十八根〕
以縱和平方開之得十三尺卽弦減一尺得十二尺爲股十七尺内減十二尺得五尺爲勾

주해

직각삼각형의 현의 길이를 x라고 하자. 고는 $x-1$자이다. (구)+(고)=17자와 (현)−(고)=1자를 변변 더하면 (구)+(현)=18자이므로 구는 18자$-x$이다.
현의 제곱은 x^2, 고의 제곱은 x^2-2x+1자, 구의 제곱은 324자$-36x+x^2$이다.
구의 제곱과 고의 제곱의 합은 현의 제곱과 서로 같으므로
325자$-38x+2x^2=x^2$이다. 그러므로 $38x-x^2=325$자이다.
x와 $38-x$를 두 변으로 하는 직사각형의 넓이 325자와 두 변의 합 $x+$(38자$-x$)=38자를 아는 경우이므로, 종화평방은 325자×4+(38자$-2x$)$^2=38^2$자이다.
(38자$-2x$)$^2=12^2$자에서 38자$-2x=12$자이면 $x=13$자이다.
(38자$-2x$)^2=($2x-38$자)^{2}이므로 ($2x-38$자)$^2=12^2$자에서
$2x-38$자=12자이면 $x=25$자이다.
$1<x<18$이므로 $x=13$자이다.
고는 $x-1$자=12자이고, 구는 17자−(고)=5자이다.

【면 27】 구와 고의 차는 7자이고 구, 고, 현 총합은 40자라고 한다. 구, 고, 현은 각각 얼마인지 구하여라.
設如有勾股較七尺勾股弦總和四十尺求勾股弦各幾何

풀이

1근을 구라고 하자. 1근에 7자를 더한 것은 고이다. 33자에서 2근을 뺀 것은 현이다.〔주: 총합 40자에서 구 1근과 고 1근에 7자를 더한 것을 빼서 얻은 33자에서 2근을 뺀 것은 현이다.〕
1평방은 구의 제곱이다. 1평방에 14근을 더하고 또 49자를 더한 것은 고의 제곱이다. 1,089자에서 132근을 빼고 4평방을 더한 것은 현의 제곱이다. 1,040자에서 146근을 빼고 3평방을 더한 것〔주: 현의 제

곱에서 고의 제곱을 뺀다.]과 1평방[주: 구의 제곱]은 서로 같다. 146근에서 2평방을 뺀 것과 1,040자는 서로 같다. [주: 양변에서 각각 2평방을 빼고 또 각각 146근을 더한다.]
73근에서 1평방을 뺀 것과 520자는 서로 같다. 종화평방을 풀어 8자를 얻는다. 곧, 구이다. 구와 고의 차 7자를 더하여 얻은 15자는 고이다. 총합 40자에서 구 8자 구고[28] 15자를 빼서 얻은 17자는 현이다.

法借一根爲勾 一根多七尺爲股 三十三尺少二根爲弦 〔註: 總和四十尺內減勾一根股一根多七尺得三十三尺少二根爲弦〕
一平方爲勾積 一平方多十四根又多四十九尺爲股積 一千零八十九尺少一百三十二根多四平方爲弦積 一千零四十尺少一百四十六根多三平方〔註: 弦積內減股積〕與一平方〔註: 勾積〕相等 一百四十六根少二平方與一千零四十尺相等 〔註: 兩邊各減二平方又各加一百四十六根〕
七十三根少一平方與五百二十尺相等 以縱和平方開之得八尺卽勾加勾股較七尺得十五尺爲股於總和四十尺內減勾八尺勾股[29]十五尺得十七尺爲弦

주해

직각삼각형에서 구의 길이를 x라고 하자. 고는 $x+7$자이고, 현은 40자$-x-(x+7$자$)=33$자$-2x$이다. 구의 제곱은 x^2이고, 고의 제곱은 $x^2+14x+49$자이며, 현의 제곱은 1,089자$-132x+4x^2$이다.
현의 제곱에서 고의 제곱을 뺀 것은 구의 제곱과 서로 같으므로, 1,040자$-146x+3x^2=x^2$이다. $146x-2x^2=1{,}040$자에서 $73x-x^2=520$자이다.
$x(73$자$-x)=520$자이므로 x와 73자$-x$를 두 변으로 하는 직사각형의 넓이 520자와 두 변의 합 $x+(73$자$-x)=73$자를 아는 경우이므로, 종화평방은
520자$\times 4+(73$자$-2x)^2=73^2$자이다.
$(73$자$-2x)^2=57^2$자에서 73자$-2x=57$자이면 $x=8$자이다.
$(73$자$-2x)^2=(2x-73$자$)^2$이므로 $2x-73$자$=57$자이면 $x=65$자이다.
33자$-2x>0$이므로 $x=8$자이다.
고는 $x+7$자$=15$자이고, 현은 40자$-x-($고$)=17$자이다.

28) 29)에 의하여 '구고'는 '고'는 바로 잡아야 한다.
29) '勾股'는 '股'의 오기임.

【면 28】 구와 고의 합은 23자이고 현과 구고차와의 차는 10자라고 한다. 고와 현[30]은 각각 얼마인지 구하여라.
設如有勾股和二十三尺弦與勾股較之較十尺求股弦[31]各幾何

풀이

1근을 구라고 하자. 23자에서 1근을 뺀 것은 고이다. 33자에서 2근을 뺀 것은 현이다. 〔주: 고 23자에서 1근을 뺀 것에서 구 1근을 빼서 얻은, 23자에서 2근을 뺀 것은 구와 고의 차이다. 현과 구고 차와의 차 10자를 더하여 얻은 33자에서 2근을 뺀 것은 현이다.〕
1평방은 구의 제곱이다. 529자에서 46근을 빼고 1평방을 더한 것은 고의 제곱이다. 1,089자에서 132근을 빼고 4평방을 더한 것은 현의 제곱이다. 560자에서 86근을 빼고 3평방을 더한 것〔주: 현의 제곱에서 고의 제곱을 뺀다.〕과 1평방〔주: 구의 제곱〕은 서로 같다. 86근에서 2평방을 뺀 것과 560자는 서로 같다.〔주: 양변에서 각각 3평방을 빼면 음수 2평방을 얻는다. 또 각각 86근을 더하면 양수 86근을 얻는다.〕
43근에서 1평방을 뺀 것과 280자는 서로 같다. 종화평방을 풀어 8자를 얻는다. 곧, 구이다. 구와 고의 합 23자에서 8자를 빼서 얻은 15자는 고이다. 구와 고의 차 7자에 차 10자를 더하여 얻은 17자는 현이다.

法借一根爲勾　二十三尺少一根爲股　三十三尺少二根爲弦〔註: 股二十三尺少一根減勾一根得二十三尺少二根爲勾股較加弦與勾股較之較一十尺得三十三尺少二根爲弦〕
一平方爲勾積　五百二十九尺少四十六根多一平方爲股積　一千零八十九尺少一百三十二根多四平方爲弦積　五百六十尺少八十六根多三平方〔註: 弦積內減股積〕與一平方〔註: 勾積〕相等　八十六根少二平方與五百六十尺相等〔註: 兩邊各減三平方得少二平方又各加八十六根得多八十六根〕
四十三根少一平方與二百八十尺相等　以縱和平方開之得八尺卽勾於勾股和二十三尺內減八尺得十五尺爲股勾股較七尺加較十尺得十七尺爲弦

주해

30) 31)에 의하여 '고와 현' '구, 고, 현'으로 바로 잡아야 한다.
31) '股弦'은 '勾股弦'의 오기임.

직각삼각형의 구의 길이를 x라고 하자. 고는 23자$-x$이다. 구와 고의 차는 23자$-2x$이고, 23자$-2x$와 현의 차는 10자이므로, 현은 33자$-2x$이다.
구의 제곱은 x^2, 고의 제곱은 529자$-46x+x^2$, 현의 제곱은 1,089자$-132x+4x^2$이고, 현의 제곱에서 고의 제곱을 뺀 것은 구의 제곱과 서로 같으므로
560자$-86x+3x^2=x^2$이다. $86x-2x^2=$560자에서 $43x-x^2=$280자이다.
x와 43자$-x$를 두 변으로 하는 직사각형의 넓이 280자와 두 변의 합 $x+$(43자$-x$)$=$43자를 아는 경우이므로, 종화평방은 280자$\times 4+$(43자$-2x)^2=43^2$자이다.
(43자$-2x)^2=27^2$자에서 43자$-2x=$27자이면 $x=$8자이다.
(43자$-2x)^2=(2x-$43자$)^2$이므로 $2x-$43자$=$27자이면 $x=$35자이다.
$x<$23자이므로 $x=$8자이다.
고는 23자$-x=$15자이고, 현은 (고)$-$(구)$+$10자$=$17자이다.

【면 29】 고와 현의 합은 32자이고, 현과 구고 합과의 차는 6자라고 한다. 구, 고, 현은 각각 얼마인지 구하여라.
設如有股弦和三十二尺弦與勾股和之較六尺求勾股弦各幾何

풀이

1근을 구라고 하자. 38자에서 1근을 뺀 것은 2고이다. 〔주: 고와 현의 합은 1고, 1현을 더한 수이다. 현 수에 현과 구고 합과의 차를 더한 것은 곧, 구와 고의 합이다. 지금 고와 현의 합 32자에, 현과 구고 합과의 차 6자를 더하여 얻은 38자는 2고 1구이므로 구를 빼서 2고를 얻는다.〕
38자에 1근을 더한 것은 2구고의 합이다. 〔주: 2고에 2구를 더하여 2구고 합을 얻는다.〕
26자에 1근을 더한 것은 2현이다. 〔주: 2구고 합에서 2현을 뺀다. 합과 12자의 차는 2현을 얻는다.〕
676자에 52근을 더하고 또 1평방을 더한 것는 2현의 제곱이다. 1,444자에서 76근을 빼고 1평방을 더한 것은 2고의 제곱이다. 4평방은 2구의 제곱이다. 1,444자에서 76근을 빼고 5평방을 더한 것과 676자에 52근을 더하고 또 1평방을 더한 것은 서로 같다. 〔주: 2구의 제곱과 2고의 제곱을 더한 것과 2현의 제곱은 서로 같다.〕
128근에서 4평방을 뺀 것과 768자는 서로 같다. 〔주: 양변에 각각

52[32]근을 더하여 양수 128근을 얻는다. 또 각각 5평방을 빼서 음수 4평방을 얻는다. 또 각각 676자를 빼서 768자를 얻는다.〕

64근에서 2평방을 뺀 것과 384자는 서로 같다. 〔주: 2현의 제곱이므로 절반은 1현의 제곱이다.〕

32근에서 1평방을 뺀 것과 192자는 서로 같다. 종화평방을 풀어 8자를 얻는다. 곧, 구이다. 구 8자에서 현과 구고 합과의 차 6자를 뺀 나머지 2자는 고와 현의 차이다. 주어진 고와 현의 합 32자를 더하여 34자를 얻는다. 절반으로 얻은 17자는 현이다. 여기서 고와 현의 차 2자를 빼서 얻은 15자는 고이다.

法借一根爲勾 三十八尺少一根爲兩股〔註: 股弦和爲一股一弦之共數弦數内加弦與勾股和之較卽爲勾股和而今於股弦和三十二尺加弦與勾股和之較六尺得三十八尺爲兩股一勾故減勾得兩股〕

三十八尺多一根爲兩勾股和〔註: 兩股内加兩勾得兩勾股和〕

二十六尺多一根爲兩弦〔註: 兩勾股和内減兩弦和較十二尺得兩弦〕

六百七十六尺多五十二根又多一平方爲兩弦積 一千四百四十四尺少七十六根多一平方爲兩股積 四平方爲兩勾積 一千四百四十四尺少七十六根多五平方與六百七十六尺多五十二根又多一平方相等〔註: 兩勾股積相倂與兩弦積相等〕

一百二十八根少四平方與七百六十八尺相等〔註: 兩邊各加五十二[33]根得多一百二十八根又各減五平方得少四平方又各減六百七十六尺得七百六十八尺〕

六十四根少二平方與三百八十四尺相等〔註: 兩弦積故折半得一弦積〕

三十二根少一平方與一百九十二尺相等 以縱和平方開之得八尺卽勾於勾八尺内減弦與勾股和之較六尺餘二尺爲股弦較與股弦和三十二尺相加得三十四尺折半得十七尺爲弦内減股弦較二尺得十五尺爲股

주해

직각삼각형의 구의 길이를 x라고 하자. $2\times$(고)$+x=$(현+고)+(구+고−현)=32자+6자=38자이므로, $2\times$(고)=38자$-x$이다.

---

32) 33)에 의하여 '52'는 '76'으로 바로 잡아야 한다.

33) '五十二'는 '七十六'의 오기임.

2×(구+고)−2×(현)=12자이므로, 38자−x+2x−2×(현)=12자,
즉 2×(현)=26자+x이다. 그러므로 2×(현)의 제곱은 676자+52x+x^2이고,
2×(고)의 제곱은 1,444자−76x+x^2이며, 2×(구)의 제곱은 4x^2이다.
구의 제곱의 4배와 고의 제곱의 4배를 더한 것은 현의 제곱의 4배와 서로 같으므로, 1,444자−76x+5x^2=676자+52x+x^2이다.
그러면 128x−4x^2=768자이고, 32x−x^2=192자이다.
x와 32자−x를 두 변으로 하는 직사각형의 넓이 192자와 두 변의 합 x+(32자−x)=32자를 아는 경우이므로, 종화평방은 192자×4+(32자−2x)^2=32^{2}자이다.
(32자−2x)^2=16^{2}자에서 32자−2x=16자이면 x=8자이다.
(32자−2x)^2=(2x−32자)^{2}이므로 2x−32자=16자이면 x=24자이다.
구는 직각을 낀 두 변 중에서 작은 변이므로 x=8자이다.
현에서 고를 뺀 것은 x−6자=2자이고, 현에 고를 더한 것은 32자이므로
현의 2배는 34자이다. 따라서 현은 17자이고, 고는 17자−2자=15자이다.

【면 30】 구와 고의 합은 73자이고, 구와 현의 차와 고와 현의 차의 합은 33자라고 한다. 구, 고, 현은 각각 얼마인가?
設如有勾股和七十三尺勾弦較與股弦較之和三十三尺問勾股弦各幾何

풀이

1근을 구라고 하자. 73자에서 1근을 뺀 것은 고이다. 53자는 현이다. [주: 구와 고의 합 73자에 구와 현의 차와 고와 현의 차의 합 33자를 더하여 106자를 얻는다. 곧, 2현이므로 반으로 1현을 얻는다.]
1평방은 구의 제곱이다. 5,329자에서 146근을 빼고 1평방을 더한 것은 고의 제곱이다. 146근에서 2,520자를 빼고 1평방을 뺀 것[주: 현 53자를 제곱하여 얻은 2,809자는 현의 제곱이다. 여기서 고의 제곱을 뺀다.]과 1평방[주: 구의 제곱]은 서로 같다. 146근에서 2평방을 뺀 것과 2,520자는 서로 같다. [주: 양변에서 각각 1평방을 빼서 음수 2평방을 얻고 또 각각 2,520자를 더하여 양수 2,520자를 얻는다.]
73근에서 1평방을 뺀 것과 1,260자는 서로 같다. 종화평방을 풀어 28자를 얻는다. 곧, 구이다. 구와 고의 합 73자에서 구 28자를 빼서 얻은 45자는 고이다.

法借一根爲勾 七十三尺少一根爲股 五十三尺爲弦〔註: 勾股和七十三尺加勾弦較與股弦較之和三十三尺得一百零六尺卽二弦故半之得一弦〕
一平方爲勾積 五千三百二十九尺少一百四十六根多一平方爲股積 一百四十六根少二千五百二十尺少一平方〔註: 弦五十三尺自乘得二十[34]八百零九尺爲弦積內減股積〕與一平方〔註: 勾積〕相等 一百四十六根少二平方與二千五百二十尺相等〔註: 兩邊各減一平方得少二平方又各加二千五百二十尺得多二千五百二十尺〕
七十三根少一平方與一千二百六十尺相等 以縱和平方開之得二十八尺卽勾於勾股和七十三尺減勾二十八尺得四十五尺爲股

주해

직각삼각형의 구의 길이를 x라고 하자. 고는 73자$-x$이다. (구+고)+(현−구)+(현−고)=73자+33자이므로 2×(현)=106자, 즉 현은 53자이다.
구의 제곱은 x^2, 고의 제곱은 5,329자$-146x+x^2$이고 현의 제곱에서 고의 제곱을 뺀 것은 구의 제곱과 서로 같으므로, 2,809자$-$(5,329자$-146x+x^2$)$=x^2$이다.
$146x-2x^2=$2,520자에서 $73x-x^2=$1,260자이다.
x와 73자$-x$를 두 변으로 하는 직사각형의 넓이 1,260자와 두 변의 합 $x+$(73자$-x$)=73자를 아는 경우이므로, 종화평방은 1,260자×4+(73자$-2x$)$^2=73^2$자이다.
(73자$-2x$)$^2=17^2$자에서 73자$-2x=$17자이면 $x=$28자이다.
(73자$-2x$)$^2=$($2x-$73자)^{2}이므로 $2x-$73자=17자이면 $x=$45자이다.
구는 직각을 낀 두 변 중에서 작은 변이므로 $x=$28자이다.
고는 73자$-x=$45자이다.

【면 31】 구, 고, 현의 총합은 150자이고, 구와 고의 차, 고와 현의 차, 구와 현의 차를 더하면 80자라고 한다. 구, 고, 현은 각각 얼마인지 구하여라.
設如有勾股弦總和一百五十尺勾股較股弦較勾弦較共八十尺求勾股弦各幾何

풀이

1근을 구라고 하자. 1근에 40자를 더한 것은 현이다. 〔주: 세 차는 더해서 80자, 절반 40자를 얻는다. 곧, 구와 현의 차이므로 1근에 40자

34) '十'은 '千'의 오기임.

를 더한 것은 현이다.]
110자에서 2근을 뺀 것은 고이다. 〔주: 총합 150자에서 구 1근을 빼고 또 현 1근에 40자를 더한 것을 빼서 얻은 110자에서 2근을 뺀 것은 고이다.]
1평방은 구의 제곱이다. 1평방에 80근을 더하고 또 1,600자를 더한 것은 현의 제곱이다. 12,100자에서 440근을 빼고 4평방을 더한 것은 고의 제곱이다. 520근에서 3평방을 빼고 또 10,100자를 뺀 것〔주: 현의 제곱에서 고의 제곱을 뺀다.]과 1평방〔주: 구의 제곱〕은 서로 같다. 520근에서 4평방을 뺀 것과 10,500자는 서로 같다. 〔주: 양변에서 각각 1평방을 빼서 음수 4평방을 얻고 또 각각 10,500자를 더하여 양수 10,500자를 얻는다.]
130근에서 1평방을 뺀 것과 2,625자는 서로 같다. 종화평방을 풀어 25자를 얻는다. 곧, 구이다. 구와 현의 차 40자를 더하여 얻은 65자는 현이다. 총합 150자에서 구와 현의 합 90자를 빼서 얻은 60자는 고이다.

法借一根爲勾 一根多四十尺爲弦〔註: 三較共八十尺折半得四十尺卽勾弦較故一根多四十尺爲弦〕
一百一十尺少二根爲股〔註: 總和一百五十尺內減勾一根又減弦一根多四十尺得一百一十尺少二根爲股〕
一平方爲勾積 一平方多八十根又多一千六百尺爲弦積 一萬二千一百尺少四百四十根多四平方爲股積 五百二十根少三平方又少一萬零一百尺〔註: 弦積內減股積〕與一平方〔註: 勾積〕相等 五百二十根少四平方與一萬零五百尺相等〔註: 兩邊各減一平方得少四平方又各加一萬零五百尺得多一萬零五百尺〕
一百三十根少一平方與二千六百二十五尺相等 以縱和平方開之得二十五尺卽勾於勾弦較四十尺相加得六十五尺爲弦於總和一百五十尺內減勾弦和九十尺得六十尺爲股

주해

직각삼각형의 구의 길이를 x라고 하자. (고－구)+(현－고)+(현－구)=80자에서 2×(현－구)=80자이므로 (현)－(구)=40자이고, 현은 40자+x이다.
고는 150자－(구)－(현)=110자－2x이다.

구의 제곱은 x^2, 현의 제곱은 $x^2+80x+1{,}600$자, 고의 제곱은 $12{,}100$자$-440x+4x^2$이다. 현의 제곱에서 고의 제곱을 뺀 것은 구의 제곱과 서로 같으므로
$520x-3x^2-10{,}500$자$=x^2$이다. $520x-4x^2=10{,}500$자에서 $130x-x^2=2{,}625$자이다.
x와 130자$-x$를 두 변으로 하는 직사각형의 넓이 2,625자와
두 변의 합 $x+$(130자$-x$)$=$130자를 아는 경우이므로,
종화평방은 2,625자$\times 4+$(130자$-2x)^2=130^2$자이다.
(130자$-2x)^2=80^2$자에서 130자$-2x=$80자이면 $x=$25자이다.
(130자$-2x)^2=(2x-$130자$)^2$이므로 $2x-$130자$=$80자이면 $x=$105자이다.
110자$-2x>0$ 이므로 $x=$25자이다.
현은 $x+$40자$=$65자이고, 고는 150자$-(x+$현$)=$60자이다.

【면 32】 직각삼각형의 넓이는 60자이고, 구, 고, 현의 총합은 40자라고 한다. 구, 고, 현은 각각 얼마인지 구하여라.
設如有勾股積六十尺勾股弦總和四十尺求勾股弦各幾何

풀이

1근을 현이라고 하자. 40자에서 1근을 뺀 것은 구와 고의 합이다. 1평방은 현의 제곱이다. 1,600자에서 80근을 빼고 1평방을 더한 것은 구와 고의 합의 제곱이다. 1,360자에서 80근을 빼고 1평방을 더한 것과 1평방은 서로 같다. 〔주: 직각삼각형의 넓이 60자에 4를 곱하여 240자를 얻고, 구와 고의 합을 제곱한 수 안에 1현의 제곱과 4직각삼각형의 넓이가 있으므로, 구와 고의 합의 제곱 1,600자에서 80근을 빼고 1평방을 더한 것에서 4직각삼각형의 넓이 240자를 뺀 나머지, 1,360자에서 80근을 빼고 1평방을 더한 것은 곧, 주어진 현의 제곱 1평방과 서로 같다.〕
80근과 1,360자는 서로 같다. 〔주: 양변에서 각각 1평방을 뺀다.〕
1근과 17자는 반드시 서로 같다. 곧, 현이다. 총합 40자에서 현 17자를 뺀 나머지 23자는 곧, 구와 고의 합이다. 또 현을 제곱하여 얻은 289자에서 4직각삼각형의 넓이 240자를 뺀 나머지는 49자이다. 이차방정식을 풀어 얻은 7자는 구와 고의 차이다. 〔주: 현을 제곱한 수 안에 4직각삼각형의 넓이와 1구와 고의 차의 제곱이 있으므로, 현의 제곱에서 4직각삼각형의 넓이를 뺀다. 이차방정식을 풀어 구와 고의 차를

얻는다.〕 이를 구와 고의 합에 더한 것의 절반으로 얻은 15자는 고이고, 구와 고의 합에서 뺀 것의 절반으로 얻은 8자는 구이다.

法借一根爲弦 四十尺少一根爲勾股和 一平方爲弦積 一千六百尺少八十根多一平方爲勾股和積 一千三百六十尺少八十根多一平方與一平方相等〔註: 勾股積六十尺以四因之得二百四十尺勾股和自乘數內有一弦積四勾股積故勾股和積一千六百尺少八十根多一平方內減四勾股積二百四十尺餘一千三百六十尺少八十根多一平方卽與弦積一平方相等〕
八十根與一千三百六十尺相等〔註: 兩邊各減一平方〕
一根必與十七尺相等卽弦於總和四十尺內減弦十七尺餘二十三尺卽勾股和又以弦自乘得二百八十九尺與四勾股積二百四十尺相減餘四十九尺以平方開之得七尺爲勾股較〔註: 弦自乘數內有四勾股積一勾股較積故弦積內減四勾股積以平方開之得勾股較〕與勾股和相加折半得十五尺爲股與勾股和相減折半得八尺爲勾

주해

직각삼각형의 현의 길이를 x라고 하자. 구와 고의 합은 40자$-x$이다.
현의 제곱은 x^2이고, 구와 고의 합의 제곱은 1,600자$-80x+x^2$이며,
직각삼각형의 넓이의 4배는 60자×4=240자이다.
(구+고)^2=(구)^2+(고)^2+2×(구)×(고)=(현)^2+4×(넓이)이므로
(구+고)^2−4×(넓이)=(현)^{2}이다.
1,600자$-80x+x^2-$240자$=x^2$에서 $x=$17자이다.
구와 고의 합은 40자$-x=$23자이다.
(현)^2=(고−구)^2+4×(넓이)이므로 17^2=(고−구)^2+240자에서
(고−구)^2=289자−240자=49자이다. 그러므로 구와 고의 차는 7자이다.
(구)+(고)=23자와 (고)−(구)=7자를 변변 더하면 2×(고)=30자, 즉 고는 15자이다. 또 변변 빼면 2×(구)=16자, 즉 구는 8자이다.

【면 33】 직각삼각형의 넓이는 60자이고, 현과 구고합과의 차는 6자라고 한다. 구, 고, 현은 각각 얼마인지 구하여라.
設如有勾股積六十尺弦與勾股和之較六尺求勾股弦各幾何

풀이

1근을 현이라고 하자. 1근에 6자를 더한 것은 구와 고의 합이다. 1평방은 현의 제곱이다. 1평방에 12근을 더하고 또 36자를 더한 것은 구와 고의 합의 제곱이다. 1평방에 240자를 더한 것과 1평방에 12근을 더하고 또 36자를 더한 것은 서로 같다. 〔주: 직각삼각형의 넓이 60자에 4를 곱하여 얻은 240자와 현의 제곱 1평방을 더하여 얻은, 1평방에 240자를 더한 것은, 곧 구와 고의 합의 제곱이므로, 구와 고의 합의 제곱인 1평방에 12근을 더하고 또 36자를 더한 것과 서로 같다.〕
12근과 204자는 서로 같다. 〔주: 양변에서 각각 1평방을 빼고 또 36자를 뺀다.〕
1근과 17자는 반드시 서로 같다. 곧, 현이다. 현과 구고 합과의 차 6자를 더하여 얻은 23자는 구와 고의 합이다. 그래서 현을 알고 구와 고의 합을 알고 구고법 셈으로 구하여 고 15자와 구 8자를 얻는다.

法借一根爲弦 一根多六尺爲勾股和 一平方爲弦積 一平方多十二根又多三十六尺爲勾股和積 一平方多二百四十尺與一平方多十二根又多三十六尺相等〔註: 勾股積六十尺以四因之得二百四十尺與弦積一平方相加得一平方多二百四十尺卽爲勾股和積故與勾股和積一平方多十二根又多三十六尺相等〕
十二根與二百零四尺相等〔註: 兩邊各減一平方又各減三十六尺〕
一根必與十七尺相等卽弦加弦與勾股和之較六尺得二十三尺爲勾股和用有弦有勾股和求勾股法[35]算之得股十五尺勾八尺

주해

직각삼각형의 현의 길이를 x라고 하자. 구와 고의 합은 $x+6$자이다.
현의 제곱은 x^2, 구와 고의 합의 제곱은 $x^2+12x+36$자이다.
(구)×(고)=(넓이)×2이므로, (넓이)×4+(현)^2=(구+고)^{2}이다.
240자+$x^2=x^2+12x+36$자이므로, $12x=204$자, 즉 $x=17$자이다.
구와 고의 합은 (현)+(구+고−현)=$x+6$자=23자이다.

구를 y라고 하자. 고는 23자$-y$이고 현은 17자이므로, $y^2+(23\text{자}-y)^2=289$자이다. $23y-y^2=120$자에서 y와 23자$-y$를 두 변으로 하는 직사각형의 넓이 120자

35) '구고법(勾股法)'은 직각삼각형에서 변, 두 변의 합, 두 변의 차 등 9가지 중 2가지가 주어지고 세 변 중 미지의 변을 구하는 해법 곧, 피타고라스 정리를 쓰는 직각삼각형의 해법임.

와 두 변의 합 $y+(23\text{자}-y)=23$자를 아는 경우이므로,
종화평방은 $120\text{자}\times 4+(23\text{자}-2y)^2=23^2$자이다.
$(23\text{자}-2y)^2=7^2$자에서 $23\text{자}-2y=7$자이면 $y=8$자이다.
$(23\text{자}-2y)^2=(2y-23\text{자})^2$이므로 $2y-23\text{자}=7$자이면 $y=15$자이다.
구는 직각을 낀 두 변 중에서 작은 변이므로 $y=8$자이다.
고는 $23\text{자}-y=15$자이다.

【면 34】 삼각형이 있는데, 큰 옆변은 17자이고 작은 옆변은 10자이며 밑변은 21자라고 한다. 중수선[36]은 얼마인지 구하여라.
設如有三角形大腰十七尺小腰十尺底二十一尺求中垂線幾何

풀이

1근을 중수선의 제곱이라고 하자. 100자에서 1근을 뺀 것은 밑변의 작은 부분 쪽 제곱이다. 〔주: 작은 옆변을 제곱해서 100자를 얻는다. 중수선은 고, 작은 옆변은 현, 밑변의 작은 부분은 구이다. 현의 제곱에서 고의 제곱을 뺀 나머지는 구의 제곱이므로 100자에서 1근을 뺀 것은 밑변의 작은 부분 쪽 제곱이다.〕
289자에서 1근을 뺀 것은 밑변의 큰 부분 쪽 제곱이다. 〔주: 큰 옆변을 제곱해서 289자를 얻는다. 중수선은 고, 큰 옆변은 또 현이므로 289자에서 1근을 뺀 것은 밑변의 큰 부분 쪽 제곱이다.〕
26자에 1근을 더한 것은 밑변의 작은 부분과 큰 부분을 곱한 면의 넓이이다. 〔주: 밑변의 제곱 수 안에 밑변의 큰 부분 제곱 수 하나와 밑변의 작은 부분 제곱 수 하나와 밑변의 크고 작은 부분을 서로 곱한 수 둘이 있으므로, 밑변 21자를 제곱하여 얻은 441자에서 밑변의 크고 작은 부분을 제곱하여 더한 389자에서 2근을 뺀 것을 뺀 나머지는 52자에 2근을 더한 것이다. 절반인 26자에 1근을 더한 것은 밑변의 작은 부분과 밑변의 큰 부분을 곱한 한 면의 넓이이다.〕
28,900자에서 389근을 빼고 1평방을 더한 것〔주: 밑변의 큰 부분 쪽 제곱 289자에서 1근을 뺀 것과 밑변의 작은 부분 쪽 제곱 100자에서 1근을 뺀 것을 곱한다.〕과 676자에 52근을 더하고 또 1평방을 더한

36) '중수선(中垂線)'은 '삼각형의 꼭지점에서 밑변에 내린 수선'을 말함.

것〔주: 밑변의 작은 부분과 밑변의 큰 부분을 곱한 면의 넓이 26자에 1근 더한 것을 제곱한다.〕은 서로 같다. 〔주: 밑변의 작은 부분 쪽 제곱 및 밑변의 큰 부분 쪽 제곱은 서로 연비례삼률이다. 그리고 밑변의 큰 부분 쪽 제곱은 수율, 밑변의 작은 부분에 밑변의 큰 부분을 곱한 면의 넓이는 중률, 밑변의 작은 부분 쪽 제곱은 말률이므로 수율과 말률을 곱한 수와 중률을 제곱한 수는 서로 같다.〕

441근과 28,224자는 서로 같다. 〔주: 양변에 각각 389근을 더하고 또 각각 1평방을 빼고 또 각각 676자를 뺀다.〕

1근과 64자는 반드시 서로 같다. 곧, 중수선의 제곱이다. 이차방정식을 풀어 얻은 8자는 중수선이다.

法借一根爲中垂線之面積 一百尺少一根爲小分底之面積〔註: 小腰十尺自乘得一百尺中垂線爲股小腰爲弦小分底爲勾於弦積內減股積餘爲勾積故一百尺少一根爲小分底之面積〕

二百八十九尺少一根爲大分底之面積〔註: 大腰十七尺自乘得二百八十九尺中垂線爲股大腰又爲弦故二百八十九尺少一根爲大分底之面積〕

二十六尺多一根爲小分底乘大分底之面積〔註: 底邊自乘數內有大分底自乘數一小分底自乘數一大小分底相乘數二故底邊二十一尺自乘得四百四十一尺內減大小分底之共面積三百八十九尺少二根餘爲五十二尺多二根折半得二十六尺多一根爲小分底乘大分底之一面積〕

二萬八千九百尺少三百八十九根多一平方〔註: 大分底之面積二百八十九尺少一根與小分底之面積一百尺少一根相乘〕與六百七十六尺多五十二根又多一平方〔註: 小分底乘大分底面積二十六尺多一根自乘〕相等〔註: 小分底之面積及大分底之面積爲相連比例三率以大分底之面積爲首率小分底乘大分底之面積爲中率小分底之面積爲末率故以首率末率相乘之數與中率自乘之數相等〕

四百四十一根與二萬八千二百二十四尺相等〔註: 兩邊各加三百八十九根又各減一平方又各減六百七十六尺〕

一根必與六十四尺相等卽中垂線之面積 以平方開之得八尺爲中垂線

주해

△ABC에서 $\overline{AB}=17$자, $\overline{AC}=10$자, $\overline{BC}=21$자이고 꼭지점 A에서 밑변 BC

에 내린 수선의 발을 H라고 할 때, $\overline{AH}^2=x$라 하자.

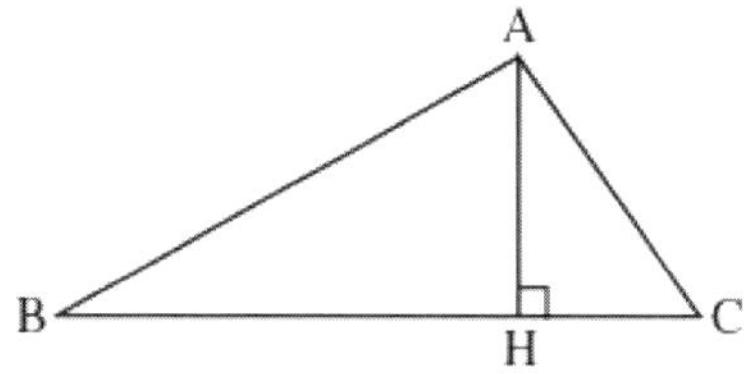

$\overline{HC}^2=10^2$자$-x=100$자$-x$이고, $\overline{BH}^2=17^2$자$-x=289$자$-x$이다.
$\overline{BC}=\overline{BH}+\overline{HC}$이므로, $\overline{BC}^2=\overline{BH}^2+\overline{HC}^2+2\overline{BH}\times\overline{HC}$이다.
21^2자$=(289$자$-x)+(100$자$-x)+2\overline{BH}\times\overline{HC}$,
441자-389자$+2x=2\overline{BH}\times\overline{HC}$, 52자$+2x=2\overline{BH}\times\overline{HC}$, $\overline{BH}\times\overline{HC}=x+26$자
$\overline{BH}^2$은 수율, $\overline{BH}\times\overline{HC}$를 중률, $\overline{HC}^2$을 말률로 연비례삼률, 곧 수율과 말률의 곱과 중률의 제곱은 서로 같음을 써서, 곧 $\overline{BH}^2\times\overline{HC}^2=(\overline{BH}\times\overline{HC})^2$에서 $(289$자$-x)(100$자$-x)=(x+26$자$)^2$이다.
$28{,}900$자$-389x+x^2=676$자$+52x+x^2$, $441x=28{,}224$자, $x=64$자.
$\overline{AH}=8$자.

【면 35】 원 안에 '품'(品)자 형으로 든 3개의 작은 정사각형의 한 변이 12자라고 한다. 바깥 원의 지름은 얼마인지 구하여라.
設如圜[37]內容三小方形方邊爲十二尺求外圜徑幾何

풀이

1근을 원의 반지름 제곱이라고 하자. 1근에서 144자를 뺀 것은 직각삼각형의 작은 높이 쪽 제곱이다. 〔주: 정사각형의 한 변 12자를 제곱하여 얻은 144자는 큰 밑변 제곱이니. 지름[38] 제곱에서 빼면 나머지 1근에서 144자를 뺀 것은 작은 높이 쪽 제곱이다.〕
1근에서 36자를 뺀 것은 큰 높이 쪽 제곱이다. 〔주: 정사각형의 한 변의 절반을 제곱해서 얻은 36자는 작은 밑변 제곱이다. 지름[39] 제곱에

37) 이 문제와 풀이의 '圜'은 '둥글 원'자임.
38) 43)에 의하여 '지름'은 '반지름'으로 바로 잡아야 한다.

서 빼면 나머지 1근에서 36자를 뺀 것은 큰 높이 쪽 제곱이다.]
378자에서 1근을 뺀 것은 작은 높이와 큰 높이를 곱한 면의 넓이이다. 〔주: 정사각형의 한 변 12자를 배한 24자를 제곱하여 얻은 576자 안에, 작은 높이 쪽 제곱 하나와, 큰 높이 쪽 제곱 하나와, 크고 작은 높이를 곱한 면의 넓이 둘이 있으므로, 576자에서, 2근에서 180자를 뺀 것은 빼서 756자에서 2근을 뺀 것을 얻는다. 절반인 378자에서 1근을 뺀 것은 크고 작은 높이를 곱한 면의 넓이이다.]
1평방에서 180근을 빼고 5,184자를 더한 것〔주: 크고, 작은 높이 쪽 제곱을 곱한다.]과 142,884자에서 756근을 빼고 1평방을 더한 것〔주: 작은 높이와 큰 높이를 곱한 면의 넓이를 제곱한다.]은 서로 같다. 〔주: 큰 높이 쪽 제곱 및 작은 높이 쪽 제곱은 서로 연비례삼률이고, 큰 높이[40]는 수율, 작은 높이와 큰 높이를 곱한 면의 넓이는 중률, 작은 높이[41]는 말률이다. 수율과 말률을 곱한 것은 곧, 중률 제곱과 서로 같으므로, 큰 높이 쪽 제곱과 작은 높이 쪽 제곱을 곱한 수와 작은 높이와 큰 높이를 곱한 면의 넓이를 제곱한 수는 반드시 서로 같다.]
576근과 137,700자는 서로 같다. 〔주: 양변에서 각각 1평방을 빼고 또 각각 756근을 더하고 또 각각 5,184자를 뺀다.]
1근과 239자 6치 25푼 반드시 서로 같다. 곧, 원의 반지름 제곱이다. 이차방정식을 풀면 반지름 15자 4치 6푼 1리 6호를 얻고 나머지가 있다.[42] 배를 하여 지름을 얻는다.

法借一根爲圜半徑積 一根少一百四十四尺爲小股面積〔註: 方邊十二尺自乘得一百四十四尺爲大勾積減於圜徑[43]面積則餘一根少一百四十四尺爲小股面積]
一根少三十六尺爲大股面積〔註: 方邊折半自乘得三十六尺爲小勾積減於圜徑[44]面積則餘一根少三十六尺爲大股面積]

---

39) 44)에 의하여 '지름'은 '반지름'으로 바로 잡아야 한다.
40) 45)에 의하여 '높이'는 '높이 쪽 제곱'으로 바로 잡아야 한다.
41) 46)에 의하여 '높이'는 '높이 쪽 제곱'으로 바로 잡아야 한다.
42) '有餘(나머지 있다)'는 $x=239.0625$자에서 제곱근은 15.46164609…자이다. 그런데 근사값으로 소수점 아래 넷째 자리까지 택하여 15.4616자로 하면 참값에 0.00004609…자가 남아있다는 뜻이다.
43) '圜徑'은 '圜半徑'의 오기임.
44) '圜徑'은 '圜半徑'의 오기임.

三百七十八尺少一根爲小股乘大股之面積〔註: 方邊十二尺倍作二十四尺自乘得五百七十六尺內有小股面積一大股面積一大小股相乘面積二故五百七十六尺內減二根少一百八十尺得七百五十六尺少二根折半得三百七十八尺少一根爲大小股相乘面積〕

一平方少一百八十根多五千一百八十四尺〔註: 大小股面積相乘〕與十四萬二千八百八十四尺少七百五十六根多一平方〔註: 小股乘大股面積之自乘〕相等〔註: 大股面積及小股面積爲相連比例三率大股[45]爲首率小股乘大股之面積爲中率小股[46]爲末率首末率相乘卽同於中率自乘故大股面積與小股面積相乘之數必與小股乘大股之面積自乘之數相等〕

五百七十六根與十三萬七千七百尺相等〔註: 兩邊各減一平方又各加七百五十六根又各減五千一百八十四尺〕

一根必與二百三十九尺六寸二十五分相等卽圜半徑積 以平方開之得半徑十五尺四寸六分一釐六毫有餘 倍之得全徑

주해

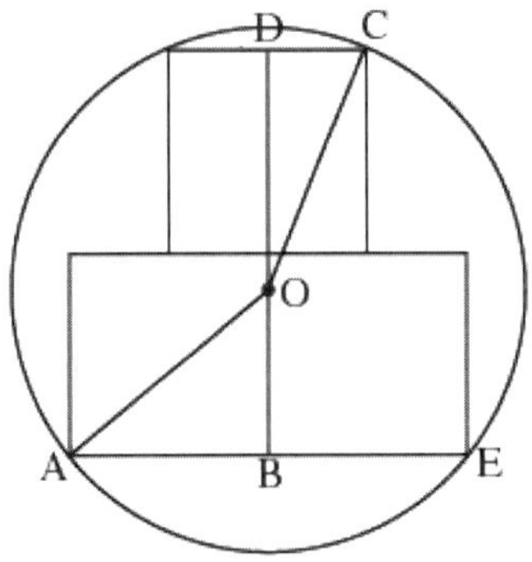

위의 그림은 원 O의 안에 3개의 작은 정사각형이 '품(品)'자 형으로 들어 있다. $\overline{AB}$는 큰 밑변, $\overline{DC}$는 작은 밑변, $\overline{OB}$는 작은 높이, $\overline{OD}$는 큰 높이라 부른다. 원의 반지름의 제곱 $\overline{OA}^2=x$라 하자. 그러면 다음이 성립한다.

$\overline{OB}^2=\overline{OA}^2-\overline{AB}^2=x-12^2$자$=x-144$자,

$\overline{OD}^2=\overline{OC}^2-\overline{DC}^2=x-6^2$자$=x-36$자,

$\overline{AE}=\overline{AB}\times 2=12$자$\times 2=24$자, $\overline{AE}^2=24^2$자$=576$자이다.

45) '大股'는 '大股面積'의 오기임.
46) '小股'는 '小股面積'의 오기임.

$\overline{AE} = \overline{OB} + \overline{OD}$ 이므로

$\overline{AE}^2 = (\overline{OB} + \overline{OD})^2 = \overline{OB}^2 + \overline{OD}^2 + 2\times \overline{OB} \times \overline{OD}$이다.

576자$=(x-144$자$)+(x-36$자$)+2\times \overline{OB} \times \overline{OD}$,

576자$=(2x-180$자$)+2\times \overline{OB} \times \overline{OD}$, $2\times \overline{OB} \times \overline{OD}=756$자$-2x$,

$\overline{OB} \times \overline{OD}=(756$자$-2x)\times \frac{1}{2}=378$자$-x$이다.

$\overline{OB}^2 \times \overline{OD}^2=(x-144$자$)(x-36$자$)=x^2-180x+5184$자이고

$(\overline{OB} \times \overline{OD})^2=14,288$자$-756$자$+x^2$이다.

$\overline{OD}^2$을 수율, $\overline{OB} \times \overline{OD}$를 중률, $\overline{OB}^2$을 말률로 연비례삼률, 곧, 수율과 말률을 곱한 것과 중률 제곱은 서로 같음을 써서

곧, $\overline{OD}^2 \times \overline{OB}^2 = (\overline{OB} \times \overline{OD})^2$에서 $x^2-180x+5,184$자$=142,884$자$-756x+x^2$,

$576x=137,700$자, 즉 $x=239$자 6치 25푼이다.

제곱근을 구하면 15자 4치 6푼 1리 6호를 얻고 나머지가 있다. 배하면 지름을 얻는다.

체류(體類)

【체 1】 정사각형 못이 한 곳 있는데, 그 깊이와 정사각형의 변은 서로 같다고 한다. 담긴 물의 양이 4,096자라면, 깊이는 얼마인가?
設如有方池一區其深與方相等容水四千零九十六尺問深幾何

풀이

1근을 못의 깊이라고 하자. 1근은 또 정사각형 못의 변이다. 〔주: 깊이와 정사각형의 변은 서로 같으므로, 1근은 또 못의 변이다.〕
1평방은 정사각형 못의 넓이이다. 〔주: 정사각형 못의 변 1근을 제곱한다.〕
1입방은 정사각형 못의 깊이이다.[1] 〔주: 깊이와 정사각형의 변은 서로 같으므로 못의 깊이 1근을 못의 넓이 1평방에 곱한다.〕
1입방과 4,096자는 서로 같다. 삼차방정식을 풀어 16자를 얻는다. 곧, 못의 깊이이다.

法借一根爲池深 一根又爲方池邊〔註: 深與方相等故一根又爲池邊〕
一平方爲方池面積〔註: 方池邊根自乘〕
一立方爲方池深[2]〔註: 深與方相等故以池深一根乘池積一平方〕
一立方與四千零九十六尺相等 以立方開[3]之得十六尺卽池深

---

1) 2)에 의하여 '깊이이다'는 '용량이다'로 바로 잡아야 한다.
2) '深'은 '容量'의 오기임.
3) '개입방법(開立方法)'은 『산학정의』 상편에 기록되어 있으며, 정육면체의 부피가 주어졌을 때 한 변의 길이를 구하는 것이라 하였다. 증승개방법으로 구하였으며, 그 과정을 현대적인 방법으로 표현하면 다음과 서로 같다.
　삼차방정식 $x^3=4{,}096$을 $p(x)=x^3-4{,}096(=0)$으로 두고, 초상을 10이라고 하면 다음을 얻는다.

1	0	0	−4,096	(10
	10	100	1,000	
1	10	100	−3,096	
	10	200		
1	20	300		
	10			

주해

못의 깊이를 x라고 하자. 정사각형인 못의 한 변도 x이다.
정사각형인 못의 넓이는 x^2이다. 정육면체인 못의 부피는 x^3이다.
즉 $x^3=4,096$자이다. 4,096의 세제곱근을 구하면 $x=16$자이다.

【체 2】 직육면체가 있는데, 부피는 19,008치이고 그 고[4]와 활[5]은 서로 같다고 한다. 장[6]은 고, 활보다 120치 크다면, 고, 활, 장은 각각 얼마인가?

設如有立方積一萬九千零八寸其高與闊相等長比高闊多一百二十寸問高闊長各幾何

풀이

1근을 고라고 하자. 1근은 또 활이다. 〔주: 고와 활은 서로 같으므로 1근은 또 활이다.〕
1근에 120치를 더한 것은 장이다. 1평방에 120근을 더한 것은 직사각형 넓이이다. 〔주: 활 1근을 장 1근에 120치를 더한 것에 곱한다.〕
1입방에 120평방을 더한 것은 앞에서 뒤까지가 긴 직육면체의 부피이다. 〔주: 고 1근을 직사각형 넓이 1평방에 120치[7]를 더한 것에 곱한

1	30			

이제 차상을 6이라 하면 다음을 얻는다.

1	30	300	−3,096	(6
	6	216	3,096	
1	36	516	0	

그러므로 $x=10+6=16$이다.

이는 $p(x)=(x-10)(x^2+10x+100)-3,096$이고
$x^2+10x+100=(x-10)(x+20)+300=(x-10)^2+30(x-10)+300$이므로
$p(x)=(x-10)^3+30(x-10)^2+300(x-10)-3,096$이고,
또 $p(x)=(x-10-6)\{(x-10)^2+36(x-10)+516\}+0$
$=(x-16)\{(x-10)^2+36(x-10)+516\}$
임을 유도하여 $x=16$을 구한 것이다.

4) '고(高)'는 직육면체의 '높이'를 말함.
5) '활(闊)'은 직육면체의 밑면인 직사각형의 '짧은 변'을 말함.
6) '장(長)'은 직육면체의 밑면인 직사각형의 '긴 변'을 말함.
7) 8)에 의하여 '치'는 '근'으로 바로 잡아야 한다.

다.]
1입방에 120평방을 더한 것과 19,008치는 서로 같다. 종교입방을 풀어 12치를 얻는다. 곧, 고와 활이다. [주: 고, 활과의 차 120치를 더하여 얻은 132치는 직육면체의 장이다.]

法借一根爲高 一根又爲闊 [註: 高與闊相等故一根又爲闊]
一根多一百二十寸爲長 一平方多一百二十根爲方面積 [註: 以闊一根乘長一根多一百二十寸]
一立方多一百二十平方爲縱多立方積 [註: 以高一根乘方面一平方多一百二十寸[8]]
一立方多一百二十平方與一萬九千零八寸相等 以縱較立方開[9]之得十二寸卽

---

8) '촌(寸)'은 '근(根)'의 오기임.
9) '대종입방법(帶縱立方法)'은 『산학정의』 상편에 다음과 서로 같이 설명하였다. 대종입방이란 장방체(長方體) 또는 편방체(扁方體)이다. 방체의 장, 활, 고는 셋 중 둘은 서로 같고 하나는 다른 것과, 세 변이 모두 다른 것이다. 변으로 부피를 구하려면 장, 활, 고를 곱하고, 부피로 변을 구하는 데는 반드시 변의 차 또는 합을 알아야 하고 그 다음 삼차방정식을 푼다. 부피 및 변의 차를 알 때 삼차방정식을 '종교입방(縱較立方)'이라 하고, 부피 및 변의 합을 알 때 삼차방정식을 '종화입방(縱和立方)'이라 한다. 대종입방법은 삼차방정식인 종교입방과 종화입방을 푸는 방법이다.
이 문제는 직육면체의 부피, 고와 활의 차, 장과 고의 차, 장과 활의 차는 알고 고, 활과 장을 구하는 경우이므로 종교입방을 푸는 문제이다. 증승개방법으로 구하였으며, 그 과정을 현대적인 방법으로 표현하면 다음과 서로 같다.
3차방정식 $x^3+120x^2=19,008$을 $p(x)=x^3+120x^2-19,008(=0)$으로 두고, 초상을 10이라 하면 다음을 얻는다.

1	120	0	−19,008	(10
	10	1,300	13,000	
1	130	1,300	− 6,008	
	10	1,400		
1	140	2,700		
	10			
1	150			

차상을 2라고 하면 다음을 얻는다.

1	150	2,700	−6,008	(2
	2	304	6,008	
1	152	3,004	0	

그러므로 $x=10+2=12$이다.
이는 $p(x)=(x-10)(x^2+130x+1,300)-6,008$이고

高與闊〔註: 加縱多一百二十寸得一百三十二寸爲立方之長〕

주해

직육면체의 고의 길이를 x라고 하자. 활도 또 x이고, 장은 $x+120$치이다.
밑면의 넓이는 $x(x+120$치$)=x^2+120x$이고, 부피는 $x(x^2+120x)=x^3+120x^2$이다.
종교입방 $x^3+120x^2=19{,}008$치를 풀면 $x=12$치이다.
장은 $x+120$치$=132$치이다.

【제 3】 직육면체가 있는데, 부피는 11장 509자 268치라고 한다. 그 장과 활은 모두 고보다 2자 1치 크다면, 장, 활, 고는 각각 얼마인가?
設如有立方積十一丈五百零九尺二百六十八寸其長與闊俱比高多二尺一寸問長闊高各幾何

풀이

1근을 고라고 하자. 1근에 2자 1치를 더한 것은 장과 활이다. 1평방에 42근을 더하고 또 4자 41치를 더한 것은 밑면의 넓이이다. 〔주: 장 또는 활을 제곱한다.〕
1입방에 42평방을 더하고 또 441근을 더한 것은 앞에서 뒤까지가 긴 직육면체의 부피이다. 〔주: 고 1근을 밑면의 넓이에 곱한다.〕
1입방에 42평방을 더하고 또 441근을 더한 것과 11장 509자 268치는 서로 같다. 종교입방을 풀어 2장 1자 2치를 얻는다. 곧, 고이다. 〔주: 2자 1치를 더하여 얻은 2장 3자 3치는 직육면체의 장과 활이다.〕

法借一根爲高　一根多二尺一寸爲長與闊　一平方多四十二根又多四尺四十一寸爲長闊之面積〔註: 以長闊自乘〕
一立方多四十二平方又多四百四十一根爲縱多立方積〔註: 以高一根乘長闊

$x^2+130x+1{,}300=(x-10)(x+140)+2{,}700=(x-10)^2+150(x-10)+2{,}700$이므로
$p(x)=(x-10)^3+150(x-10)^2+2{,}700(x-10)-6{,}008$이다.
또 $p(x)=(x-10-2)\{(x-10)^2+152(x-10)+3{,}004\}+0$
$=(x-12)\{(x-10)^2+152(x-10)+3{,}004\}$에서
$x=12$를 구한 것이다.

面積〕
一立方多四十二平方又多四百四十一根與十一丈五百零九尺二百六十八寸相等 以縱較立方開之得二丈一尺二寸卽高〔註: 加二尺一寸得二丈三尺三寸爲立方之長與闊〕

주해

직육면체의 고의 길이를 x라고 하자. 장과 활은 모두 x+2자 1치이다.
밑면의 넓이는 $(x+21치)^2=x^2+42x+441치$이고
부피는 $x(x^2+42x+441치)=x^3+42x^2+441x$이다.
종교입방 x^3+42x^2+441x=11장 509자 268치를 풀면, x=2장 1자 2치이다.
장과 활은 x+2자 1치=2장 3자 3치이다.

【제 4】 직육면체가 있는데, 부피는 3,024자라고 한다. 그 활은 고보다 2자 크고 그 장은 활보다 또 4자 크다면, 고, 활, 장은 각각 얼마인가?
設如有立方積三千零二十四尺其闊比高多二尺其長比闊又多四尺問高闊長各幾何

풀이

1근을 고라고 하자. 1근에 2자를 더한 것은 활이다. 1근에 6자를 더한 것은 장이다. 1평방에 8근을 더하고 또 12자를 더한 것은 밑면의 넓이이다. 〔주: 장과 활을 곱한다.〕
1입방에 8평방을 더하고 또 12근을 더한 직육면체의 부피〔주: 고를 넓이에 곱한다.〕와 3,024자는 서로 같다. 종교입방을 풀어 12자를 얻는다. 곧, 고이다. 〔주: 2자를 더하여 얻은 14자는 활, 다시 4자를 더하여 얻은 18자는 직육면체의 장이다.〕

法借一根爲高 一根多二尺爲闊 一根多六尺爲長 一平方多八根又多十二尺爲長闊面積〔註: 長闊相乘〕
一立方多八平方又多十二根爲立方積〔註: 以高乘面積〕與三千零二十四尺相等 以縱較立方開之得一十二尺卽高〔註: 加二尺得十四尺爲闊再加四尺得十八尺爲立方之長〕

주해

직육면체의 고의 길이를 x라고 하자. 활은 $x+2$자, 장은 $x+6$자이다.
밑면의 넓이는 $(x+2자)(x+6자)=x^2+8x+12$자이므로
직육면체의 부피는 $x(x^2+8x+12자)$이다.
종교입방 $x^3+8x^2+12x=3,024$자를 풀면 $x=12$자이다.
활은 $x+2자=14$자이고, 장은 (활)$+4자=18$자이다.

【체 5】 직육면체가 있는데, 부피는 6,912자라고 한다. 그 장과 활은 서로 같고, 고와 활의 합은 36자라면, 고, 활, 장은 각각 얼마인가?
設如有立方積六千九百一十二尺其長與闊相等高與闊和三十六尺問高闊長各幾何

풀이

1근을 활이라고 하자. 36자에서 1근을 뺀 것은 고이다. 36근에서 1평방을 뺀 것은 옆면의 넓이이다. 〔주: 장을 고에 곱한다.〕
36평방에서 1입방을 뺀 직육면체의 부피〔주: 활을 넓이에 곱한다.〕와 6,912자는 서로 같다. 종화입방을 풀어 24자를 얻는다. 곧, 활이다. 또 장이다. 〔주: 36자에서 24자를 빼서 얻은 12자는 고이다.〕

法借一根爲闊 三十六尺少一根爲高 三十六根少一平方爲長闊10)面積〔註: 以長乘高〕
三十六平方少一立方爲立方積〔註: 以闊乘面積〕與六千九百一十二尺相等 以縱和立方開之得二十四尺卽闊又爲長〔註: 三十六尺內減二十四尺得一十二尺爲高〕

주해

직육면체의 활의 길이를 x라고 하자. 고는 36자$-x$이다.
옆면의 넓이는 $36x-x^2$이다. 직육면체의 부피는 $x(36x-x^2)=36x^2-x^3$이다.
종화입방11) $36x^2-x^3=6,912$자를 풀면, $x=24$자이다.

---

10) '闊'은 '高'의 오기임.
11) 이 문제는 부피 6,912자, 활과 고의 합 $x+(36자-x)=36$자, 장과 고의 합 $x+(36자-x)=36$자를 알고 고, 활, 장을 구하는 경우이므로 '종화입방'을 푸는 문제이다.

장은 24자이고, 고는 36자$-x=$12자이다.

【체 6】 직육면체가 있는데, 부피는 8,064자라고 한다. 고와 활의 합은 36자이고, 고와 장의 합은 40자라면, 고, 활, 장은 각각 얼마인가?
設如有立方積八千零六十四尺高與闊和三十六尺高與長和四十尺問高闊長各幾何

풀이

1근을 고라고 하자. 36자에서 1근을 뺀 것은 활이다. 40자에서 1근을 뺀 것은 장이다. 1,440자에서 76근을 빼고 1평방을 더한 것은 밑면의 넓이이다. 1,440근에서 76평방을 빼고 1입방을 더한 직육면체의 부피와 8,064자는 서로 같다. 종화입방을 풀어 12자를 얻는다. 곧, 고이다. 〔주: 36자에서 12자를 빼서 얻은 24자는 활이고, 40자에서 12자를 빼서 얻은 28자는 장이다.〕

法借一根爲高 三十六尺少一根爲闊 四十尺少一根爲長 一千四百四十尺少七十六根多一平方爲長闊面積 一千四百四十根少七十六平方多一立方爲立方積與八千零六十四尺相等 以縱和立方開之得十二尺卽高〔註: 三十六尺内減十二尺得二十四尺爲闊四十尺内減十二尺得二十八尺爲長〕

주해

직육면체의 고의 길이를 x라고 하자. 활은 36자$-x$이고, 장은 40자$-x$이다.
밑면의 넓이는 (36자$-x$)(40자$-x$)$=$1,440자$-76x+x^2$이다.
직육면체의 부피는 x(1,440자$-76x+x^2$)$=1,440x-76x^2+x^3$이므로
종화입방 $1,440x-76x^2+x^3=$8,064자를 풀면 $x=$12자이다.
활은 36자$-x=$24자이고, 장은 40자$-x=$28자이다.

【체 7】 크고 작은 두 정육면체에서, 큰 정육면체는 작은 정육면체보다 각 변은 4치가 크고 부피는 2,368치가 크다고 한다. 크고 작은 두 정육면체의 변은 각각 얼마인가?
設如大小兩正方體大正方體小比[12])正方體每邊多四寸積多二千三百六十八寸

問大小兩正方邊各幾何

풀이

1근을 작은 정육면체의 변이라고 하자. 1근에 4치를 더한 것은 큰 정육면체의 변이다. 1입방은 작은 정육면체의 부피이다. 1입방에 12평방을 더하고 또 48근을 더하고 또 64치를 더한 것은 큰 정육면체의 부피이다. 12평방에 48근을 더하고 또 64치를 더한 것과 2,368치는 서로 같다. 12평방에 48근을 더한 것과 2,304치는 서로 같다. 1평방에 4근을 더한 것과 192치는 서로 같다. 종교평방을 풀어 12치를 얻는다. 곧, 작은 정육면체의 변이다.〔주: 4근을 4치로 하여 종교평방을 푼다.〕 4치를 더하여 얻은 16치는 큰 정육면체의 변이다.

法借一根爲小正方邊 一根多四寸爲大正方邊 一立方爲小正方體積 一立方多十二平方又多四十八根又多六十四寸爲大正方體積 十二平方多四十八根又多六十四寸與二千三百六十八寸相等 十二平方多四十八根與二千三百零四寸相等 一平方多四根與一百九十二寸相等 以縱較平方開之得十二寸卽小正方邊〔註: 以四根作四寸縱較平方開之〕
加四寸得十六寸爲大正方邊

주해

작은 정육면체의 한 변의 길이를 x라고 하자. 큰 정육면체의 한 변은 $x+4$치이다. 작은 정육면체의 부피는 x^3이고, 큰 정육면체의 부피는 $(x+4\text{치})^3 = x^3 + 12x^2 + 48x + 64$치이며, 큰 것의 부피에서 작은 것의 부피를 빼면 $12x^2 + 48x + 64$치 $=$ 2,368치이다. 즉 $12x^2 + 48x = 2{,}304$치이다.
종교평방 $x^2 + 4x = 192$치를 풀면 $x = 12$치이다.
큰 것의 한 변은 $x+4$치 $=16$치이다.

【체 8】 크고 작은 정육면체에서, 변을 더하면 24자이고 부피를 더하면 4,608자라고 한다. 두 정육면체의 각 변 및 부피는 각각 얼마인가?
設如大小正方體共邊二十四尺共積四千六百零八尺問兩體之每邊及體積各幾何

12) '小比'는 '比小'의 오기임.

풀이

1근을 작은 정육면체의 변이라고 하자. 24자에서 1근을 뺀 것은 큰 정육면체의 변이다. 1입방은 작은 정육면체의 부피이다. 13,824자에서 1,728근을 빼고 72평방을 더하고 1입방을 뺀 것은 큰 정육면체의 부피이다. 13,824자에서 1,728근을 빼고 72평방을 더한 것과 4,608자는 서로 같다. 〔주: 크고 작은 두 정육면체의 부피를 더한다.〕

1,728근에서 72평방을 뺀 것과 9,217[13]자는 서로 같다. 〔주: 양변에 각각 1,728근을 더하고 또 각각 72평방을 빼고 또 각각 4,608자를 뺀다.〕

24근에서 1평방을 뺀 것과 128자는 서로 같다. 종화평방을 풀어 8자를 얻는다. 곧, 작은 정육면체의 변이다. 〔주: 24근을 24자로 하여 종화평방을 푼다.〕

제곱[14]하여 얻은 512자는 작은 정육면체의 부피이다. 24자에서 8자를 빼서 얻은 16자는 큰 정육면체의 변이다. 제곱[15]하여 얻은 4,096자는 큰 정육면체의 부피이다.

法借一根爲小正方邊 二十四尺少一根爲大正方邊 一立方爲小正方體積 一萬三千八百二十四尺少一千七百二十八根多七十二平方少一立方爲大正方體積 一萬三千八百二十四尺少一千七百二十八根多七十二平方與四千六百零八尺相等〔註: 大小兩正方積相併〕

一千七百二十八根少七十二平方與九千二百一十七[16]尺相等〔註: 兩邊各加一千七百二十八根又各減七十二平方又各減四千六百零八尺〕

二十四根少一平方與一百二十八尺相等 以縱和平方開之得八尺卽小正方邊〔註: 以二十四根作二十四尺縱和平方開之〕

自乘[17]得五百一十二尺爲小正方體積二十四尺內減八尺得十六尺爲大正方邊自乘[18]得四千零九十六尺爲大正方體積

13) 16)에 의하여 '7'은 '6'으로 바로 잡아야 한다.
14) 17)에 의하여 '제곱'은 '세제곱'으로 바로 잡아야 한다.
15) 18)에 의하여 '제곱'은 '세제곱'으로 바로 잡아야 한다.
16) '七'은 '六'의 오기임.
17) '自乘'은 '自乘再乘'의 오기임.
18) '自乘'은 '自乘再乘'의 오기임.

주해

작은 정육면체의 한 변의 길이를 x라고 하자. 큰 정육면체의 한 변은 24자$-x$이다. 작은 것의 부피는 x^3이고, 큰 것의 부피는 $(24자-x)^3=13{,}824자-1{,}728x+72x^2-x^3$이다. 두 부피의 합은 4,608자이므로 $13{,}824자-1{,}728x+72x^2=4{,}608자$이다. 즉 $1{,}728x-72x^2=9{,}216자$이다.
종화평방 $24x-x^2=128자$를 풀면 $x=8자$이다.
작은 정육면체의 부피는 $x^3=512자$이고, 큰 정육면체의 한 변은 $24자-x=16자$이며, 큰 정육면체의 부피는 $16^3자=4{,}096자$이다.

【체 9】 한 정사각형이 있고 또 한 정육면체가 있다고 한다. 다만 정사각형의 각 변은 정육면체의 각 변의 8배이고, 정사각형의 넓이와 정육면체의 부피가 서로 같다면, 변의 길이와 부피는 각각 얼마인가?
設如有一正方面形又有一正方體形但知正方面每邊爲正方體每邊之八倍而正方面積與正方體積相等問邊線積數各若干

풀이

1근을 정육면체의 각 변이라고 하자. 8근은 정사각형의 각 변이다. 〔주: 정사각형의 각 변은 정육면체의 각 변의 8배이므로 8근은 정사각형의 각 변이다.〕
1입방은 정육면체의 부피이다. 〔주: 정육면체의 각 변 1근을 세제곱한다.〕
64평방은 정사각형의 넓이이다. 〔주: 정사각형의 각 변 8근을 제곱한다.〕
1입방과 64평방은 서로 같다. 1근과 64자는 반드시 서로 같다. 〔주[19]: 양변에서 각각 2자리를 내리면 1입방은 1근, 64평방은 64자이다. 만약 입방으로 평방을 나누면 진수를 얻는다. 곧, 각각 2자리를 내린 것과 서로 같다. 방과 근의 아래에 있다. 진수가 있으면 자리를 내린다. 방은 얻지 못하고 근은 법수이다. 진수는 실수이다. 법수의 끝자리는 실수보다 과하다. 진수 자리의 바깥이기 때문이다.〕
곧, 정육면체 각 변에 8을 곱하여 얻은 512자는 정사각형의 각 변이

---

19) 주를 번역하였으나 그 의미는 분명하지 않다.

다. 제곱하여 얻은 262,144자는 정사각형의 넓이이다. 64자를 세제곱하여 또 얻은 262,144자는 정육면체의 부피이다.

法借一根爲正方體每邊 八根爲正方面每邊〔註: 正方面每邊爲正方體每邊之八倍故八根爲正方面每邊〕
一立方爲正方體積〔註: 正方體每邊一根自乘再乘〕
六十四平方爲正方面積〔註: 正方面每邊八根自乘〕
一立方與六十四平方相等 一根必與六十四尺相等〔註: 兩邊各降二位則一立方爲一根六十四平方爲六十四尺若以立方除平方得眞數卽同於各降二位而方與根之下如有眞數則不得降位者方根爲法數眞數爲實數而法數尾位過於實數眞數位之外故也〕
卽正方體每邊八因之得五百一十二尺爲正方面每邊自乘得二十六萬二千一百四十四尺爲正方面積以六十四尺自乘再乘又得二十六萬二千一百四十四尺爲正方體積

주해

정육면체의 한 변의 길이를 x라고 하자. 정사각형의 한 변은 $8x$이다.
정육면체의 부피는 x^3이고, 정사각형의 넓이는 $64x^2$이다. 정사각형의 넓이와 정육면체의 부피는 서로 같으므로, $64x^2=x^3$이다. 즉 $x=64$자이다.
정사각형의 한 변은 $8x=512$자이고, 정사각형의 넓이는 $512^2=262{,}144$자이며, 정육면체의 부피는 $64^3=262{,}144$자이다.

【체 10】 말, 소, 양이 있는데, 각각의 수를 알지 못한다고 한다. 다만 소의 수는 말의 수보다 4많고, 양의 수는 말과 소의 수를 곱한 것과 같고, 말 한 필의 값과 소의 수는 같고, 소 한 두의 값과 말의 수는 같고, 양 한 척의 값은 말 한 필의 값보다 10냥 적고, 양 전체의 값은 192냥이라면, 말, 소, 양의 수 및 값은 각각 은으로 얼마인가?
設如有馬牛羊各不知數但知牛數比馬數多四羊數與馬牛相乘之數等馬每匹之價與牛數等牛每頭之價與馬數等羊每隻之價比馬每匹價少十兩而羊之共價爲一百九十二兩問馬牛羊及價銀各若干

풀이

1근을 말의 수라고 하자. 1근에 4를 더한 것은 소의 수이다. 〔주: 소의 수는 말의 수보다 4많으므로, 1근에 4를 더한 것은 소의 수이다.〕
1평방에 4근을 더한 것은 양의 수이다. 〔주: 양의 수와, 말과 소를 곱한 수는 같으므로, 말의 수 1근과 소의 수 1근에 4를 더한 것을 곱하여 얻은 1평방에 4근을 더한 것은 양의 수이다.〕
1근에 4냥을 더한 것은 말 한 필의 값이다. 〔주: 말 한 필의 값과 소의 수는 서로 같으므로, 1근에 4냥을 더한 것은 말 한 필의 값이다.〕
1근에서 6냥을 뺀 것은 양 한 척의 값이다. 〔주: 양 한 척의 값은 말 한 필의 값보다 10냥 적으며, 말 값인 1근에 4냥 더한 것을 음수 4냥을 보충하여 음수 6냥이 남게 되므로, 1근에서 6냥을 뺀 것은 양 한 척의 값이다.〕
1입방에서 2평방을 빼고 24근을 뺀 양 전체 값〔주: 양의 수와 양 한 척의 값을 곱한다.〕과 192냥은 서로 같다. 그리고 192냥은 경쇠 모양으로 구부러진 편방체의 부피임을 쓴다. 대종입방을 풀어 8을 얻는다. 곧, 1근의 수는 말의 수이고 또 곧, 소 한 두의 값은 8냥이다. 4를 더하여 얻은 12는 소의 수이다. 또 곧, 말 한 필의 값은 12냥이다. 말의 수 8을 소의 수 12에 곱하여 얻은 96은 양의 수이다. 이것으로 양 전체의 값 192냥을 나누어 얻은 2냥은 양의 한 척의 값이다.

法借一根爲馬數 一根多四爲牛數〔註: 牛數比馬數多四故一根多四爲牛數〕
一平方多四根爲羊數〔註: 羊數與馬牛相乘之數等故馬數一根乘牛數一根多四得一平方多四根爲羊數〕
一根多四兩爲馬每匹價〔註: 馬每匹價與牛數等故一根多四兩爲馬每匹價〕
一根少六兩爲羊每隻價〔註: 羊每隻價比馬每匹價少十兩而馬價一根多四兩補足少四兩仍少六兩故一根少六兩爲羊每隻價〕
一立方少二平方少二十四根爲羊之共價〔註: 羊數與羊每隻價相乘〕與一百九十二兩相等 以一百九十二兩爲磬折扁方體積用帶縱立方開之得八卽一根之數爲馬數亦卽牛每頭價爲八兩加四得十二爲牛數亦卽馬每匹價爲十二兩以馬數八乘牛數十二得九十六爲羊數以除羊共價一百九十二兩得二兩爲羊每隻價

주해

말의 수를 x라고 하자. 소의 수는 $x+4$이고, 양의 수는 $x(x+4)=x^2+4x$이다.

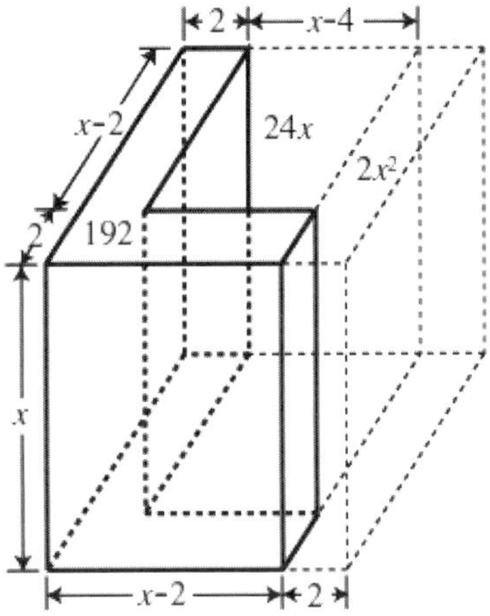

말 한 마리의 값은 $x+4$냥이고 양 한 마리의 값은 $x+4$냥-10냥$=x-6$냥이므로, 양 전체의 값은 $(x-6$냥$)\times(x^2+4x)=192$냥이다. 곧, $x^3-2x^2-24x=192$냥이다.
이 방정식을 한 변의 길이는 x, 부피는 x^3인 정육면체에서, 부피가 각각 $2x^2$과 $24x$인 두 직육면체를 빼고, 남은 부분을 부피가 192인 편방체로 본다. 위의 그림에서 경쇠 모양(굵은 선 부분)으로 구부러진 편방체의 부피가 192이다.
대종입방 $x^3-2x^2-24x=192$냥을 풀면 $x=8$냥이다.
소 한 마리의 값은 말의 수와 서로 같으므로 8냥이고, 소의 수는 $x+4=12$이며, 말 한 마리 값은 $x+4$냥$=12$냥이고, 양의 수는 말의 수와 소의 수의 곱인 $8\times12=96$이며, 양 한 마리의 값은 192냥$\div96=2$냥이다.

【체 11】 속이 빈 정육면체의 부피는 1,216치이고, 두께는 2치라고 한다. 안과 바깥의 정사각형의 변은 각각 얼마인가?
設如空心正方體積一千二百一十六寸厚二寸問內外方邊各幾何

풀이

1근을 안의 정사각형의 변이라고 하자. 1근에 4치를 더한 것은 바깥의 정사각형의 변이다. 〔주: 두께 2치를 배하여 1근에 더한 것은 바깥의 정사각형의 변이다.〕
1입방은 안의 육면체의 부피이다. 〔주: 안의 정사각형의 변 1근을 세제곱한다.〕

1입방에 12평방을 더하고 또 48근을 더하고 또 64치를 더하는 것은 바깥의 육면체의 부피이다. 〔주: 바깥의 정사각형의 변을 세제곱한다.〕
12평방에 48근을 더하고 또 64치를 더한 것과 1,216치는 서로 같다.
12평방에 48근을 더한 것과 1,152치는 서로 같다. 종교평방을 풀어 8치를 얻는다. 곧, 안의 정사각형의 변이다. 〔주: 48근을 48치로 하여 종교평방을 푼다.〕
4치를 더하여 얻은 1자 2치는 바깥의 육면체의 변이다.

法借一根爲内方邊 一根多四寸爲外方邊〔註: 厚二寸倍之加于一根爲外方邊〕
一立方爲内方體積〔註: 内方邊一根自乘再乘〕
一立方多十二平方又多四十八根又多六十四寸爲外方體積〔註: 外方邊自乘再乘〕
十二平方多四十八根又多六十四寸與一千二百一十六寸相等 十二平方多四十八根與一千一百五十二寸相等 以縱較平方開之得八寸卽内方邊〔註: 以四十八根作四十八寸縱較平方開之〕
加四寸得一尺二寸爲外方邊

주해

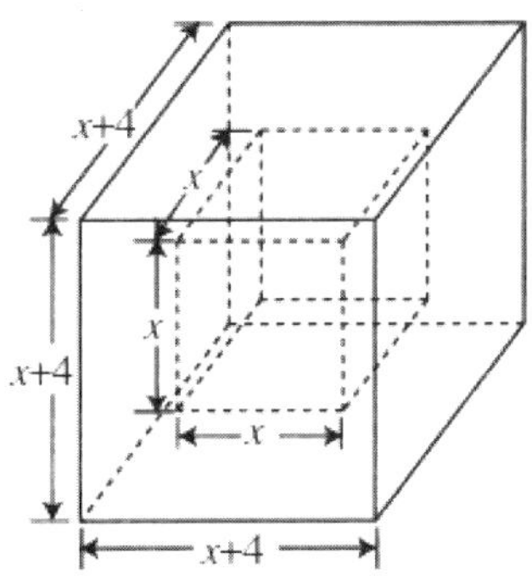

안쪽 정육면체의 한 변의 길이를 x라고 하자. 바깥쪽 정육면체의 한 변은 $x+4$치이다. 안쪽 정육면체의 부피는 x^3이고, 바깥쪽 정육면체의 부피는 $(x+4\text{치})^3=x^3+12x^2+48x+64$치이다. 속이 빈 정육면체의 부피는 1,216치이므로 $x^3+12x^2+48x+64\text{치}-x^3=1{,}216$치이다.
종교평방 $12x^2+48x=1{,}152$치를 풀면 $x=8$치이다.
바깥 정육면체의 한 변은 $x+4\text{치}=12$치이다.

【체 12】 정사각뿔의 밑면인 정사각형의 각 변은 5자이고, 꼭지점부터 사각까지의 사선은 모두 6자라고 한다. 꼭지점에서 밑면에 내린 수선의 높이는 얼마인가?
設如方底尖體形底方每邊五尺自尖至四角之斜線皆六尺問自尖至底中立垂線之高幾何

풀이

1근을 꼭지점에서 밑면에 내린 수선의 높이라고 하자. 1평방은 꼭지점에서 밑면에 내린 수선의 제곱이다. 〔주: 곧, 고를 제곱한 제곱이다.〕
6자 25치는 정사각 밑면 한 변의 반의 제곱이다. 〔주: 정사각 밑면 각 변 5자의 절반으로 얻은 2자 5치를 제곱하여 얻은 6자 25치는 구를 제곱한 제곱이다.〕
1평방에 6자 25치를 더한 것은 옆면의 꼭지점에서 밑변에 내린 수선의 제곱이다. 〔주: 고의 제곱과 구의 제곱을 더하여 얻은 1평방에 6자 25치를 더한 것은 각뿔의 현의 제곱이고, 또 옆면의 고의 제곱 곧, 옆면의 꼭지점에서 밑변에 내린 수선의 제곱이다.〕
1평방에 12자 50치를 더한 것과 36자는 서로 같다. 〔주: 옆면의 꼭지점에서 밑변에 내린 수선의 제곱은 곧, 고의 제곱이고, 정사각 밑면 한 변의 반의 제곱은 곧, 구의 제곱이므로, 더하여 얻은 1평방에 12자 50치를 더한 것은 옆면의 현의 제곱이다. 사선 6자를 제곱하여 얻은 36자는 또 현의 제곱이다.〕
23자 50치와 1평방은 서로 같다. 〔주: 양변에서 각각 12자 50치를 뺀다.〕
이차방정식을 풀어 4자 8치 4푼을 얻고 나머지가 있다. 곧, 꼭지점에서 밑면에 내린 수선의 높이이다.

法借一根爲自尖至底中立垂線之高 一平方爲中垂線積〔註: 卽股自乘之積〕
六尺二十五寸爲底方半邊積〔註: 底方每邊五尺折半得二尺五寸自乘得六尺二十五寸爲勾自乘之積〕
一平方多六尺二十五寸爲平面中垂線之積〔註: 股積勾積相倂得一平方多六尺二十五寸爲尖體之弦積又爲平面之股積卽是平面中垂線積〕
一平方多十二尺五十寸與三十六尺相等〔註: 平面中垂線積卽是股積底方半

邊積卽是勾積故相併得一平方多十二尺五十寸爲平面之弦積斜線六尺自乘得三十六尺又爲弦積〕
二十三尺五十寸與一平方相等〔註: 兩邊各減十二尺五十寸〕
以平方開之得四尺八寸四分有餘卽自尖至底中立垂線之高

주해

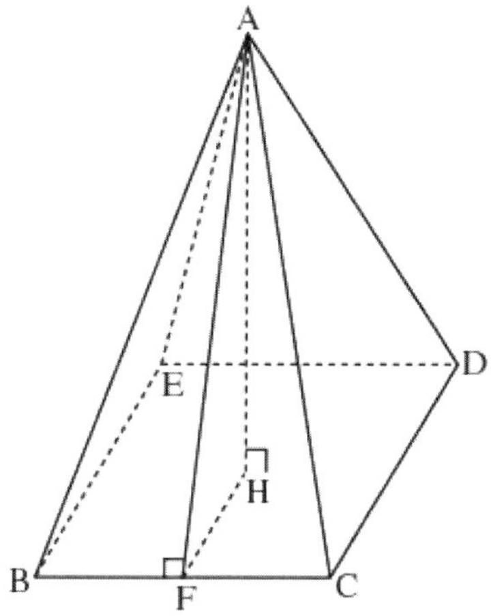

정사각뿔 A-BCDE에서 꼭지점 A에서 정사각 밑면 BCDE에 내린 수선을 발을 H, 옆면 △ABC의 꼭지점 A에서 변 BC에 내린 수선의 발을 F라 하면, $\overline{BC}=\overline{CD}=5$자이고 $\overline{AB}=\overline{AC}=\overline{AD}=\overline{AE}=6$자이다.

$\overline{AH}=x$라 하자. $\overline{AH}^2=x^2$이고 $\overline{FH}^2=(\frac{1}{2}\overline{CD})^2=6$자 25치이므로

$\overline{AF}^2=\overline{AH}^2+\overline{FH}^2=x^2+6$자 25치이다.

직각삼각형 ABF에서 $\overline{BF}^2=(\frac{1}{2}\overline{BC})^2=6$자 25치이고,

$\overline{AF}^2+\overline{BF}^2=\overline{AB}^2$이므로 ($x^2+6$자 25치)+6자 25치=36자이다.
x^2+12자 50치=36자에서 $x^2=23$자 50치이다.
이차방정식을 풀어 $x=4$자 8치 4푼, 이는 근사값으로 0.7679…푼이 남아있다.

【체 13】 직각삼각형의 넓이는 6자이고, 구와 현의 차는 2자라고 한다. 구, 고, 현은 각각 얼마인지 구하여라.
設如勾股積六尺勾弦較二尺求勾股弦各幾何

풀이

1근을 구라고 하자. 1근에 2자를 더한 것은 현이다. 1평방은 구의 제곱이다. 1평방에 4근을 더하고 또 4자를 더한 것은 현의 제곱이다. 4근에 4자를 더한 것은 고의 제곱이다. 〔주: 현의 제곱 안에 구의 제곱과 고의 제곱 두 수가 있으므로, 현의 제곱에서 구의 제곱을 뺀 나머지는 고의 제곱이다.〕
4입방에 4평방을 더한 것은 구의 제곱과 고의 제곱의 곱으로 144자와 서로 같다. 〔주: 직각삼각형의 넓이 6자를 배한 것은 구와 고를 곱한 넓이이다. 다시 제곱한 것과 구의 제곱과 고의 제곱의 곱은 서로 같으므로, 6자를 배하고 다시 제곱하여 144자를 얻는다.〕
1입방에 1평방을 더한 것과 36자는 서로 같다. 종고입방을 풀어 3자를 얻는다. 곧, 구이다. 〔주: 1평방을 세로로 더한 수로 하여 구한다.〕
차 2자를 더하여 얻은 5자는 현이다. 직각삼각형의 넓이를 배하여 얻은 12자를 구 3자로 나누어 얻은 4자는 고이다.

法借一根爲勾 一根多二尺爲弦 一平方爲勾積 一平方多四根又多四尺爲弦積 四根多四尺爲股積〔註: 弦自乘内有勾自乘股自乘之兩數故弦積減勾積餘爲股積〕
四立方多四平方爲勾積股積相乘之積與一百四十四尺相等〔註: 勾股積六尺倍之則爲勾股相乘之面積再自乘而與勾積股積相乘之積相等故六尺倍之再自乘得一百四十四尺〕
一立方多一平方與三十六尺相等 以縱較立方開之得三尺卽勾〔註: 以一平方作縱多之數開之〕
加較二尺得五尺爲弦勾股積倍之得十二尺以勾三尺除之得四尺爲股

주해

직각삼각형의 구의 길이를 x라고 하자. 현은 $x+2$자이다.
구의 제곱은 x^2이고, 현의 제곱은 x^2+4x+4자이다.
현의 제곱은 구의 제곱과 고의 제곱의 합과 서로 같으므로
고의 제곱은 $(x^2+4x+4\text{자})-x^2=4x+4$자이다.
구와 고의 곱은 직각삼각형의 넓이의 2배이므로, $(\text{구})\times(\text{고})=6\text{자}\times 2=12$자이다.
$\{(\text{구})\times(\text{고})\}^2=(\text{구})^2\times(\text{고})^2$이므로 $144\text{자}=x^2(4x+4\text{자})$이다. 즉 $x^3+x^2=36$자이다.
그림에서 직육면체의 장을 x, 활을 x, 고를 $x+1$자이라 하면

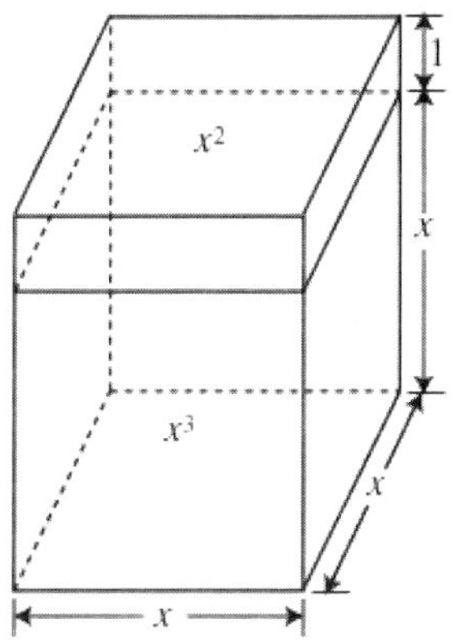

직육면체의 부피 $x^3+x^2=36$자와 고와 장의 차 $(x+1$자$)-x=1$자 및
고와 활의 차 $(x+1$자$)-x=1$자를 아는 경우이므로
종교입방 $x^3+x^2=36$자를 풀면 $x=3$자이다.
현은 $x+2$자$=5$자이고, (구)×(고)=12자에서 고는 12자÷(구)=4자이다.

【체 14】 직각삼각형의 넓이는 6자이고, 구와 현의 합은 8자라고 한다. 구, 고, 현은 각각 얼마인지 구하여라.
設如勾股積六尺勾弦和八尺求勾股弦各幾何

풀이

1근을 구라고 하자. 8자에서 1근을 뺀 것은 현이다. 1평방은 구의 제곱이다. 64자에서 16근을 빼고 1평방을 더한 것은 현의 제곱이다. 64자에서 16근을 뺀 것은 고의 제곱이다. 〔주: 현의 제곱에서 구의 제곱을 뺀다.〕
64평방에서 16입방을 뺀 것은 직각삼각형의 넓이[20]를 곱한 수치로 144자와 서로 같다. 4평방에서 1입방을 뺀 것은 9자와 서로 같다. 종화입방을 풀어 3자를 얻는다. 곧, 구이다. 〔주: 4평방을 세로 합으로 하여 구한다.〕
구와 현의 합 8자에서 3자를 빼서 얻은 5자는 현이다. 직각삼각형의

20) 21)에 의하여 '직각삼각형의 넓이'는 '구의 제곱과 고의 제곱'으로 바로 잡아야 한다.

넓이 6자를 배하여 얻은 12자를 구 3자로 나누어 얻은 4자는 고이다.

法借一根爲勾 八尺少一根爲弦 一平方爲勾積 六十四尺少十六根多一平方爲弦積 六十四尺少十六根爲股積〔註: 弦積減勾積〕
六十四平方少十六立方爲勾[21])股積相乘之積與一百四十四尺相等 四平方少一立方與九尺相等 以縱和立方開之得三尺卽勾〔註: 以四平方作縱和之數開之〕
勾弦和八尺內減三尺得五尺爲弦勾股積六尺倍之得十二尺以勾三尺除之得四尺爲股

주해

직각삼각형의 구의 길이를 x라고 하자. 현은 8자$-x$이다. 구의 제곱은 x^2이고, 현의 제곱은 64자$-16x+x^2$, 고의 제곱은 (64자$-16x+x^2$)$-x^2$=64자$-16x$이다.
(구)×(고)=(넓이)×2=12자이고 {(구)×(고)}^{2}=(구)^2×(고)^{2}이므로
144자=x^2×(64자$-16x$)이다. 즉 9자=$4x^2-x^3$이다.
아래 그림에서 가장 큰 직육면체의 부피는 $x\times x\times 4=4x^2$이고,
위쪽 직육면체의 장은 x, 활은 x, 고는 4자$-x$이므로
그 부피 $x\times x\times$(4자$-x$)=9자와 장과 고의 합 $x+$(4자$-x$)=4자 및
활과 고의 합 $x+$(4자$-x$)=4자를 아는 경우이므로
종화입방 $4x^2-x^3$=9자를 풀면 x=3자이다.
현은 8자$-x$=5자이고, (구)×(고)=12자에서 고는 12자÷(구)=4자이다.

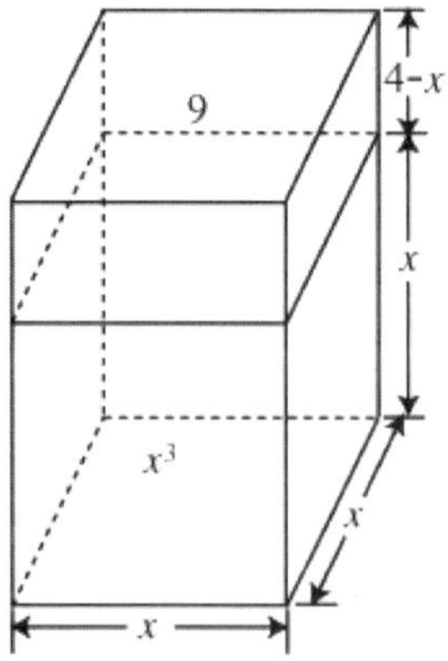

21) '勾'는 '勾積'의 오기임.

【체 15】 직각삼각형의 넓이는 6자이고, 고와 현의 합은 9자라고 한다. 구, 고, 현은 각각 얼마인지 구하여라.
設如勾股積六尺股弦和九尺求勾股弦各幾何

풀이

1근을 고라고 하자. 9자에서 1근을 뺀 것은 현이다. 1근의 12자는 구이다. 〔주: 1근으로 직각삼각형의 넓이의 배 12자를 나누면 구를 얻으므로, 1근의 12자는 구이며 그리고 1근분의이므로 1근의라 말한다.〕
1평방은 고의 제곱이다. 〔주: 1근 제곱이다.〕
1평방의 144자는 구의 제곱이다. 〔주: 1근의 12자 제곱이다.〕
81자에서 18근을 빼고 1평방을 더한 것은 현의 제곱이다. 〔주: 9자에서 1근을 뺀 것을 제곱한다.〕
1삼승방은 고의 제곱이다. 〔주: 구의 제곱이 1평방분의이므로 구, 고, 현 셋의 제곱 모두에 1평방을 곱한다.〕
144자는 구의 제곱이다. 81평방에서 18입방을 빼고 1삼승방을 더한 것은 현의 제곱이며 1삼승방에 144자를 더한 것과 서로 같다. 〔주: 구의 제곱과 고의 제곱을 더한다.〕
81평방에서 18입방을 뺀 것과 144자는 서로 같다. 〔주: 양변에서 각각 1삼승방을 뺀다.〕
종화입방을 풀어 4자를 얻는다. 곧, 고이다. 직각삼각형의 넓이를 배하여 만든 12자를 고 4자로 나누어 얻은 3자는 구이다.

法借一根爲股 九尺少一根爲弦 一根之十二尺爲勾〔註: 以一根股除勾股積之倍十二尺得勾故一根之十二尺爲勾而以一根分之故曰一根之〕
一平方爲股積〔註: 一根自乘〕
一平方之一百四十四尺爲勾積〔註: 一根之十二尺自乘〕
八十一尺少十八根多一平方爲弦積〔註: 九尺少一根自乘〕
一三乘方爲股積〔註: 勾積以一平方分之故勾股弦三積俱以一平方乘之〕
一百四十四尺爲勾積 八十一平方少十八立方多一三乘方爲弦積與一三乘方多一百四十四尺相等〔註: 勾積股積相併〕
八十一平方少十八立方與一百四十四尺相等〔註: 兩邊各減一三乘方〕
以縱和立方開之得四尺卽股勾股積倍作十二尺以股四尺除之得三尺爲勾

주해

직각삼각형의 고의 길이를 x라고 하자. 현은 9자$-x$이다. 고의 제곱은 x^2이고, (구)$=$(직각삼각형의 넓이)$\times 2 \div$(고)$=\frac{12자}{x}$이므로 구의 제곱은 $\frac{144자}{x^2}$이며,

현의 제곱은 $(9자-x)^2=81자-18x+x^2$이고 $81자-18x+x^2=x^2+\frac{144자}{x^2}$이다.

양변에 x^2를 곱하면 $81x^2-18x^3+x^4=x^4+144자$이다.

$81x^2-18x^3=144자$이므로, $\frac{9}{2}x^2-x^3=8자$이다.

직육면체의 장은 x, 활은 x, 고는 $\frac{9}{2}자-x$라 하면

그 부피 $x\times x\times(\frac{9}{2}자-x)=8자$와 고와 장의 합 $(\frac{9}{2}자-x)+x=\frac{9}{2}자$ 및

고와 활의 합 $(\frac{9}{2}자-x)+x=\frac{9}{2}자$를 아는 경우이므로

종화입방 $\frac{9}{2}x^2-x^3=8자$를 풀면 $x=4자$이다.

구는 $\frac{12자}{x}=3자$이고, 현은 $9자-x=5자$이다.[22]

【체 16】 크고 작은 두 정사각형이 있는데, 큰 정사각형의 각 변은 작은 정사각형의 각 변의 2배라고 한다. 만일 두 넓이를 곱하여 58,564자를 얻는다면, 두 정사각형의 변과 넓이는 각각 얼마인가?
設如有大少二正方面大方每邊爲小方每邊之二倍若以兩面積相乘得五萬八千五百六十四尺問二方邊面積各幾何

풀이

1근을 작은 정사각형의 각 변이라고 하자. 2근은 큰 정사각형의 각 변이다. 1평방은 작은 정사각형의 넓이이다. 4평방은 큰 정사각형의 넓이이다. 4삼승방은 두 정사각형 넓이를 곱한 수이며 58,564자와 서로 같다. 1삼승방과 14,641자는 서로 같다. 사차방정식을 풀어 11자를 얻는다. 곧, 작은 정사각형의 각 변을 배하여 얻은 22자는 큰 정사각형의 각 변이다. 작은 정사각형의 각 변 11자를 제곱하여 얻은 121자는

22) 문제에서는 현도 구하라고 하였으나 법(法)에서는 구하지 않았다.

작은 정사각형의 넓이이다. 큰 정사각형의 각 변 22자를 제곱하여 얻은 484자는 큰 정사각형의 넓이이다.

法借一根爲小方每邊 二根爲大方每邊 一平方爲小方面積 四平方爲大方面積 四三乘方爲兩方面積相乘數與五萬八千五百六十四尺相等 一三乘方與一萬四千六百四十一尺相等 以三乘方開之得十一尺卽小方每邊倍之得二十二尺爲大方每邊以小方每邊十一尺自乘得一百二十一尺爲小方面積以大方每邊二十二尺自乘得四百八十四尺爲大方面積

주해

작은 정사각형의 한 변의 길이를 x라고 하자. 큰 정사각형의 한 변은 $2x$이다.
작은 정사각형의 넓이는 x^2이고, 큰 정사각형의 넓이는 $4x^2$이다.
두 정사각형의 넓이를 곱한 것은 58,564자이므로 $4x^4=58,564$자이다.
즉 $x^4=14,641$자이다. 14,641의 네제곱근을 구하면 $x=11$자이다.
큰 정사각형의 한 변은 $2x=22$자이고, 작은 정사각형의 넓이는 $x^2=121$자이며, 큰 정사각형의 넓이는 $(2x)^2=484$자이다.

【체 17】 반지름은 1,000만이고, 정시는 13,704.65이라고 한다. 호선과 호도는 각각 얼마인가?
設如半徑一千萬正矢[23]一萬三千七百零四小餘六五問弧線[24]及弧度[25]各幾何

풀이

1근을 제1수라고 하자. 2근은 누승수이다. 〔주: 제1수는 근본적으로 누승수의 절반이다. 지금 이미 제1수를 1근이라 하였으므로 2근은 누승수이다.〕
6,000만분의 1평방은 제2수이다. 〔주: 자리 수는 8이다. 누승수를 제1수에 곱하여 2평방을 얻는다. 3과 4를 곱하여 12를 얻는다. 1,000만을 거듭 곱하여 얻은 1억2,000만은 제1제수이다. 이에 2평방을 나

23) '정시(正矢)'는 반경 r인 부채꼴의 중심각이 θ일 때 $r(1-\cos\theta)$를 말함.
24) '호선(弧線)'은 '활꼴의 호' 또는 '호의 길이'를 말함.
25) '호도(弧度)'는 'radian'으로 여기서는 호에 대한 '중심각'을 말함.

누어 얻은 6,000만평방분의 1은 제2수이다.〕
9,000조분의 1입방은 제3수이다.〔주: 자리 수는 16이다. 누승수를 제2수에 곱하여 6,000만분의 2입방을 얻는다. 5와 6을 곱하여 30을 얻는다. 1,000만을 거듭 곱하여 얻은 3억은 제2제수이다. 이에 6,000만분의 2입방을 나누어 얻은 9,000조분의 1입방은 제3수이다.〕
2자5,200해분의 삼승방은 제4수이다.〔주: 자리 수는 25이다. 누승수를 제3수에 곱하여 9,000조분의 2삼승방을 얻는다. 7과 8을 곱하여 56을 얻는다. 1,000만을 거듭 곱하여 얻은 5억6,000만은 제3제수이다. 이에 9,000조분의 2삼승방을 나누어 얻은 2자 5,200해분의 삼승방은 제4수이다.〕
2자5,200해근은 제1수이다.〔주: 각 수에 모두 분모가 있으므로 최대분모인 2자5,200해를 각 수와 정시에 모두 곱한다.〕
4경2,000조평방은 제2수이다. 2억8,000만입방은 제3수이다. 1삼승방은 제4수이다. 2자5,200해근에 2억800만입방을 더하고〔주: 제1, 제3 두 수를 더한다.〕 4경2,000조평방을 빼고 또 1삼승방을 뺀 것〔주: 제2, 제4 두 수를 더한다.〕과 3양4,535자7,180해〔주: 자리 수는 29이다. 정시 13,704.65와 2자5,200해를 곱한 수이다.〕는 서로 같다. 대종삼승방을 풀어 13,707.78을 얻는다. 곧, 제1수이다. 거듭 배하여 1,000만을 곱하여 얻은 2,741억5,560만은 실이다. 이에 이차방정식을 풀어 얻은 523,598.77은 호선이다. 또 이에 초를 삭이고 360도를 곱하고 이를 원주율[26]로 나누면 3도를 얻는다.〔주: 제1수는 근본적으로 호선을 제곱하고 이를 1,000만으로 나눈 절반이므로, 구하려는 수는 제1수를 배하고 이에 1,000만을 곱한 것이 실이다. 이차방정식을 풀어 호선을 얻는다.〕

法借一根爲第一數 二根爲屢乘數〔註: 第一數元爲屢乘數之折半今以第一數旣借一根故二根爲屢乘數〕
六千萬分平方之一爲第二數〔註: 位數八也以屢乘數乘第一數得二平方三與四相乘得十二以一千萬仍乘得一億二千萬爲第一除數乃除二平方得六千萬分平方之一爲第二數〕
九千兆分立方之一爲第三數〔註: 位數十六也以屢乘數乘第二數得六千萬分

26) 29)에 의하여 '원주율'은 '원둘레'로 바로 잡아야 한다.

立方之二五與六相乘得三十以一千萬仍乘得三億爲第二除數乃除六千萬分立方之二得九千兆分立方之一爲第三數〕

二秭[27]五千二百垓分三乘方[28]之一爲第四數〔註: 位數二十五也以屢乘數乘第三數得九千兆分三乘方之二七與八相乘得五十六以一千萬仍乘得五億六千萬爲第三除數乃除九千兆分三乘方之二得二秭五千二百垓分三乘方之一爲第四數〕

二秭五千二百垓根爲第一數〔註: 各數帶分母故以最多分母二秭五千二百垓俱乘各數及正矢〕

四京二千兆平方爲第二數 二億八千萬立方爲第三數 一三乘方爲第四數 二秭五千二百垓根多二億八千萬立方〔註: 第一第三兩數相併〕少四京二千兆平方又少一三乘方〔註: 第二第四兩數相併〕與三穰四千五百三十五秭七千一百八十垓〔註: 位數二十九也以正矢一萬三千七百零四小餘六五與二秭五千二百垓相乘之數〕相等 以帶縱三乘方開之得一萬三千七百零七小餘七八卽第一數仍倍之以一千萬乘得二千七百四十一億五千五百六十萬爲實以平方開之得五十二萬三千五百九十八小餘七七爲弧線又以三百六十度化秒乘之以圓周率[29]除之得三度〔註: 第一數元爲弧線自乘以一千萬除之折半數故以所求第一數倍之以一千萬乘之爲實平方開之得弧線〕

주해

제1수를 x라고 하자.[30] 제1수는 누승수의 반이므로 누승수는 $2x$이다.
누승수를 제1수에 곱하면 $2x \times x = 2x^2$이고 제1제수는 $3 \times 4 \times 1{,}000$만$=$1억2,000만이므로, 제2수는 $\dfrac{2x^2}{1억\ 2{,}000만} = \dfrac{x^2}{6{,}000만}$이다.

누승수를 제2수에 곱하면 $2x \times \dfrac{x^2}{6{,}000만} = \dfrac{2x^3}{6{,}000만}$이고 제2제수는 $5 \times 6 \times 1{,}000$

---

27) 10진수의 단위는 다음과 같다.

단위	양	자	해	경	조	억	만	천	백	십	일
	穰	秭	垓	京	兆	億	萬	千	百	十	一
10의 거듭제곱	10^{28}	10^{24}	10^{20}	10^{16}	10^{12}	10^{8}	10^{4}	10^{3}	10^{2}	10^{1}	10^{0}

28) '삼승방(三乘方)'은 1근의 4제곱을 말함.

29) '圓周率'은 '圓周'의 오기임.

30) 『산술관견』(算術管見, 李尙爀甫述, 1855)의 현시구호도(弦矢求弧度)에 반지름과 정시(正矢)를 알고 호선(弧線), 호도(弧度) 등을 구하는 공식을 제시하고 예제를 실었다.

만=3억이므로, 제3수는 $\frac{2x^3}{6,000\text{만}} \div (3\text{억}) = \frac{x^3}{9,000\text{조}}$ 이다.

누승수를 제3수에 곱하면 $2x \times \frac{x^3}{9,000\text{조}} = \frac{2x^4}{9,000\text{조}}$ 이고 제3제수는 7×8×1,000만=5억6,000만이므로, 제4수는 $\frac{2x^4}{9,000\text{조}} \div (5\text{억}6,000\text{만}) = \frac{x^4}{2\text{자 } 5,200\text{해}}$ 이다.

각 수에 모두 분모가 있으므로 최대분모인 2자5,200해를 각 수와 정시에 모두 곱하면, 제1수는 (2자5,200해)x, 제2수는 (4경2,000조)x^2, 제3수는 (2억8,000만)x^3, 제4수는 $1x^4$이다.

제1, 제3 두 수를 더한 것에서 제2, 제4 두 수를 더한 것을 빼면 정시에 2자5,200해를 곱한 수이다. 곧, 다음 대종삼승방을 풀면 x=13,707.78이다.

$$\{(2\text{자}5,000\text{해})x + (2\text{억}8,000\text{만})x^3\} - \{(4\text{경}2,000\text{조})x^2 + x^4\} = 3\text{양}4,535\text{자}7,180\text{해}$$

(제1수)=(호선)^2÷(1,000만)× $\frac{1}{2}$ 이므로 호선의 제곱인 실은 $2x$×(1000만)=2,741억5,560만, 호선은 실의 제곱근인 523,598.77이다. 중심각은 호선에 360°를 곱하고 원둘레로 나누어 $\frac{523,598.77}{2 \times 3.14 \times (1,000\text{만})} \times 360° = 3°$이다.

차근방몽구

2006년 5월 10일 초판 인쇄
2006년 5월 20일 초판 발행

저　자 / 지수 이상혁 (志叟 李尙爀)
역　자 / 호문룡 · 이재실 · 허　민
발행자 / 오판근
발행처 / 교우사

주　소 / 서울 동대문구 제기2동 148-19
전　화 / 925-2861, 929-4865
팩　스 / 925-2860
E-mail / kw2861 @ chollian. net
http: // www. kyowoo. co. kr

등록 / 1994. 3. 24 제6-0256호

ISBN 89-8172-603-5 (94410)
89-8172-590-X (세트)

값 **20,000**원

이 저서는 2002년 한국학술진흥재단의 지원에 의하여 연구되었음.
(KRF-2002-071-CS2001)